住房和城乡建设部"十四五"规划教材
浙江省高职院校"十四五"重点教材
浙江省普通高校"十三五"新形态教材
高等职业教育土建施工类专业BIM系列教材

BIM 施工综合实务

刘 彬 主 编

黄乐平　王晓翠　余建方　副主编

金 睿 主 审

中国建筑工业出版社

图书在版编目（CIP）数据

BIM 施工综合实务 / 刘彬主编；黄乐平等副主编
. — 北京：中国建筑工业出版社，2023.8
住房和城乡建设部"十四五"规划教材　浙江省高职
院校"十四五"重点教材　浙江省普通高校"十三五"新
形态教材　高等职业教育土建施工类专业 BIM 系列教材
ISBN 978-7-112-29026-0

Ⅰ．①B… Ⅱ．①刘… ②黄… Ⅲ．①建筑工程-施工
管理-应用软件-高等职业教育-教材　Ⅳ．①TU71-39

中国国家版本馆 CIP 数据核字（2023）第 147907 号

本教材为住房和城乡建设部"十四五"规划教材、浙江省高职院校"十四五"重点教材、浙江省普通高校"十三五"新形态教材。由六个学习单元组成，分别为：BIM 土建构件三维建造、BIM 脚手架工程实务模拟、BIM 模板工程实务模拟、BIM 施工项目管理实务模拟、智慧工地建造实务模拟、HiBIM 土建算量。教材涵盖了建筑施工的整个过程，对系统地学习 BIM 技术在施工全过程综合应用有较强的实战性和连续性。

本教材适合高等职业院校土建类专业选用。

责任编辑：李天虹　李　阳
责任校对：党　蕾
校对整理：董　楠

住房和城乡建设部"十四五"规划教材
浙江省高职院校"十四五"重点教材
浙江省普通高校"十三五"新形态教材
高等职业教育土建施工类专业 BIM 系列教材
BIM 施工综合实务
刘　彬　主　编
黄乐平　王晓翠　余建方　副主编
金　睿　主　审

*

中国建筑工业出版社出版、发行(北京海淀三里河路 9 号)
各地新华书店、建筑书店经销
北京鸿文瀚海文化传媒有限公司制版
廊坊市海涛印刷有限公司印刷

*

开本：787 毫米×1092 毫米　1/16　印张：20　字数：482 千字
2023 年 8 月第一版　2023 年 8 月第一次印刷
定价：**59.00** 元（赠教师课件、附活页册）
ISBN 978-7-112-29026-0
（41760）

出版说明

党和国家高度重视教材建设。2016年，中办国办印发了《关于加强和改进新形势下大中小学教材建设的意见》，提出要健全国家教材制度。2019年12月，教育部牵头制定了《普通高等学校教材管理办法》和《职业院校教材管理办法》，旨在全面加强党的领导，切实提高教材建设的科学化水平，打造精品教材。住房和城乡建设部历来重视土建类学科专业教材建设，从"九五"开始组织部级规划教材立项工作，经过近30年的不断建设，规划教材提升了住房和城乡建设行业教材质量和认可度，出版了一系列精品教材，有效促进了行业部门引导专业教育，推动了行业高质量发展。

为进一步加强高等教育、职业教育住房和城乡建设领域学科专业教材建设工作，提高住房和城乡建设行业人才培养质量，2020年12月，住房和城乡建设部办公厅印发《关于申报高等教育职业教育住房和城乡建设领域学科专业"十四五"规划教材的通知》（建办人函〔2020〕656号），开展了住房和城乡建设部"十四五"规划教材选题的申报工作。经过专家评审和部人事司审核，512项选题列入住房和城乡建设领域学科专业"十四五"规划教材（简称规划教材）。2021年9月，住房和城乡建设部印发了《高等教育职业教育住房和城乡建设领域学科专业"十四五"规划教材选题的通知》（建人函〔2021〕36号）。为做好"十四五"规划教材的编写、审核、出版等工作，《通知》要求：（1）规划教材的编著者应依据《住房和城乡建设领域学科专业"十四五"规划教材申请书》（简称《申请书》）中的立项目标、申报依据、工作安排及进度，按时编写出高质量的教材；（2）规划教材编著者所在单位应履行《申请书》中的学校保证计划实施的主要条件，支持编著者按计划完成书稿编写工作；（3）高等学校土建类专业课程教材与教学资源专家委员会、全国住房和城乡建设职业教育教学指导委员会、住房和城乡建设部中等职业教育专业指导委员会应做好规划教材的指导、协调和审稿等工作，保证编写质量；（4）规划教材出版单位应积极配合，做好编辑、出版、发行等工作；（5）规划教材封面和书脊应标注"住房和城乡建设部'十四五'规划教材"字样和统一标识；（6）规划教材应在"十四五"期间完成出版，逾期不能完成的，不再作为《住房和城乡建设领域学科专业"十四五"规划教材》。

住房和城乡建设领域学科专业"十四五"规划教材的特点，一是重点以修订教育部、住房和城乡建设部"十二五""十三五"规划教材为主；二是严格按照专业标准规范要求编写，体现新发展理念；三是系列教材具有明显特点，满足不同层次和类型的学校专业教学要求；四是配备了数字资源，适应现代化教学的要求。规划教材的出版凝聚了作者、主审及编辑的心血，得到了有关院校、出版单位的大力支持，教材建设管理过程有严格保障。希望广大院校及各专业师生在选用、使用过程中，对规划教材的编写、出版质量进行反馈，以促进规划教材建设质量不断提高。

住房和城乡建设部"十四五"规划教材办公室

2021年11月

前　言

目前我国正进行着大规模的基本建设，建筑业已经成为国民经济的重要支柱产业。基本建设是复杂的系统工程，它需要不同专业、不同层次、不同特长的技术人员与之配合，对工程质量起决定性作用的施工技术人员的需求最为迫切，而落实先进技术、保证工程质量的关键又在于高素质一线技术人员的培养。最快捷的人才培养方式是专业教育，为适应建筑业高素质、高技能人才培养的需要，在以就业为导向的能力本位教育目标下，我们与教育、企业和行业的专家长期合作，进行了 BIM 施工综合实务相关的教学研究和实践应用，致力于开发和建设为高技能技术人员培养服务的能力训练课程，现已完成系列教材的编写。

教材设计紧密结合"1+X"人才培养政策，通过本教材的学习可具备考取"1+X"BIM 中级-建设工程管理和结构工程两个方向证书的基本能力，从而为从事建设工程相关工作打下坚实的基础，拓展职业能力。本教材由首批国家级职业教育教师教学创新团队（建筑信息模型制作与应用）倾力打造，为住房和城乡建设部"十四五"规划教材、浙江省高职院校"十四五"重点教材、浙江省普通高校"十三五"新形态教材。

本教材打破传统施工类教材的理论体系，以实现 BIM 技术在施工全过程综合应用为任务目标，以统一的实际工程为背景，按照实际施工流程进行能力分解和任务设计。教材由六个学习单元组成，分别为：BIM 土建构件三维建造、BIM 脚手架工程实务模拟、BIM 模板工程实务模拟、BIM 施工项目管理实务模拟、智慧工地建造实务模拟、HiBIM 土建算量，六个单元涵盖了建筑施工的整个过程，对系统地学习 BIM 技术在施工全过程的综合应用有较强的实战性和连续性。同时，六个学习单元又相互独立，可以根据实际需求选择性地学习。

教材采用活页式，活页部分可以独立使用，便于更换和存档。教材配套一系列完整的教学资源，可帮助学习者更好地理解工程资料与 BIM 技术应用之间的关系，体会 BIM 技术给设计、施工等诸多方面带来的便捷和高效。

本教材编写分工如下：单元 1 由余建方、李泉编写；单元 2 由陈园卿编写；单元 3 由刘彬编写；单元 4 由王晓翠、韦征编写；单元 5 由章立鹏、刘松鑫编写；单元 6 由黄乐平、苏盛进编写。本教材项目案例由杭州品茗安控信息技术股份有限公司提供。教材由浙江省建设投资集团副总工程师金睿（正高级工程师）主持审核。

本书在编写过程中得到了浙江省建设科学研究院、浙江省建工集团有限责任公司、浙江东南建筑设计有限公司、浙江大学建筑设计院有限公司等单位领导、专家的大力支持和帮助，在此表示由衷的感谢！由于编者水平有限，书中难免存在诸多不妥之处，恳请读者批评指正。

| 目　录 |

导言 ･･ 001

单元1　BIM土建构件三维建造 ･･････････････････････････ 003

　任务1　基础建模 ･･ 004

　　1.1　独立基础建模 ････････････････････････････････････ 005

　　1.2　条形基础建模 ････････････････････････････････････ 007

　　1.3　其余基础建模 ････････････････････････････････････ 009

　任务2　结构柱与结构墙建模 ････････････････････････････ 010

　　2.1　结构柱的载入与参数设置 ･･････････････････････････ 012

　　2.2　结构墙载入与参数设置 ････････････････････････････ 015

　任务3　梁与板建模 ･･････････････････････････････････････ 019

　　3.1　结构梁的载入与设置 ･･････････････････････････････ 020

　　3.2　结构梁布置 ･･ 020

　　3.3　结构板的载入与设置 ･･････････････････････････････ 021

　任务4　钢筋布置 ･･ 024

　　4.1　钢筋设置 ･･ 024

　　4.2　钢筋保护层的设置 ･･････････････････････････････････ 026

　　4.3　结构钢筋的创建 ･･････････････････････････････････ 027

单元2　BIM脚手架工程实务模拟 ････････････････････････ 033

　任务1　设计准备 ･･ 034

　　1.1　识读施工图纸 ････････････････････････････････････ 036

　　1.2　收集脚手架工程信息 ･･････････････････････････････ 036

　任务2　模型创建 ･･ 040

　　2.1　CAD图纸转化建模 ･･････････････････････････････････ 041

　　2.2　P-BIM模型导入建模 ･･････････････････････････････ 043

　任务3　方案设计 ･･ 046

　　3.1　脚手架选型选材 ･･････････････････････････････････ 048

　　3.2　脚手架参数设计 ･･････････････････････････････････ 051

　　3.3　脚手架布架设计 ･･････････････････････････････････ 052

　任务4　成果制作 ･･ 065

　　4.1　脚手架安全复核 ･･････････････････････････････････ 066

　　4.2　生成成果 ･･ 067

　　4.3　材料统计 ･･ 069

单元 3　BIM 模板工程实务模拟 ··· 075

任务 1　模板工程设置 ·· 076
　　1.1　工程参数设置 ··· 078
　　1.2　楼层管理 ··· 083

任务 2　模型创建 ·· 091
　　2.1　智能识别创建模型 ··· 092
　　2.2　手动创建模型 ··· 100

任务 3　模板支架设计 ·· 109
　　3.1　智能布置 ··· 111
　　3.2　手动布置 ··· 114
　　3.3　模板支架编辑与搭设优化 ··· 118

任务 4　模板面板配置设计 ··· 125
　　4.1　配置规则修改 ··· 126
　　4.2　模板配置操作与成果生成 ··· 129

任务 5　成果制作 ·· 139
　　5.1　高支模辨识与调整 ··· 140
　　5.2　成果生成 ··· 141

单元 4　BIM 施工项目管理实务模拟 ··· 157

任务 1　三维场布设置 ·· 158
　　1.1　工程概况信息编辑 ··· 159
　　1.2　楼层设置 ··· 159
　　1.3　显示设置 ··· 160
　　1.4　构件参数模板设置 ··· 161

任务 2　CAD 转化 ·· 164
　　2.1　导入 CAD 图纸 ··· 164
　　2.2　转化原有/拟建建筑物 ··· 165
　　2.3　转化围墙 ··· 166
　　2.4　转化基坑与支撑梁 ··· 166

任务 3　构件布置 ·· 168
　　3.1　建、构筑物布置 ··· 169
　　3.2　生活区设施布置 ··· 172
　　3.3　生产区设施布置 ··· 173
　　3.4　脚手架布置 ··· 175
　　3.5　绿色文明设施布置 ··· 175

任务 4　施工模拟 ·· 180
　　4.1　三维漫游 ··· 181
　　4.2　机械路径 ··· 182

4.3 施工模拟动画 ……………………………………………………………… 182

4.4 成果输出 …………………………………………………………………… 183

单元5 智慧工地建造实务模拟 ……………………………………………… 187

任务1 平台搭建 ……………………………………………………………… 188

1.1 实施流程 …………………………………………………………………… 189

1.2 平台及项目设置 …………………………………………………………… 190

任务2 质量管理 ……………………………………………………………… 199

2.1 质量检查与整改 …………………………………………………………… 200

2.2 实测实量 …………………………………………………………………… 202

任务3 进度管理 ……………………………………………………………… 204

3.1 数据导入与编辑 …………………………………………………………… 205

3.2 施工段划分 ………………………………………………………………… 207

3.3 进度关联 …………………………………………………………………… 207

3.4 模拟预建造 ………………………………………………………………… 209

任务4 成本管理 ……………………………………………………………… 211

4.1 成本数据导入 ……………………………………………………………… 212

4.2 造价关联 …………………………………………………………………… 213

4.3 5D模拟建造 ………………………………………………………………… 215

4.4 工程量提取 ………………………………………………………………… 216

4.5 实际成本填报 ……………………………………………………………… 216

4.6 工程款申报 ………………………………………………………………… 219

任务5 职业健康安全与环境管理 …………………………………………… 220

5.1 危大工程监测 ……………………………………………………………… 222

5.2 实名制管理 ………………………………………………………………… 224

5.3 环境监测 …………………………………………………………………… 224

任务6 机械设备管理 ………………………………………………………… 227

6.1 机械设备添加 ……………………………………………………………… 228

6.2 设备检查 …………………………………………………………………… 230

6.3 机械设备监测 ……………………………………………………………… 231

6.4 机械台账 …………………………………………………………………… 232

单元6 HiBIM 土建算量 ……………………………………………………… 235

任务1 BIM 土建算量 ………………………………………………………… 236

1.1 工程参数设置 ……………………………………………………………… 238

1.2 楼层管理 …………………………………………………………………… 243

1.3 构件属性定义 ……………………………………………………………… 245

任务2 报表输出与打印 ……………………………………………………… 252

附：活页册

导　言

性质描述

本教材以实现 BIM 技术在项目施工全过程综合应用为目标，以实际工程为背景，按照实际施工流程进行能力分解和任务设计，使学习者能够高效地掌握 BIM 施工综合应用技能并应用到实际工程中去。

教材设计紧密结合"1＋X"人才培养政策，通过本教材的学习可具备考取"1＋X" BIM 中级-建设工程管理和结构工程两个方向证书的基本能力，从而为从事建设工程相关工作打下坚实的基础，拓展职业能力。

教材由六个学习单元组成，分别为：BIM 土建构件三维建造、BIM 脚手架工程实务模拟、BIM 模板工程实务模拟、BIM 施工项目管理实务模拟、智慧工地建造实务模拟、HiBIM 土建算量。六个单元涵盖了建筑施工的整个过程，对于学习者系统地学习 BIM 技术在项目施工全过程综合应用有较强的实战性和连续性。

教材配套一系列完整的教学资源可供学习者使用，可帮助学习者更好地理解工程资料与 BIM 技术应用之间的关系，体会 BIM 技术给设计、施工等诸多方面带来的便捷和高效。

学习目标

通过本教材的学习，学习者应该能够达到以下学习目标：

1. 掌握运用 BIM 技术创建结构构件三维模型来解决相关工程问题的能力；
2. 掌握运用 BIM 技术完成脚手架工程方案设计和成果制作的能力；
3. 掌握运用 BIM 技术完成模板工程设计、施工方案编制和成果制作的能力；
4. 掌握运用 BIM 技术完成三维场布设计、施工模拟和成果制作的能力；
5. 掌握智慧工地管理平台搭建和管理的能力；
6. 使用 BIM 技术对土建工程进行工程量计算、清单定额套取、清单工程量输出等；
7. 掌握实际工程中的 BIM 施工综合应用技能。

学习组织形式

本教材采用活页式，以统一的实际工程为主线，以任务为驱动，六个学习单元相互独立，可以根据课时安排、实际需求选择性学习。活页部分可以独立使用，便于更换和存档。

BIM 施工综合实务包括六个学习单元，每个学习单元又分化若干任务，每个单元都对任务设计、学习目标、学习评价有具体的说明，可根据教材的设计和配套资源对学生组织学习。建议以任务为向导，在明确学习目标后，按照以下步骤进行学习：项目任务布置→实务准备→课堂翻转→专业知识、规范要求、经验做法等学习→实务模拟→施工现场实践印证。为增强学生实践操作能力，建议改革单一的考核方式，结合信息化技术，采用过程化评价与终结考核相结合的评价方式，实现考核形式多元化。

学业评价

根据每个学习单元的完成情况进行整个学习过程的教学评价，各学习单元的权重与本课程学业总评价见表 0.0-1。

BIM 施工综合实务学业评价 表 0.0-1

学号	姓名	单元 1		单元 2		单元 3		单元 4		单元 5		单元 6		总评
		分值	比例 (15%)	分值	比例 (20%)	分值	比例 (20%)	分值	比例 (20%)	分值	比例 (20%)	分值	比例 (5%)	

单元 1　BIM 土建构件三维建造

单元 1 学生资源

单元 1 教师资源

任务设计

BIM 土建构件三维建造基于实际工程，该工程为一幢高层办公大楼，这个建筑将作为后面三维建造的对象与依据。地上部分共十二层，总高 43.800m，包含展览厅、办公室、会客厅、会议室、档案室、休息室、质检用房、电梯、卫生间、楼梯等功能房间。办公大楼采用钢筋混凝土框架结构形式，基础主要采用柱下独立基础的形式。

本单元配套一系列完整的图纸供学生学习借鉴，从而帮助学生更好地理解图纸与 BIM 模型之间的关系，体会 BIM 技术给设计、施工等诸多方面带来的便捷和高效。

在本工程作为教学单元的实施过程中，需要掌握施工图识读、懂得利用 Revit 创建结构模型的方法和步骤，具体包括结构基础、结构柱、结构墙体、结构梁和结构板等的创建，使学生初步掌握 Revit 创建结构构件三维模型。

BIM 土建构件三维建造学习任务设计见表 1.0-1。

BIM 土建构件三维建造学习任务设计　　　　　　　　　　　　　　　　表 1.0-1

序列	任务	任务简介
1	基础建模	完成基础的识图及属性定义；能根据图纸绘制基础等图元
2	结构柱与结构墙建模	完成柱的识图及属性定义；能根据图纸绘制柱图元、掌握异形柱及偏心柱的处理方法；完成墙体的识图及属性定义；能根据图纸绘制墙体图元、构造柱等图元
3	梁与板建模	完成梁和板的识图及属性定义；能根据图纸绘制梁和板等图元；掌握梁偏心以及梁、板下沉的处理方法
4	钢筋布置	了解钢筋布置的相关参数；掌握"智能布置"和"手动布置"两种布置方式

学习目标

通过本单元的学习，学生应该能够达到以下学习目标：

1. 了解 Revit 中常见结构构件的类别划分；
2. 熟悉建筑结构构件的属性、参数设定；
3. 掌握在 Revit 中创建结构构件的具体方法并进行结构模型的创建；
4. 通过 BIM 技术创建结构构件三维模型来解决相关工程问题。

根据每个学习任务的完成情况进行本单元的评价，各学习任务的权重与本单元的评价见表 1.0-2。

BIM 土建构件三维建造单元评价　　　　　　　　　表 1.0-2

学号	姓名	任务 1		任务 2		任务 3		任务 4		总评
		分值	比例（25%）	分值	比例（25%）	分值	比例（25%）	分值	比例（25%）	

任务 1　基础建模

能力目标

1. 识读施工图纸，完成基础的识图，完善工程信息；
2. 根据施工图纸设定基础属性参数，绘制基础图元。

任务书

识读高层办公大楼施工图纸，收集基础技术规程和相关规范文件，完成技术各项参数的设置，完成工程基础布置。

工作准备

1. 任务准备

（1）识读高层办公大楼施工图纸，学习《房屋建筑制图统一标准》GB/T 50001—2017、《混凝土结构施工图平面整体表示方法制图规则和构造详图（独立基础、条形基础、筏形基础、桩基础）》22G101-3 中图纸识读专业知识。

CAD 图纸前处理

（2）安装 Autodesk 公司的 Revit 软件，本软件是基于 Autodesk 开发的用于 BIM 建模的可视化设计软件。自 2013 版本开始，将建筑、结构和机电三个板块整合，形成具有三种建模环境的整体软件，支持所有阶段的设计和施工图纸及明细表。Revit 平台的核心是 Revit 参数化更改引擎，它可以自动协调在任意位置（例如在模型视图或图纸、明细表、剖面、平面图中）所做的更改。其优点是普及性强，操作相对简单，有不错的市场表现。

CAD 图纸导入

目前对 PC 机的硬件环境无特殊性能要求，建议 2G 以上内存，并配有独立显卡。

2. 知识准备

引导问题：建筑基础按外形分类有哪些类型？

小提示：

基础按外形分类主要有：

1）独立基础：也称作"单独基础"，最为常见的是柱下独立基础。

2）条形基础：条形基础是最常用的一种基础形式，比如砌体墙下方就经常使用条形基础。

3）筏形基础：根据它的构造形式可以分为"梁板式"和"平板式"。

4）箱形基础：由钢筋混凝土底板、顶板和纵横交错的内外隔墙组成。

5）桩基础：当建筑场地浅层的地质情况不能满足建筑物对地基承载力或变形的要求时，可以采用桩基础，即采用钢或钢筋混凝土制成的桩，将建筑物传来的荷载传递给场地深处的土层。

1.1 独立基础建模

在进行结构建模之前，要先选择结构样板，打开 Revit 软件，我们可以使用软件自带的样板文件或者导入我们自己制作的样板文件，选择"项目" → "新建"，在样板文件下拉菜单里选择"结构样板"，勾选"项目"，点击"确定"即项目采用的是结构样板文件，如图 1.1-1 所示。

独立基础的
创建和布置

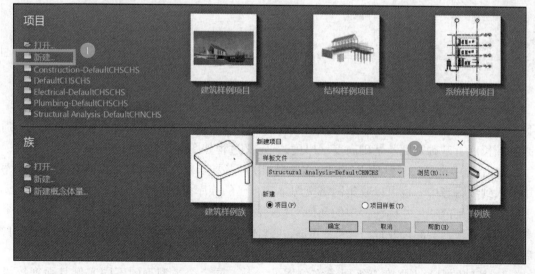

图 1.1-1　新建项目

1. 进入 Revit 的主界面，在"结构"选项卡下的"基础"面板中，点击"独立"命令，即可开始创建独立基础模型，如图 1.1-2 所示。

2. 启动命令后，在"属性"选项板"类型选择器"中选择合适的独立基础类型和尺

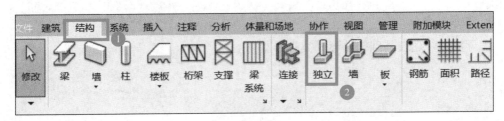

图 1.1-2　创建独立基础

寸，如图 1.1-3 所示。如果没有对应的基础尺寸，可以通过点击"属性"选项板中的"编辑类型"按钮，进入"类型属性"编辑对话框，如图 1.1-4 所示，通过"复制"→"名称"→"尺寸标注"命令，修改相关尺寸得到相应规格的独立基础。

图 1.1-3　属性

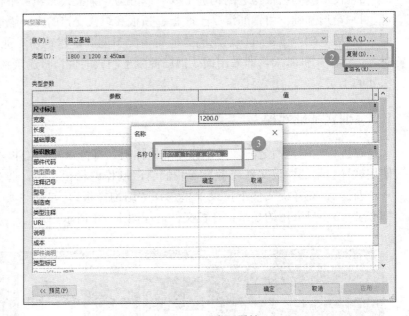

图 1.1-4　类型属性

　　Revit 默认加载的为一阶独立基础，为提高效率，在布置独立基础之前，通常先将项目中各个独立基础的规格、参数进行修改、定义。一阶独立基础的几何参数较简单，分别是基础长度、基础宽度及基础高度（厚度），定义过程如图 1.1-5 所示。

　　3. 工程中常见的三阶独立基础（多阶基础），需要以载入族的方式从系统自带的族库中插入到项目当中，也可以收集网络资源丰富自己的族库。

　　多阶基础的"尺寸标注"中的几何参数，除"厚度"呈浅灰色不能修改外，其余几个参数均需要根据实际尺寸进行修改、定义（具体方法同上）。同时可切换到立面视图（前、后）进行预览，也可在三维视图直接进行预览。

　　4. 基础的混凝土强度等级属于实例属性参数，同一个类型下的不同实例其强度等级可以不同。在实际建模过程中，如果各个基础的混凝土强度相同，则可以在创建实例前先设置该属性；如果基础的混凝土强度不同，则需要先创建各个基础实例，然后再修改其混凝土强度等级。若基础的混凝土强度等级为 C30，在"属性"选项板的"结构材质"中，选择现浇 C30 混凝土即可。

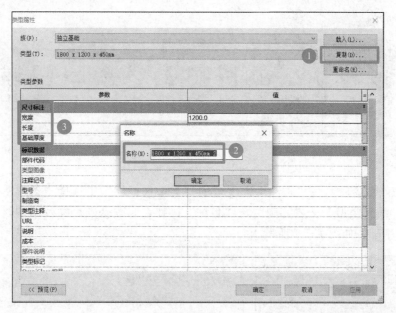

图 1.1-5　定义基础尺寸和修改名称

5. 启动独立基础命令后，在"属性"选项板的类型选择器中选择上一小节定义的基础类型和规格，然后在 Revit 的绘图区域放置基础。放置的方式有以下三种。

（1）鼠标左键点击放置。在绘图区域点击鼠标左键即完成一个独立基础的布置，该方式的缺点是一次只能创建一个基础，优点是可以不退出命令连续布置多个实例。

（2）在轴网处放置。该方法可以在被选中的两个方向上的轴线交点处，一次布置多个独立基础。需要注意，每选择完一批轴网后，必须要单击上下文选项卡中的"√"进行确认。选择轴线时，可以用"Ctrl 键＋鼠标左键"点选的方式依次选择多个轴线，也可采用框选的方式一次选择多个轴线，还可以用"Ctrl 键＋框选"的方式进行选择集的累加。由左向右拖动光标拉框选择时，只有被选择框完全包含的轴线才能被选中；由右向左拖动光标拉框选择时，被选择框完全包含的、与选择框相交的轴线均能被选中。选择过程中，注意灵活运用上述选择技巧，提高建模效率。

（3）在柱下放置。如果项目模型中已经存在结构柱，则可以选用在柱处布置独立基础的方式，选择结构柱的方法与前述选择轴线的方法类似建模时，可以在任何位置放置独立基础，其不依赖于其他构件（如框架柱）而独立存在，因此可以先布置基础，再布置结构柱。实际工程中的独立基础一般都是布置于结构柱下，为了能够采用在柱处布置的方法，也可以先布置结构柱，再布置独立基础。如果项目模型中的结构柱已经创建完成，采用鼠标左键点击放置独立基础后，该基础将自动移动到柱的底部并附着。

此外，系统默认基础的长度方向沿竖向布置，若想使其长度沿水平方向，可在放置前或放置后用空格键对其方向进行旋转。

1.2　条形基础建模

1. 进入 Revit 的主界面，在"结构"选项卡下的"基础"面板中，点击　条形基础的
"墙（不同版本此命令称呼有差异）"命令，即可开始创建条形基础模型，　创建和布置

如图 1.1-6 所示。

图 1.1-6　创建条形基础

2. 启动该命令后，在"属性"选项板的"类型选择器"中选择"条形基础：承重基础"，通过"编辑类型"→"复制"→"名称"操作，修改基础尺寸及结构材质得到相应规格的条形基础，如图 1.1-7 所示。

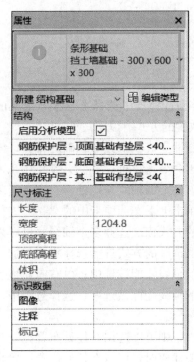

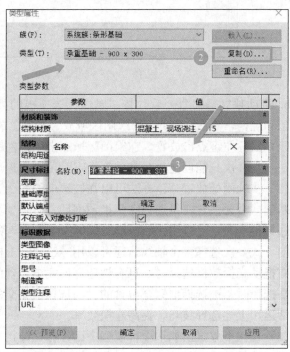

图 1.1-7　修改

3. 启动条形基础命令后，按上述步骤所建的条形基础实例，如图 1.1-8（a）、（b）所示。

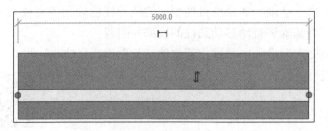

(a) 平面图

(b) 三维图

图 1.1-8　条形基础实例

4. Revit 中的条形基础族形式过于简单，存在如下问题：

（1）"条形基础"为系统族，用户只能通过复制的方法添加新类型，不能进行更复杂的编辑。而该族的截面形式过于简单，为一阶矩形断面，难以满足结构专业对条形基础断面形状的需求。

（2）该族只能布置于墙下，无法满足在框架柱下设置条形基础的需要。而且该条形基础依附于墙体而存在，必须先有墙体，然后才能布置条形基础，如果将墙体删除，该墙下的条形基础也将自动删除。

为了解决上述问题，需要采用自建族的方式来创建形式多样的条形基础。条形基础与梁的受力状态比较接近，因此可以使用梁族模板来创建条形基础。受力状态相近原则也是新建其他结构构件族时需要遵循的。在 Revit 中文版中，"公制结构框架"即为梁族模板，故采用该模板新建条形基础族。

1.3　其余基础建模

基础底板的
创建和设置

基础筏板的受力特点与结构楼板类似，相当于倒置楼板。Revit 中的筏板族与结构楼板族基本相同，布置方法也类似。选择"结构基础：楼板"，在"属性"选项板中，通过"类型属性"编辑器定义筏板厚度、混凝土强度等级等参数，在绘图区域绘制筏板边界，点击"修改"上下文选项卡的"模式"面板中的"√"，退出编辑模式，完成筏板基础创建。

桩基础等的建模，可通过下载网络资源完善族库，也可以通过新建基础族的方式完成。

相关知识点

※知识点 1：基础的不同分类

1. 按使用的材料可分为：灰土基础、砖基础、毛石基础、混凝土基础、钢筋混凝土基础。

2. 按埋置深度可分为：浅基础、深基础。埋置深度不超过 5m 者称为浅基础，大于 5m 者称为深基础。

3. 按受力性能可分为：刚性基础和柔性基础。

4. 按外形可分为：条形基础、独立基础、满堂基础和桩基础。满堂基础又分为筏形基础和箱形基础。

※知识点 2：基础平面图的构成

用一假想的水平面，在建筑物底层室内地面处把建筑物剖切开，移去截面以上部分，所作的水平投影图，称为基础平面图。

在基础平面图中，一般只绘制基础墙（或梁）、柱、基础底面（不包含垫层）的轮廓线，其他细部轮廓线（如大放脚等）省略不画，仅在详图表达。

基础平面图主要表示基础的平面布置以及平面尺寸。

※知识点 3：基础平面图的主要内容

1. 基础的平面布置。包括基础构件（如承台或独立基础）的位置、尺寸、编号；桩位平面图应反映各桩中心线与轴线间的定位尺寸。

2. 管沟、预留孔和设备基础的平面位置、尺寸、标高。

3. 基础施工说明。应包括基础形式、持力层、地基持力层承载力特征值，基槽开挖要求以及施工要求；桩基础应说明桩的类型和桩顶标高、入土深度、桩端持力层及进入持力层的深度、成桩的施工要求、试桩要求和桩基的检测要求。

能力拓展

能力拓展-单元 1 任务 1

任务 2　结构柱与结构墙建模

能力目标

1. 识读施工图纸，完成结构柱和结构墙施工图的识图，了解工程信息；

2. 根据施工图纸设定柱和墙属性参数，绘制结构柱图元和结构墙图元。

任务书

识读高层办公大楼施工图纸，收集混凝土结构相关技术规程及文件，完成结构柱和结构墙各项参数的设置，完成结构柱和结构墙的布置。

工作准备

1. 任务准备

(1) 识读高层办公大楼施工图纸，学习《房屋建筑制图统一标准》GB/T 50001—2017。

(2) 仔细研读《混凝土结构施工图平面整体表示方法制图规则和构造详图（现浇混凝土框架、剪力墙、梁、板）》22G101-1 中墙、柱图纸平法表达方式。

2. 知识准备

引导问题 1：Revit 软件中结构柱和建筑柱有什么区别？

小提示：

结构柱和建筑柱的区别主要有：

建筑物内的柱子，按照是否受力可以分为两大类，即建筑柱和结构柱。其中建筑柱不承受荷载，仅起到展示外形、装饰或表达建筑层次的作用。各类建筑结构中的框架柱排架柱和部分构造柱，属于结构柱。建筑物中大部分的构造柱，在结构内力计算中不考虑其受力作用，但是，由于专业分工，仍属于结构专业需要建模的范畴。在现代建筑中，纯粹的建筑柱并不多见，更多情况是柱子的核心部分为结构柱，用于承受荷载，而外部表层部分则根据建筑需要赋以各种做法或形状，此时建筑柱套在结构柱外部。

在 Revit 中，根据材质不同，结构柱包括钢、混凝土、木质、轻型钢、预制混凝土等五种类型，如图 1.2-1 所示。其中，混凝土材质的柱子又可以进一步划分为钢管混凝土柱、混凝土柱、型钢混凝土柱等族，形状上又分为圆形、矩形、多边形及 H 形等，如图 1.2-2 所示。

图 1.2-1　不同材质的柱

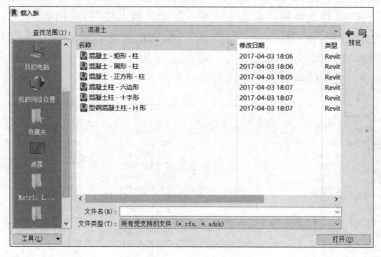

图 1.2-2　不同形状的混凝土柱

在 Revit 中，建筑构件与结构构件的一个重要区别是建筑构件中不能布置钢筋，因此，对于混凝土材质的构造柱、阳台栏板、女儿墙等构件，虽然并不参与结构受力分析，但通常都要配置钢筋，需选用软件中的结构构件进行建模，只是可以通过取消勾选实例属性中的"启用分析模型"选项，避免其参与结构分析。建筑墙与建筑楼板等系统自带构件，可以通过勾选或取消勾选实例属性中的"结构"选项，在结构构件与建筑构件之间相互转换。

引导问题 2：Revit 软件中结构墙和建筑墙有什么区别？

小提示：

结构墙和建筑墙的区别主要有：

在 Revit 建模中，与柱子类似，建筑内的墙体按照是否参与受力也分为两大类，分别是建筑墙和结构墙。建筑墙不承受外荷载，通常用来分割室内空间，或起到围护作用，如框架结构、剪力墙结构的填充墙。结构墙体要承受外荷载作用，砌体结构中墙体多为承重墙，框剪结构、剪力墙结构及筒体结构中的剪力墙均为结构墙。同时，大部分结构墙也兼具建筑墙的功能，即分割空间或作为围护结构。

为了美观，提高墙体耐久性，增强墙体保温性，还会有保温层、抹灰等饰面层，这也意味着结构墙体的两侧也常有一些属于建筑专业范畴的层次。

建筑洞口与结构洞口与上述关系类似。为了改变墙体的受力特性而在结构强弱上留设的洞口称为结构洞，此类洞口在施工阶段的后期将会用砌块等材料填充，因而投入使用后，建筑物中的结构洞口一般看不到。

2.1 结构柱的载入与参数设置

1. 柱子的定义

结构柱载入
创建

（1）Revit 中自带的结构柱类型很多，结构样板默认载入的柱仅有三种，分别为矩形混凝土柱、热轧 H 型钢柱和热轧工字钢柱。更多类型的柱子可以通过插入族的方式载入项目，命令为"插入"→"载入族"，弹出如图 1.2-3 所示界面，依次选择路径"结构"→"柱"→"混凝土"，将列出系统自带的所有混凝土结构柱，通过点击鼠标左键，或左键与 Ctrl 键组合，或左键与 Shift 键组合选择需要载入的柱族，点击"打开"命令，选中的柱族将载入当前项目文件。

图 1.2-3　载入族

（2）在"结构"选项卡下的"结构"面板，点击"柱"（此处即为结构柱），在属性选项板的类型选择器内选择"矩形混凝土柱"，采用与之前建立基础类型相同的步骤，通过

"编辑类型"→"复制"→"重命名"命令并修改相关尺寸（b、h）得到相应规格的柱子，参照本书案例图纸，一次性地将本项目中所有的柱子类型编辑完成。柱子的命名规则为"柱编号-规格"，如"KZ1-400×700"，便于提高建模效率。

（3）布置结构柱之前，有一些基本参数需要进行设置。对混凝土柱而言，包括混凝土强度等级、钢筋保护层厚度等基本参数。假如某柱，其混凝土强度等级为 C30，如图 1.2-4 所示，修改结构材质，选择 C30 现场浇筑混凝土。根据《混凝土结构设计规范》GB 50010—2010（2015 年版），该框架柱所处环境类别为一类，混凝土强度等级≥C30，故钢筋保护层厚为 20mm。在属性选项板内的钢筋保护层一栏，点开最右侧的三角下拉菜单，选择"I，（梁、柱、钢筋），≥图 C30，<20mm>"。采用同样的方法，设置本书案例项目中的所有柱子参数。

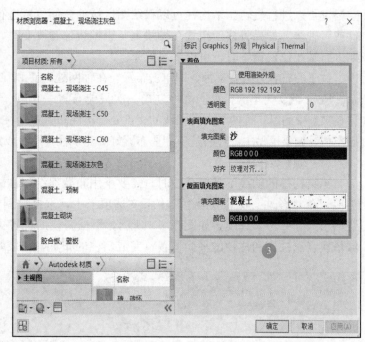

图 1.2-4　设置柱参数

2. 柱子布置

（1）垂直结构柱

此处的垂直结构柱，其实应该是竖直结构柱，即柱子轴线为铅垂线，为了与 Revit 中名称保持一致，本任务后续部分采用 Revit 中的名称"垂直结构柱"。建筑结构中的结构柱绝大多数为垂直结构柱，其布置分为以下几个步骤：

结构柱的布置

1）单击"结构"选项卡，选择"结构"面板中的"柱"，系统默认布置垂直结构柱，如图 1.2-5 所示。

2）修改选项栏参数。柱的布置方法有按高度和按深度两种，高度表示柱子自当前平面视图标高向上进行布置，深度表示柱子自当前平面视图标高向下进行布置。选择好布置方法后，还需设置柱子顶部或底部控制标高。布置方法通常选择"高度："，而柱子顶部的标高一般选择上一层楼面标高，如图 1.2-5 所示。

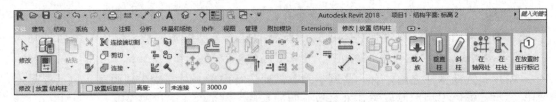

图 1.2-5　垂直结构柱

3）选择柱子类型。在"属性"选项板的下拉类型选择器中，选择当前需要创建的柱子类型。由于前面已经设置好了项目内所有的柱子类型及规格等参数，因而此处只需要直接选择即可。

4）在绘图区域布置柱子。柱子截面的默认方向为 h 沿竖直方向，b 沿水平方向，按空格键可以进行旋转。结构柱可以在绘图区域的任何位置进行布置，它并不依赖于其他构件或者轴线。如果将柱子布置在轴线上，当轴线位置改变时，柱子也随之移动，这样在后期进行轴线位置调整时，可以提高效率。

柱子的布置方式有三种，即单击布置、在轴网处布置和在建筑柱处布置，如图 1.2-5 所示。Revit 默认为单击布置，该种方式一次只能布置一个柱子。选择"在轴网处"布置时，将在被选中的纵、横两个方向轴线的交点处一次性布置多个柱子，该方法与前面布置独立基础类似。如果模型中已经有建筑专业布置好的建筑柱，则可以选择"在柱处"布置的方法。

（2）倾斜结构柱

当结构柱的轴线不是铅垂线时，需要采用布置斜结构柱的方法。该方法与垂直结构柱类似，在"修改│放置结构柱"上下文选项卡中，选择"斜柱"，选项栏出现四个需要设置的参数和一个勾选项，如图 1.2-6 所示，根据斜柱的位置进行相应设置，然后在绘图区域依次点选柱底和柱顶的平面位置，完成斜柱的布置，完成效果如图 1.2-7 所示。

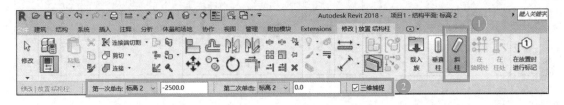

图 1.2-6　斜柱布置

倾斜柱的布置

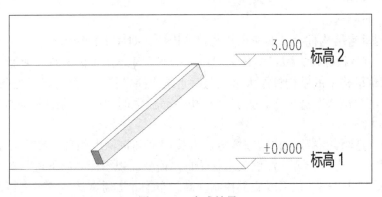

图 1.2-7　完成效果

2.2 结构墙载入与参数设置

Revit 提供了建筑墙与结构墙两类墙族，均属于系统族，不能对族进行编辑。在"建筑"和"结构"选项卡下均能调用这两类墙，其中建筑模型中默认墙体为建筑墙，结构模型中默认墙体为结构墙。

1. 在"结构"选项卡下，可通过"墙"命令中的下拉菜单选择"墙：建筑"来启动建筑墙命令，如图 1.2-8 所示。

2. 启动结构墙布置命令后，可通过"属性"选项板的"编辑类型"按钮，打开"类型属性"编辑器，如图 1.2-9 所示。系统提供的墙族包括叠层墙、基本墙和幕墙，叠层墙和幕墙属于建筑墙，此处以基本墙为基础，定义本章案例中项目涉及的墙类型。组合选择需要载入的柱族，点击"打开"命令，选中的柱族将载入当前项目文件。

结构墙的创
建和布置

图 1.2-9 编辑类型

图 1.2-8 启动建筑墙

3. 在"类型属性"编辑器中，以基本墙族中的"常规-200mm"为基础，如图 1.2-10 所示，通过"复制"→"命名"操作，定义名称为"120-C20"的新类型，然后点击构造参数中"结构"右侧的"编辑"按钮，打开"编辑部件"对话框，修改材质为"混凝土，现场浇筑-C20"，厚度为"120"，点击"确定"，完成对该墙体类型的定义。重复上述过程，完成案例项目中其余墙体的定义。需要注意，墙体混凝土强度等级属于类型属性，因而厚度相同但混凝土强度不同的墙体需分别定义。

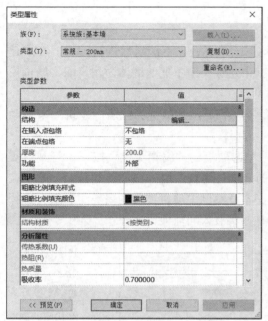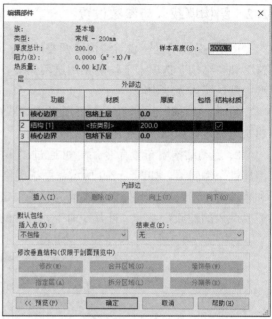

图 1.2-10　编辑部件

4. 完成墙体类型定义，退出到绘图状态，若该墙的混凝土强度等级为 C20，在"属性"选项卡的类型选择器中选择定义好的"120-C20"基本墙类型。修改选项栏中的各项参数，如图 1.2-11 所示，前面几项参数的含义与结构柱相同，不再重复叙述。墙的平面位置定位线包括中心线及各关键层次的分界线，如图 1.2-11 所示，结构墙一般仅包含核心层，故常用中心线或核心面的内部或外部进行定位，根据拟绘制墙体与柱、梁或轴线间的相对位置灵活选取。

图 1.2-11　修改参数

5. 在 Revit 中结构墙与建筑墙模型随时可以进行转换。墙体实例属性面板中，结构属性的"结构"选项如果是勾选状态，说明该墙属于结构墙。如果取消该勾选，则结构墙将转变为建筑墙，结构属性随之发生改变，"启用分析模型"选项变为灰色的不可选状态，钢筋保护层厚度等参数消失，"结构用途"自动变为"非承重"，两类墙的实例属性参数差异见图 1.2-12。反之，建筑墙的属性中勾选"结构"参数，可将其转换为结构墙。在用结构样板创建时，去掉结构墙的"结构"勾选状态，用户会发现墙体通常变为不可见状态，如果需要保持其处于可见状态，需要将该平面视图实例性面板中，图形属性的"规程"改为"建筑"或"协调"，如图 1.2-13 所示。

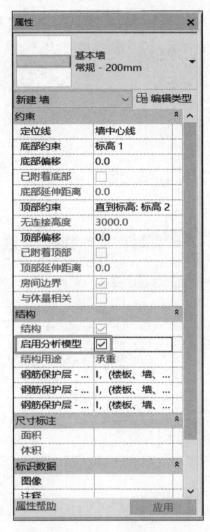

图 1.2-12　两类墙

图 1.2-13　规程

相关知识点

※知识点 1：柱平法施工图的制图规则（列表注写方式）

列表注写方式相关规定

在柱平面布置图上，先对柱进行编号，然后分别在同一编号的柱中选择一个（有时需选几个）断面标注几何参数代号（b_1、b_2、h_1、h_2）；在柱表中注写柱号、柱段起止标高、几何尺寸（含柱断面对轴线的偏心情况）与配筋的具体数值，并配以各种柱断面形状及其箍筋类型图的方式，来表达柱平法施工图，如图 1.2-14 所示。国家建筑标准设计图集 22G101-1 对于柱和墙柱编号的规定见表 1.2-1、表 1.2-2。

结构平法施
工图表达

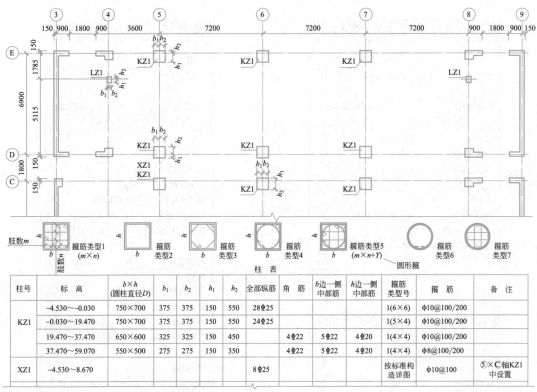

图 1.2-14 列表注写方式

柱号	标高	$b \times h$(圆柱直径D)	b_1	b_2	h_1	h_2	全部纵筋	角 筋	b边一侧中部筋	h边一侧中部筋	箍筋类型号	箍筋	备 注
KZ1	−4.530～−0.030	750×700	375	375	150	550	28Φ25				1(6×6)	φ10@100/200	
	−0.030～19.470	750×700	375	375	150	550	24Φ25				1(5×4)	φ10@100/200	
	19.470～37.470	650×600	325	325	150	450		4Φ22	5Φ22	4Φ20	1(4×4)	φ10@100/200	
	37.470～59.070	550×500	275	275	150	350		4Φ22	5Φ22	4Φ20	1(4×4)	φ8@100/200	
XZ1	−4.530～8.670						8Φ25				按标准构造详图	φ10@100	⑤×ⓒ轴KZ1中设置

−4.530～59.070柱平法施工图(局部)

柱表

柱编号   表 1.2-1

柱类型	代号	序号
框架柱	KZ	××
转换柱	ZHZ	××
芯柱	XZ	××
梁上柱	LZ	××
剪力墙上柱	QZ	××

注：编号时，当柱的总高、分段截面尺寸和配筋均对应相同，仅截面与轴线的关系不同时，仍可将其编为同一柱号，但应在图中注明截面与轴线的关系。

墙柱编号   表 1.2-2

墙柱类型	代号	序号
约束边缘构件	YBZ	××
构造边缘构件	GBZ	××
非边缘暗柱	AZ	××
扶壁柱	FBZ	××

注：约束边缘构件包括约束边缘暗柱、约束边缘端柱、约束边缘翼墙、约束边缘转角墙四种。构造边缘构件包括构造边缘暗柱、构造边缘端柱、构造边缘翼墙、构造边缘转角墙四种。

※知识点 2：柱平法施工图的制图规则（截面注写方式）

截面注写方式相关规定

在分标准层绘制的柱平面布置图的柱断面上，分别在同一编号的柱中选择一个断面，以直接注写断面尺寸和配筋具体数值的方式来表达柱平法施工图，如图 1.2-15 所示。

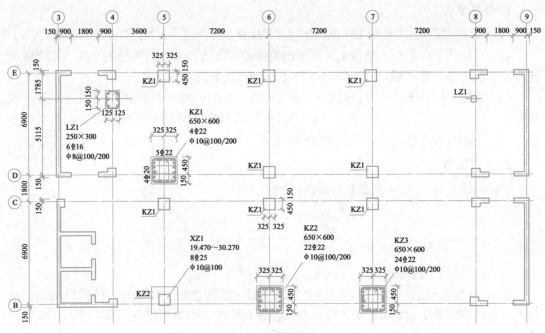

19.470～32.470柱平法施工图(局部)

图 1.2-15　截面注写方式

📖 能力拓展

能力拓展-单元 1 任务 2

任务 3　梁与板建模

🖊 能力目标

1. 识读施工图纸，完成梁与板施工图的识图，了解工程信息；
2. 根据施工图纸设定梁与板属性参数，布置梁与板。

📋 任务书

识读高层办公大楼施工图纸，收集混凝土结构相关技术规程及文件，完成梁与板各项参数的设置，完成梁与板的布置。

1. 任务准备

（1）识读高层办公大楼施工图纸，学习《房屋建筑制图统一标准》GB/T 50001—2017。

（2）仔细研读《混凝土结构施工图平面整体表示方法制图规则和构造详图（现浇混凝土框架、剪力墙、梁、板）》22G101-1 中梁、板图纸平法表达方式。

（3）根据《混凝土结构设计规范》GB 50010—2010（2015 年版）、《建筑抗震设计规范》GB 50011—2010（2016 年版）等，学习关于梁支座定义的相关知识点，着重学习不同楼层，不同位置支座处梁纵筋的配置构造要求。

2. 知识准备

引导问题：Revit 中不同楼板有哪些区别？

小提示：

Revit 中不同楼板的区别：

Revit 的楼板包括三种类型，分别是建筑楼板、结构楼板及楼板边。楼板边用于创建散水、腰线等附着于建筑边缘的构件。建筑楼板和结构楼板的创建方法基本相同，但建筑楼板的属性比较少，没有跨度方向，不参与受力分析，不能配钢筋（故属性参数中没有关于钢筋保护层厚度内容），两者之间也能自由转换，通过勾选"属性"面板中的"结构"选项，可以将建筑楼板转换为结构楼板，反之亦然。

3.1　结构梁的载入与设置

Revit 中的梁属于可载入族，如图 1.3-1 所示，通过"插入"选项卡的"从库中载入"面板中的"载入族"命令，梁的文件路径为"结构"→"框架"，根据需要选择钢、混凝土、木质等不同材料的梁族。

结构梁载入
和属性编辑

图 1.3-1　载入族

3.2　结构梁布置

在 Revit 中，梁的布置方法有两种，分别是绘制梁轴线法与在轴网上布置法。启动梁的布置命令，如图 1.3-2 所示，"修改│放置梁"上下文选项

结构梁的布
置与修改

卡有"绘制"和"多个"两个面板可用于梁的布置。其中"绘制"面板中提供了 7 种画线和 1 种"拾取线"的绘制梁轴线工具，可根据梁轴线的形状灵活选取，在绘图区域绘制出梁的轴线，按 Esc 键退出，完成梁的布置。采用绘制模式建梁时，多跨连续梁的梁跨需要手动划分，分跨绘制。梁柱相交时，柱为梁的支座，因此梁的跨度以柱为端点。当梁、梁相交时，主梁为次梁的支座。支座两侧的梁必须分段绘制，否则将改变梁的受力状态。为了提高效率，可勾选选项栏中的"链"，即可实现多跨梁的连续绘制。

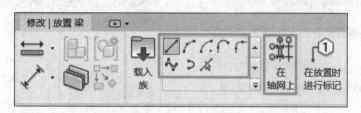

图 1.3-2　启动梁的布置

在轴网上布置梁的模式，系统会在选中的一条或多条轴线上，以已有的柱或梁作为拟建梁的支座，自动完成梁的布置及梁跨划分，该方法建模效率较高。

启动布置梁的命令后，单击"在轴网上"命令，框选所有纵向轴线，完成纵梁的布置。

3.3　结构板的载入与设置

启动"结构"选项卡→"结构"面板→"楼板"下拉菜单→"楼板：结构"，弹出"修改 | 创建楼层边界"上下文选项卡，如图 1.3-3 所示。选择合适方便的绘制方式，如直线、矩形等几何形状直接绘制楼板边界，或用拾取线、拾取墙、拾取支座的方式选取已有元素作为楼板边界。

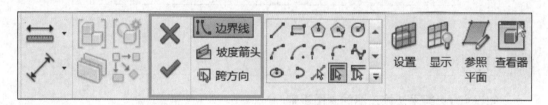

图 1.3-3　选项卡

在绘制楼板边界前，首先应根据项目中的楼板创建楼板类型。通过"属性"选项板→"编辑类型"命令，进入"类型属性"对话框，如图 1.3-4 所示，"载入"按钮为灰色，表明楼板族为系统族，需根据楼板的设计参数创建楼板类型。通过"复制"→"名称"命令，对新建楼板类型进行命名后，点击"编辑"进入"编辑部件"界面，如图 1.3-5 所示，选择材质，修改"结构 [1]"的厚度。

楼板形状较复杂时，创建过程中容易出现一些错误，此时可以在创建完成的楼板任何位置的边缘处双击鼠标左键，或者选中楼板后，在上下文选项卡中单击"编辑草图"，对楼板边界进行修改，见图 1.3-6。修改完成后，再次单击上下文选项卡中的"√"，完成编辑。

楼板的布置和修改较为简单，对于平面布置（梁、板、柱或墙）相同或接近的楼层，可以采用层间复制再进行局部修改的方法，提高建模效率。

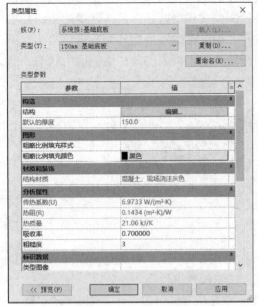

图 1.3-4　类型属性

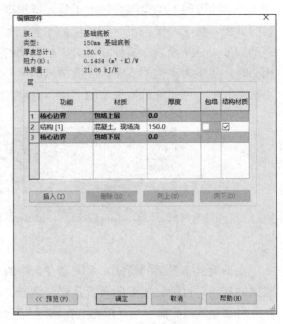

图 1.3-5　编辑部件

图 1.3-6　编辑草图

相关知识点

※知识点 1：梁平法施工图的制图规则

梁平法施工图是在梁平面布置图上采用平面注写方式或截面注写方式来表达的施工图。梁平面布置图，应分别按梁的不同结构层（标准层），将全部梁和其相关联的柱、墙、板一起采用适当比例绘制。

在梁平法施工图中，应按规定注明各结构层的顶面标高及相应的结构层号。对于轴线未居中的梁，应标注偏心定位尺寸（贴柱边的梁可不注）。

※知识点 2：梁平法施工图的平面注写方式

在梁的平面布置图上，分别在不同编号的梁中各选出一根，在其上注写断面尺寸和配筋具体数量的方式来表达梁平面整体配筋。平面注写包括集中标注与原位标注，集中标注表达梁的通用数值，原位标注表达梁的特殊数值。当集中标注中某项数值不适用于梁的某部位时，则应将该项数值在该部位原位标注，施工时，按照原位标注取值优选原则。

(1) 梁编号由梁类型代号、序号、跨数及是否带有悬挑代号组成，见表 1.3-1。

梁编号 表 1.3-1

梁类型	代号	序号	跨数及是否带有悬挑
楼层框架梁	KL	××	(××)、(××A)或(××B)
楼层框架扁梁	KBL	××	(××)、(××A)或(××B)
屋面框架梁	WKL	××	(××)、(××A)或(××B)
框支梁	KZL	××	(××)、(××A)或(××B)
托柱转换梁	TZL	××	(××)、(××A)或(××B)
非框架梁	L	××	(××)、(××A)或(××B)
悬挑梁	XL	××	(××)、(××A)或(××B)
井字梁	JZL	××	(××)、(××A)或(××B)

注：1. (××A) 为一端有悬挑，(××B) 为两端有悬挑，悬挑不计入跨数。

【例】KL7（5A）表示第 7 号框架梁，5 跨，一端有悬挑；

L9（7B）表示第 9 号非框架梁，7 跨，两端有悬挑。

2. 楼层框架扁梁节点核心区代号 KBH。

3. 非框架梁 L、井字梁 JZL 表示端支座为铰接；当非框架梁 L、井字梁 JZL 端支座上部纵筋为充分利用钢筋的抗拉强度时，在梁代号后加"g"。

【例】Lg7（5）表示第 7 号非框架梁，5 跨，端支座上部钢筋为充分利用钢筋的抗拉强度。

(2) 梁截面尺寸为必注值。当为等截面梁时，用 $b×h$ 表示，且原位标注优先于集中标注。

(3) 梁顶面标高高差，系指相对于结构层楼面标高的高差值，对于位于结构夹层的梁，则指相对于结构夹层楼面标高的高差。有高差时，需将其写入括号内，无高差时不注。

注：当某梁的顶面高于所在结构层的楼面标高时，其标高高差为正值，反之为负值。

【例】某结构标准层的楼面标高分别为 44.950m 和 48.250m，当这两个标准层中某梁的梁顶面标高高差注写为（−0.050）时，即表明该梁顶面标高分别相对于 44.950m 和 48.250m 低 0.050m。

※知识点 3：梁平法施工图的截面注写方式

截面注写方式，就是在分标准层绘制的梁平面布置图上，分别在不同编号的梁中各选择一根用断面剖切符号引出配筋图，并在其上注写断面尺寸和配筋具体数值。截面注写方式既可单独使用，也可与平面注写方式结合使用。当梁的顶面高度与结构层的楼面标高不同时，应在梁编号后注写梁顶面标高与楼面标高高差。

实际工程设计中，常采用平面注写方式，仅对其中梁布置过密的局部或为表达异形截面梁的截面尺寸及配筋时采用截面注写方式表达。

 能力拓展

能力拓展-单元 1 任务 3

任务 4 钢筋布置

1. 识读施工图纸，完成结构构件钢筋布置的识图，了解工程信息；
2. 根据施工图纸完成钢筋设置，完成结构构件钢筋的布置。

📋 任务书

识读高层办公大楼施工图纸，收集混凝土结构相关技术规程及文件，完成钢筋各项参数的设置，完成各构件中钢筋的布置。

📌 工作准备

1. 任务准备

（1）根据《混凝土结构设计规范》GB 50010—2010（2015 年版）、《建筑抗震设计规范》GB 50011—2010（2016 年版）等规范，学习关于梁、墙和柱等构件保护层厚度的确定原则。

（2）复习梁和柱的箍筋加密区和非加密区设置要求，箍筋肢距规定，箍筋两端弯钩的构造形式等。

（3）复习受力纵筋连接方法以及不同连接方式的优缺点。

2. 知识准备

引导问题：混凝土平法表达的概念和好处分别是什么？

小提示：

平面表示法，是指混凝土结构施工图平面整体表示方法（简称"平法"），是把结构构件的尺寸和钢筋等，按照平面整体表示方法制图规则，整体直接表达在各类构件的结构平面布置图上，再与标准构造详图相配合，即构成一套完整的结构施工图的方法。平法制图适用于各种现浇混凝土结构的柱、剪力墙、梁等构件的结构施工图。它改变了传统的那种将构件从结构平面布置图中索引出来，再逐个绘制配筋详图的烦琐方法，是混凝土结构施工图设计方法的重大改革。

4.1 钢筋设置

Revit 中的钢筋图元不能独立存在，必须依存于有效的主体，包括结构框架、结构柱、结构基础、结构连接、结构楼板、结构墙、基础底板、条形基础及楼板边等多种族。上述类别的族参数中"用于模型行为的材质"参数必须为"混凝土"或"预制混凝土"，用户利用公制常规模型创建的族文件，如果需要将其作为钢筋的主体，应在"族类别和族参数"对话框中勾选"可将钢筋附着到主体",或者在"属性"选项板勾选该选项。

1. 创建钢筋实例前,需要先进行一些与钢筋有关的基本设置,具体操作步骤为:选择"结构"选项卡,点开"钢筋"面板最下面的三角按钮,展开如图 1.4-1 所示菜单,单击"钢筋设置",弹出"钢筋设置"对话框,共有"常规""钢筋舍入""钢筋演示视图""区域钢筋""路径钢筋"等设置项。

2. "常规"钢筋设置中有"在区域和路径钢筋中启用结构钢筋"和"在钢筋形状定义中包含弯钩"两个勾选项,第一项默认勾选,第二项默认不勾选,建议第一项勾选,第二项必须勾选。对这两项的勾选必须在向项目中创建相关钢筋实例前进行,否则一旦创建了任何钢筋,此选项将无法更改。

 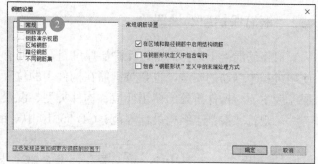

图 1.4-1　钢筋设置

3. "钢筋舍入"保持系统默认状态,不需进行设置。"钢筋演示视图"用来控制钢筋集的显示方式,见图 1.4-2,该选项可以在创建钢筋实例后进行设置,详细操作请见后面箍筋的相关内容。

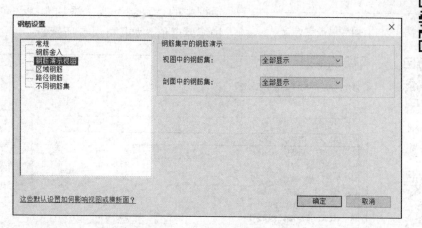

钢筋基本的设置

图 1.4-2　钢筋演示视图

4. "区域钢筋"和"路径钢筋",用于控制区域或路径钢筋的标记缩写,如图 1.4-3 所示,用户可根据个人习惯或有关标准的规定,修改注释缩写所用的字母或符号。

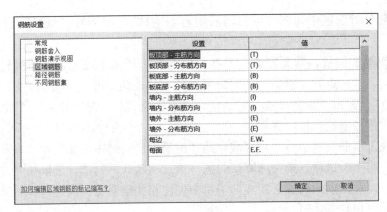

图 1.4-3　区域钢筋

4.2　钢筋保护层的设置

对钢筋混凝土结构而言，保护层厚度是与钢筋有关的一个重要概念。保护层厚度关系使用过程中钢筋的安全，也会对钢筋在构件中的位置及钢筋的尺寸等产生影响。钢筋保护层厚度主要与构件所处的使用环境、构件类型、混凝土强度及建筑的设计使用年限等因素有关，现行《混凝土结构设计规范》GB 50010 中对钢筋保护层厚度最小值进行了规定。

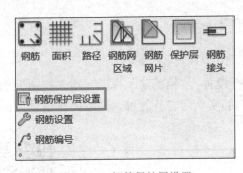

图 1.4-4　钢筋保护层设置

Revit 关于钢筋保护层的基本设置在"结构"选项卡"钢筋"面板的下拉菜单内，如图 1.4-4 所示，单击"钢筋保护层设置"命令后，打开图 1.4-5 对话框，其中列出的各种情况下钢筋保护层厚度值可根据环境类别的差异进行修改，一般情况下直接选用即可。

对于一些有特殊要求的工程，可以通过对话框中的"复制"或"添加"按钮创建新的保护层厚度值，如图 1.4-5 所示。

结构柱钢
筋的布置

结构墙钢
筋的布置

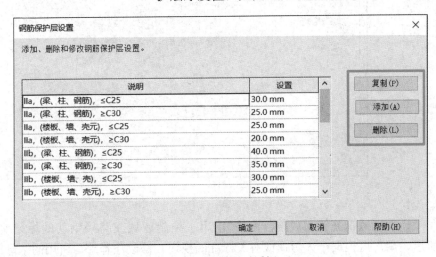

图 1.4-5　设置对话框

4.3 结构钢筋的创建

1. 箍筋的创建

在"结构"选项卡中的"钢筋"面板上，单击"钢筋"，启动结构钢筋建模命令，如图 1.4-6 所示，该命令用于放置平面或多平面钢筋，也可以简单理解为用于创建梁、柱内的纵筋和箍筋。在一个项目中，首次启动该命令，将提醒进行钢筋弯钩的设置，选择需要的钢筋形状，在相应构件的剖面图中创建钢筋实例。

图 1.4-6 启动钢筋

选择钢筋形状、等级及直径。启动钢筋创建命令，比如在"钢筋形状浏览器"中选择 33 号钢筋形状，在"属性"选项板中选择"12HRB400"（钢筋直径与等级），如图 1.4-7 所示。

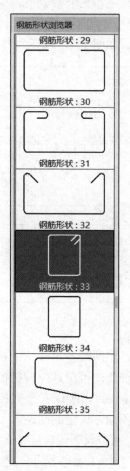

结构柱钢筋布置（箍筋）

结构梁钢筋布置（箍筋）

图 1.4-7 钢筋设置

2. 箍筋布置

在"修改｜放置钢筋"上下文选项卡中进行参数设置，如图 1.4-8 所示。其中，在"放置平面"中选择"当前工作平面"，"放置方向"选择"平行于工作平面"，"布局"选择"最大间距"，"间距"设为"200mm"，到达既定位置后，点击鼠标，完成布置。

图 1.4-8　箍筋布置参数设置

"修改｜放置钢筋"上下文选项卡中的各选项含义说明如下：

（1）"放置平面"代表钢筋将被布置到的平面。当"放置平面"选为"当前工作平面"时，如果钢筋集的布局选为"单根"，则布置的这根箍筋将被放置在剖切面上。

（2）"放置方向"用于控制钢筋平面的方向。当该项被选为"平行工作平面"时，如果正在创建普通箍筋，则箍筋所在平面与当前工作平面平行。

（3）"钢筋集"中包含"布局""数量"和"间距"三个参数项，根据布置的钢筋形状灵活设置。创建箍筋时，"布局"设为"最大间距"，"间距"根据设计需要输入相应数值。此处按照非加密区设定，加密区箍筋需另行设置。如图 1.4-9 所示。

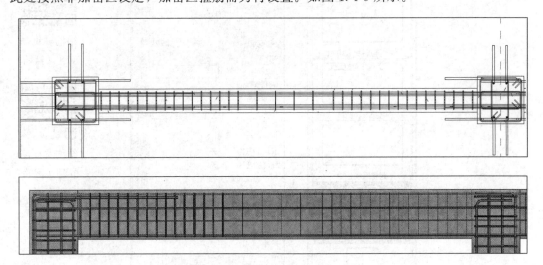

图 1.4-9　箍筋布置

在软件界面中，选中的钢筋集呈蓝色，且在首尾两端各出现两个符号。方框用于控制钢筋集末端是否布置箍筋，双向箭头用于控制钢筋集的范围，拉伸控制柄可以调整箍筋的布置区域。由于之前将钢筋集的布局设为"最大间距"，所以在拖拽控制柄的过程中，软件会自动调整钢筋数量，并保证钢筋之间的距离不超过设定的间距。

绘制参照平面，输入快捷键"RP"启动命令，可以设置偏移量（比如梁内第一道箍筋距柱边为 50mm），沿柱边缘绘制第一道参照平面，如图 1.4-10 所示。选中该两道参照平面，通过梁跨中点绘制镜像轴进行镜像（快捷键为"DM"），即可完成加密区范围确定。

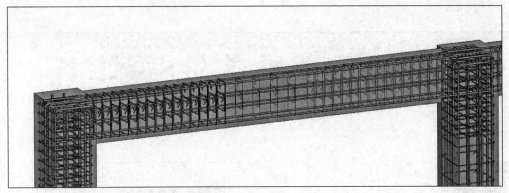

图 1.4-10　加密区布置

　　框架柱的箍筋布置与框架梁类似，在楼层平面布置箍筋集，返回立面视图进行调整。需要注意，柱端箍筋的构造要求与梁端不同。其一，柱端箍筋加密区要延伸至节点内。其二，底层柱的根部、刚性地面的上下等部位，其加密区的长比较特殊，不能像梁的两端那样采用镜像的方法完成建模。

　　其他线型杆件的箍筋布置与梁、柱类似，即在杆件的断面完成箍筋的初步布置，然后在杆件的侧面进行箍筋间距、位置及加密区的调整。如图 1.4-11 所示。

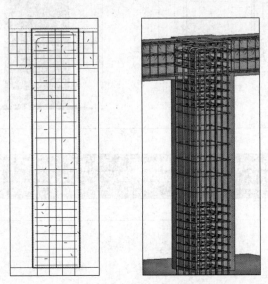

图 1.4-11　其他线型杆件箍筋布置

3. 纵筋布置

除了在创建箍筋时从"结构"选项卡中启动钢筋创建命令的方法外，还可以选中结构构件，然后在对应的上下文选项卡中，会有一个"钢筋"面板，其中的"钢筋"也可运行纵筋创建。

在"修改 | 放置钢筋"上下文选项卡中（图 1.4-12），选择"放置平面"中的"当前工作平面"，将"放置方向"选为"垂直于保护层"，"钢筋集"的"布局"选为"固定数量"，数量为自定，由下向上移动光标接近梁截面顶部保护层，纵筋的布置的示例图如图1.4-13 所示。

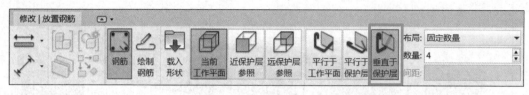

图 1.4-12　纵筋布置参数设置

结构柱钢筋
布置（纵筋）

结构梁钢筋的
设置（纵筋）

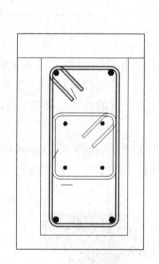

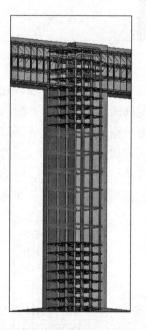

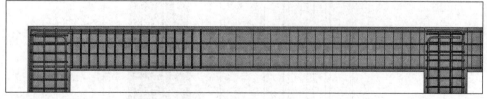

图 1.4-13　纵筋布置

4. 区域钢筋的创建

在楼板、墙、独立基础底面、筏板等平面型构件中，钢筋数量较多，且通常等间距布置，可以利用 Revit 的区域钢筋命令进行模型创建。

选中需要配置钢筋的楼板，弹出"修改 | 楼板"上下文选项卡，在"钢筋"面板中，

有"钢筋""区域""路径""钢筋网区域"及"钢筋网片"等5种钢筋建模工具，本节介绍"区域"工具，如图1.4-14所示。

结构墙钢筋
布置（区域钢筋）

图1.4-14　结构区域钢筋

利用其中的绘制工具确定需要钢筋的范围，其方法与绘制楼板边界类似，如图1.4-15所示。

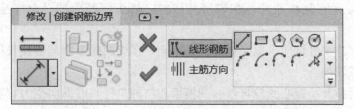

结构楼板和
基础底板配筋

图1.4-15　确定范围

独立基础和
条形基础配筋

通过区域钢筋布置功能，我们能得到墙和独基布置效果如图1.4-16所示。

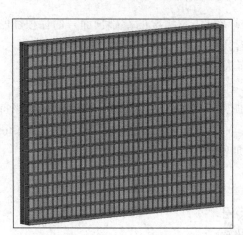

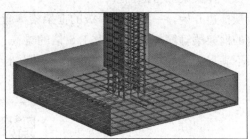

图1.4-16　区域钢筋布置效果

 相关知识点

※知识点1：钢筋连接方式

受力钢筋，因长度或者构件尺寸往往需要进行连接。

连接方式主要有绑扎搭接连接、焊接连接和机械连接三种。

绑扎搭接连接：通过钢筋与混凝土之间的粘结力来传递钢筋应力的方式。两根相向受力的钢筋分别锚固在搭接连接区段的混凝土中而将力传递给混凝土，从而实现钢筋之间应力的传递。

焊接连接：受力钢筋之间通过熔融金属直接传力。若焊接质量可靠，则不存在强度、刚度、恢复性能、破坏性能等方面的缺陷，是十分理想的连接方式。

机械连接：近年来发展起来的一种钢筋连接方式，通过连贯于两根钢筋之间的套筒来实现钢筋的传力，是间接传力的一种形式。钢筋与套筒之间的传力可通过挤压变形的咬合、螺纹之间的楔合、灌注高强胶凝材料的胶合等形式实现。

连接原则：

（1）接头应尽量设置在受力较小处，应避开结构受力较大的关键部位。抗震设计时避开梁端、柱端箍筋加密范围，如必须在该区域连接，则应采用机械连接或焊接。

（2）在同一跨度或同一层高内的同一受力钢筋上宜少设连接接头，不宜设置 2 个或 2 个以上接头。

（3）接头位置宜互相错开，在连接范围内，接头钢筋面积百分率应限制在一定范围内。

（4）在钢筋连接区域应采取必要的构造措施，在纵向受力钢筋搭接长度范围内应配置横向构造钢筋或箍筋。

（5）轴心受拉及小偏心受拉杆件（如桁架和拱的拉杆）的纵向受力钢筋不得采用绑扎搭接接头。

※知识点 2：箍筋加密区长度

（1）柱箍筋加密范围

底层柱（底层柱的柱根系指地下室的顶面或无地下室情况的基础顶面）的柱根加密区长度应取不小于该层柱净高的1/3，以后的加密区范围是按柱长边尺寸（圆柱的直径）、楼层柱净高的 1/6 及 500mm 三者数值中的最大者为加密范围。

（2）框架梁加密范围

从柱边开始，一级抗震等级的框架梁箍筋加密长度为 2 倍的梁高，二、三、四级抗震等级的框架梁箍筋加密长度为 1.5 倍的梁高，而且加密区间总长均要满足大于 500mm，如果不满足大于 500mm，按 500mm 长度进行加密。

 能力拓展

能力拓展-单元 1 任务 4

单元 2　BIM 脚手架工程实务模拟

单元 2 学生资源

单元 2 教师资源

 任务设计

　　脚手架实务模拟工程为一幢高层办公大楼，地上部分共十二层，总高 43.800m，包含展览厅、办公室、会客厅、会议室、档案室、休息室、质检用房、电梯、卫生间、楼梯等功能房间。该工程采用钢筋混凝土框架结构形式，基础主要采用柱下独立基础的形式。

　　本单元配套一系列完整的图纸可供学生学习借鉴，从而帮助学生更好地理解图纸、BIM 模型和脚手架工程设计之间的转换关系，体会 BIM 技术给脚手架设计、技术交底和施工投标等诸多方面带来的便捷和高效。

　　在本工程作为教学单元的实施过程中，包括设计准备、BIM 模型创建建模、方案设计和成果制作四个主要任务。

　　BIM 脚手架工程实务模拟学习任务设计如表 2.0-1 所示。

BIM 脚手架工程实务模拟学习任务设计　　　　　　　　　　表 2.0-1

序列	任务	任务简介
1	设计准备	识读施工图纸、收集工程资料
2	模型创建	CAD 图纸转化建模、P-BIM 模型导入
3	方案设计	脚手架选型、选材、参数设计、布架设计
4	成果制作	计算书生成、方案输出、图纸和视频

学习目标

　　通过本单元的学习，学生应该能够达到以下学习目标：

　　1. 依据工程背景和相关要求，收集脚手架设计工程信息、相应的规范规程、施工组织设计等；

　　2. 将工程 CAD 图纸创建 BIM 模型；

　　3. 完成脚手架工程的方案设计；

　　4. 完成脚手架工程施工方案成果制作。

学习评价

　　根据每个学习任务的完成情况进行本单元的评价，各学习任务的权重与本单元的评价见表 2.0-2。

BIM 脚手架工程实务模拟单元评价 表 2.0-2

学号	姓名	任务 1		任务 2		任务 3		任务 4		总评
		分值	比例（20%）	分值	比例（20%）	分值	比例（40%）	分值	比例（20%）	

任务 1　设计准备

📖 能力目标

1. 识读施工图纸、施工组织设计文件，能提取脚手架工程设计的工程概况，完善工程信息；

2. 根据工程背景，能收集脚手架工程相关规程、地方文件等信息。

📋 任务书

识读高层办公大楼（1 号质检及办公大楼）施工图纸、施工组织设计文件，收集脚手架技术规程和相关文件，完成软件中工程信息设置。

🛠 工作准备

1. 任务准备

（1）识读"1 号质检及办公大楼"施工图纸，学习《房屋建筑制图统一标准》GB/T 50001—2017、《混凝土结构施工图平面整体表示方法制图规则和构造详图（现浇混凝土框架、剪力墙、梁、板）》22G101-1 中图纸识读专业知识。

（2）识读"1 号质检及办公大楼"施工组织设计，了解工程施工组织部署及施工工艺要求等。

（3）收集《建筑结构可靠性设计统一标准》GB 50068—2018、《建筑施工扣件式钢管脚手架安全技术规范》JGJ 130—2011、《建筑施工脚手架安全技术统一标准》GB 51210—2016、《危险性较大的分部分项工程安全管理规定》（住房城乡建设部令第 37 号）及项目所在地脚手架工程施工相关技术文件。

（4）安装"品茗 BIM 脚手架工程设计软件"，该软件是基于 AutoCAD 平台开发的 3D 可视化脚手架设计软件。因此，安装本软件前，务必确保计算机已经安装 AutoCAD（达到最佳显示效果建议安装 AutoCAD 2008 32/64bit、2014 64bit、2018 64bit）。目前对 PC 机的硬件环境无特殊性能要求，建议 2G 以上内存，并配有独立显卡。

2. 知识准备

引导问题 1：从施工图中提取到的工程概况有哪些？

工程概况一般包括工程名称、地理位置（所在省、市及拟建项目的东南西北邻路临建情况等）、建设规模（建筑面积、层数）、结构类型、混凝土等级、抗震等级和其他相关信息。

引导问题 2：脚手架工程设计的工程信息有哪些？

建筑外脚手架设计需要特别关注建筑物的总高、层高、建筑立面的变化及楼层混凝土强度等级等。

引导问题 3：从工程施工组织设计中提取了哪些施工流程、施工部署？

地下室施工部署、土方回填时间，主体结构施工进度要求等。

引导问题 4：脚手架工程设计依据的技术规程、文件有哪些？

（1）《建筑施工扣件式钢管脚手架安全技术规范》JGJ 130—2011；

（2）《建筑施工脚手架安全技术统一标准》GB 51210—2016；

（3）《建筑施工承插型盘扣式钢管脚手架安全技术标准》JGJ/T 231—2021；

（4）《危险性较大的分部分项工程安全管理规定》（住房城乡建设部令第 37 号）。

引导问题 5：工程项目所在地脚手架材料和施工是否有特殊性？

工程项目所在城市不同，常用的脚手架类型也不同。脚手架的种类和名称有很多，按所用的材料分：竹木脚手架和金属脚手架。按与建筑物的位置关系分：外脚手架、里脚手架。按其结构形式分：立杆式（碗扣式、扣件式、插销式等）、门式、附着升降式及悬吊式。按搭设的立杆排数分：单排脚手架、双排脚手架和满堂脚手架。按脚手架底部支撑情况分：落地脚手架和悬挑脚手架。按搭设用途分：结构脚手架、装修脚手架等。

工程项目地点不同，习惯采用的材料也不同，如南方一般采用竹芭脚手板，北方多采用钢脚手板、木脚手板等。所在的城市不同，对危险性较大工程的管理有不同规定，有些地方有相应的脚手架工程管理的地方标准、企业标准。

1.1 识读施工图纸

1. 工程名称、项目地理位置
2. 工程规模、结构类型
3. 建筑物立面的特征
4. 打开 BIM 脚手架工程设计软件（图 2.1-1），点击工程信息①，根据识读信息在②中完成工程信息设置。工程建设基本信息正确填写，在后续生成的图纸、施工方案中将部分显示工程信息。

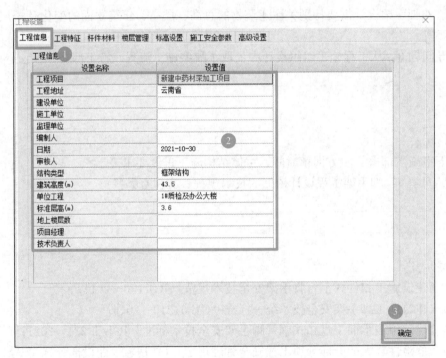

图 2.1-1 工程信息设置

1.2 收集脚手架工程信息

1. 现行的脚手架国家行业标准

（1）《危险性较大的分部分项工程安全管理规定》（住房城乡建设部令第 37 号）

（2）《建筑施工扣件式钢管脚手架安全技术规范》JGJ 130—2011

（3）《建筑施工脚手架安全技术统一标准》GB 51210—2016

（4）《建筑施工承插型盘扣式钢管脚手架安全技术标准》JGJ/T 231—2010

2. 现行的脚手架地方企业标准、施工组织设计

（1）企业脚手架检查标准

（2）本工程施工组织设计

（3）工程所在地的特殊信息（如危险性较大工程的安全管理规定等）

相关知识点

※知识点 1：脚手架工程施工方案内容

为贯彻实施《危险性较大的分部分项工程安全管理规定》（住房城乡建设部令第 37 号），进一步加强和规范房屋建筑和市政基础设施工程中危险性较大的分部分项工程（简称危大工程）安全管理，《住房城乡建设部办公厅关于实施〈危险性较大的分部分项工程安全管理规定〉有关问题的通知》（建办质〔2018〕31 号）中明确了专项施工方案的组成。危大工程专项施工方案的主要内容应当包括：

（1）工程概况；

（2）编制依据；

（3）施工计划；

（4）施工工艺技术；

（5）施工安全保证措施；

（6）施工管理及作业人员配备和分工；

（7）验收要求；

（8）应急处置措施；

（9）计算书及相关施工图纸。

※知识点 2：危险性较大的分部分项工程范围

脚手架工程，危险性较大的分部分项工程范围包括：

（1）搭设高度 24m 及以上的落地式钢管脚手架工程（包括采光井、电梯井脚手架）；

（2）附着式升降脚手架工程；

（3）悬挑式脚手架工程；

（4）高处作业吊篮；

（5）卸料平台、操作平台工程；

（6）异型脚手架工程。

※知识点 3：超过一定规模的危险性较大的分部分项工程范围

脚手架工程，超过一定规模的危险性较大的分部分项工程范围包括：

（1）搭设高度 50m 及以上的落地式钢管脚手架工程；

（2）提升高度在 150m 及以上的附着式升降脚手架工程或附着式升降操作平台工程；

（3）分段架体搭设高度 20m 及以上的悬挑式脚手架工程。

对于超过一定规模的危大工程专项施工方案，专家论证的主要内容应当包括：

（1）专项施工方案内容是否完整、可行；

（2）专项施工方案计算书和验算依据、施工图是否符合有关标准规范；

（3）专项施工方案是否满足现场实际情况，并能够确保施工安全。

※知识点 4：根据《建筑业 10 项新技术（2017 版）》，模板脚手架新技术有以下 11 项：

（1）销键型脚手架及支撑；

（2）集成附着式升降脚手架技术；

（3）电动桥式脚手架技术；

（4）智能液压爬升模板技术；

（5）智能整体顶升平台技术；

（6）铝合金模板施工技术；

（7）组合式带肋塑料模板技术；

（8）清水混凝土模板技术；

（9）预制节段箱梁模板技术；

（10）管廊模板技术；

（11）3D 打印装饰造型模板技术。

※知识点 5：扣件式落地脚手架的组成

（1）立杆

在钢框架中，垂直于地面与建筑物高度一致的杆件称为立杆。立杆是脚手架中重要的竖向受力杆件，如图 2.1-2 所示的杆 1、杆 2。脚手架纵向相邻立杆之间轴线距离称为纵距，用 l_a 表示，横向相邻立杆之间的轴线距离称为横距，用 l_b 表示。

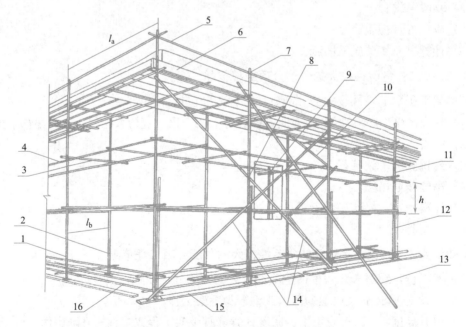

图 2.1-2　双排扣件式钢管脚手架各杆件位置

1—外立杆；2—里立杆；3—横向水平杆；4—纵向水平杆；5—栏杆；6—挡脚板；

7—直角扣件；8—旋转扣件；9—连墙件；10—横向斜撑；11—主立杆；

12—副立杆；13—抛撑；14—剪刀撑；15—垫板；16—纵向扫地杆；

l_a—纵距；l_b—横距；h—步距

（2）横向水平杆

在脚手架中，垂直于立杆，平行地面沿着脚手架横向的杆件称为横向水平杆，俗称"小横杆"，如图 2.1-2 所示的杆 3。横向水平杆是脚手架中重要的水平方向受力杆件之一。

（3）纵向水平杆

在脚手架中，垂直于立杆，平行地面沿着脚手架纵向的杆件称为纵向水平杆，俗称"大横杆"，如图 2.1-2 所示的杆 4。相邻纵向水平杆或横向水平杆竖向之间的轴线距离称为步距，用 h 表示。纵向水平杆是脚手架中重要的水平方向受力杆件之一。

（4）连墙件

保证脚手架临时设施的稳定性，将脚手架架体与主体结构连接，能够传递拉力和压力的构件称为连墙件。连墙件的布置方式常见的有两步两跨、两步三跨等。

（5）扣件

扣件是脚手架钢框架纵横向、斜向钢管的交叉点紧固件，采用螺栓紧固的扣件连接件。扣件分为直角扣件、回转扣件、对接扣件。

（6）底座

落地脚手架立杆底部应设底座，底座下的地基应平整坚实。底座分为固定底座和可调底座。

（7）剪刀撑

在脚手架的外侧沿着脚手架的纵向成对出现的交叉斜杆称为剪刀撑。其作用是提高脚手架的刚度，增强稳定性。

（8）横向斜撑

双排脚手架中，内、外立杆或水平杆斜交呈之字形的斜杆称为横向斜撑，作用同剪刀撑。剪刀撑是沿着脚手架的纵向设置，横向斜撑是沿着脚手架横向设置。

（9）其他构配件

其他构配件有栏杆、挡脚杆（挡脚板）、安全网、斜道、卸料平台等。

※**知识点 6：盘扣式脚手架构造要求**

根据立杆外径大小，盘扣式脚手架可分为标准型（B 型）和重型（Z 型）。脚手架构件、材料及其制作质量应符合现行行业标准《承插型盘扣式钢管支架构件》JG/T 503 的规定。

（1）脚手架的构造体系应完整，脚手架应具有整体稳定性。

（2）应根据施工方案计算得出的立杆纵横向间距选用定长的水平杆和斜杆，并应根据搭设高度组合立杆、基座、可调托撑和可调底座。

（3）脚手架搭设步距不应超过 2m。

（4）脚手架的竖向斜杆不应采用钢管扣件。

（5）当标准型（B 型）立杆荷载设计值大于 40kN 或重型（Z 型）立杆荷载设计值大于 65kN 时，脚手架顶层步距应比标准步距缩小 0.5m。

※**知识点 7：BIM 脚手架工程软件的操作指引**

软件操作由 BIM 模型创建、参数设置、脚手架布置和成果生成四个任务组成，如图 2.1-3 所示。

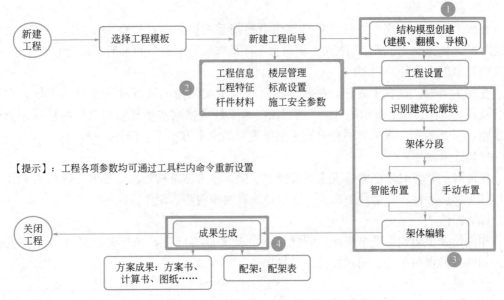

【提示】：工程各项参数均可通过工具栏内命令重新设置

图 2.1-3　BIM 脚手架工程软件操作指引

能力拓展

能力拓展-单元 2 任务 1

任务 2　模型创建

能力目标

1. 依据 CAD 施工图纸，通过图纸转化建立 BIM 模型；
2. 通过 BIM 脚手架工程软件完成"P-BIM"的模型导入。

任务书

依据"1 号质检及办公大楼"CAD 施工图纸，创建 BIM 模型。

工作准备

1. 任务准备

（1）CAD 图纸识读。了解建筑施工图纸组成、平法施工图标注及意义、识读图纸的
基本方法等。

（2）AutoCAD基本操作命令。熟练掌握AutoCAD常见的绘图方法及编辑命令，如复制、移动、尺寸标注等。

（3）P-BIM模型导出。将Revit软件建立的模型导出或将BIM模板工程软件中建立的模型导出成P-BIM格式。

2. 知识准备

引导问题1：BIM脚手架工程软件中创建BIM建模的方法有哪些？

_____

_____

小提示：

创建BIM土建模型是脚手架工程设计的前提，BIM脚手架工程设计软件提供三种创建模型的方式，即CAD图纸转化建模、手动建模和P-BIM模型导入建模。CAD图纸转化建模（又称：翻模）是目前最常见的方法。

引导问题2：CAD图纸转化建模的步骤有哪些？

_____

_____

小提示：

CAD图纸转化建模通过"识别楼层表""转化轴网""转化柱""转化梁"和"转化板"建立一层的模型，标准层可以通过"楼层复制"创建其他楼层的模型。

引导问题3：在CAD图纸中轴网、墙、柱、梁、板的标注符号有哪些规定？

_____

_____

小提示：

轴网表达由轴线、轴号和轴线间的尺寸组成。墙柱梁板等构件的标注有构件的轮廓线、尺寸标注线和尺寸数字等。梁的标注有原位标注和集中标注两种形式。

引导问题4：如何建立楼梯模型？

_____

_____

布置楼梯

小提示：

可以通过创建模型中的"创建板"中的梯板创建楼梯。

2.1 CAD图纸转化建模

1. 识别楼层表

将CAD图纸中的楼层表复制到软件的视图区，点击"识别楼层表"（图2.2-1），再框选楼层表就可以识别，整理信息后完成楼层表转化。

2. 转化轴网

将 CAD 图纸的一层结构平面图（轴网）复制到软件的视图区，点击"转化轴网"，在对话框中，分别提取"轴符层"和"轴线层"就可以实现转化。

3. 转化柱

将 CAD 图纸的一层结构平面图带基点复制到软件的视图区，点击"转化柱"，在对话框中设置柱的识别符后，提取"标注层"和"边线层"后即可完成转化柱。

4. 转化梁

将二层梁平面图顶基点复制到软件的视图区，点击"转化梁"，在对话框中设置梁识别符后，提取"标注层"和"边线层"后即可完成转化梁。

梁尺寸、标高不一致的修改可以通过编辑命令中的构件高度调整进行。

5. 转化板

CAD 图纸板转化同梁。板的创建可以选用"布置板"①，再选择②中的"点选生成"等选项，如图 2.2-2 所示。"1 号质检及办公大楼"一层三维效果图如图 2.2-3 所示。该工程的一层和二层的层高不同，重复上述步骤，将二层 CAD 图纸进行转化。

图 2.2-1　CAD 图纸转化功能区

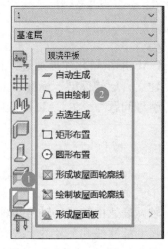

图 2.2-2　板布置选项图

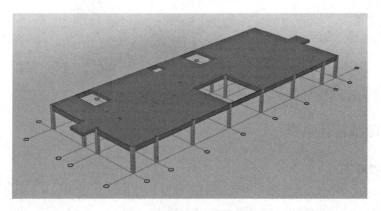

图 2.2-3　一层三维效果图

6. 复制楼层

本工程二层以上是标准层，采用"复制楼层"功能实现整栋楼的建模，三维效果见图 2.2-4。

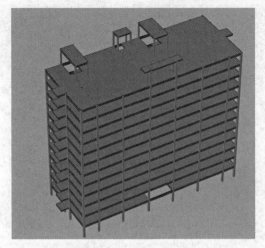

图 2.2-4　整栋三维效果图

2.2　P-BIM 模型导入建模

在 BIM 脚手架工程设计软件中，点击"工程"的下拉选项中选择"BIM 模型导入"，选择 P-BIM 模型文件，选择覆盖性导入即可完成。

小提示：

P-BIM 模型是项目通过 Revit 软件建模，由 HiBIM 软件导出形成的土建模型；也可以是在 BIM 模板工程软件中已经建立而导出的土建模型。P-BIM 是软件公司为了实现一模多用和多软件数据互导创建的模型交互格式。

相关知识点

※知识点 1：BIM 脚手架工程软件操作界面

成功运行软件进入 AutoCAD 平台，再打开 BIM 脚手架工程设计软件，显示软件的操作界面，如图 2.2-5 所示。

① 菜单区：主要是软件的菜单栏（包括一些基本的操作功能、软件平台和资讯）及部分命令按钮面板。

② 架体编辑区：脚手架工程设计软件操作步骤，列出了各项建模操作和专业功能命令。

③ 模型创建功能区：软件提供的三维模型创建功能区。

④ 属性区：显示各构件的属性和截面。（注意：双击属性区下侧的黑色截面图，可以改变部分构件的截面。）

⑤ 视图区：主要显示软件的二维、三维模型和脚手架的布设等。

⑥ 快捷命令区：主要是一些常用的命令按钮，可以根据需要设置。

※知识点 2：柱类型识别符设置

CAD 图纸中柱子的符号常见的有框架柱（KZ）、混凝土柱（GDZ/Z）、构造柱（GZ）、

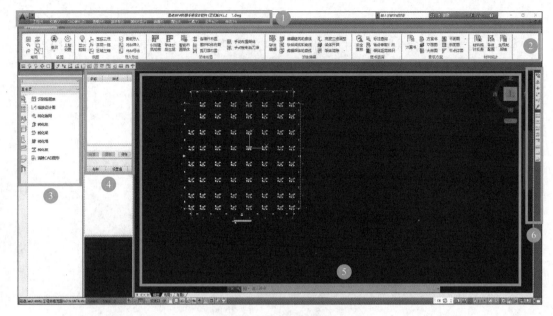

图 2.2-5　BIM 脚手架软件操作界图

暗柱（AZ/GYZ/GJZ）等。同一类型的构件可以有多个识别符，软件提供柱识别符设置，见图 2.2-6。

※知识点 3：梁类型识别符设置

CAD 图纸中柱子的符号常见的有框架梁（KL）、基础主梁（JZL）、屋面框架梁（WKL）、框支梁（KZL）、次梁（L）等。软件提供梁识别符设置，见图 2.2-7。

图 2.2-6　柱识别符设置

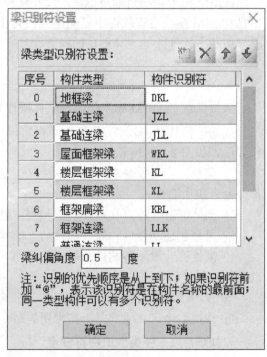

图 2.2-7　梁识别符设置

※知识点 4：梁板构件高度调整

点击软件菜单区的"编辑"，在下拉菜单中选择"构件高度调整"，鼠标移动至视图区，选择需要调整高度的构件，弹出"高度调整"选项卡，如图 2.2-8 所示。

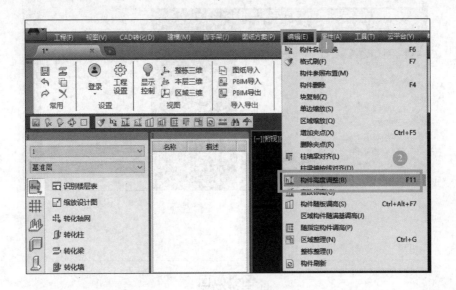

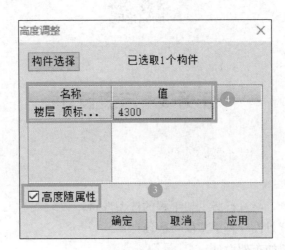

图 2.2-8　高度调整选项卡

勾选"高度随属性"③，将标高调整后的标高值输入④，即可完成楼层中构件高度的调整。

※知识点 5：屋面构件变斜处理

点击软件菜单区的"工具"，在下拉菜单中选择"线性构件变斜"，鼠标移动至视图区，选择需要调整高度的构件，根据对话框输入需要调整的标高，如图 2.2-9 所示。

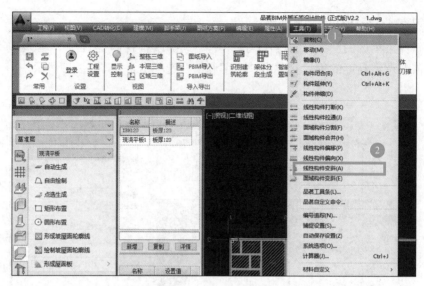

图 2.2-9　构件变斜选项卡

🖸 能力拓展

能力拓展-单元 2 任务 2

任务 3　方案设计

📙 能力目标

1. 结合工程背景，能进行脚手架工程的选型选材；
2. 能根据工程背景设计脚手架的参数设计；
3. 能进行脚手架的布架设计。

☑ 任务书

完成高层办公大楼（1 号质检及办公大楼）扣件式脚手架布置方案。

🛠 工作准备

1. 任务准备

（1）调研项目所在地建筑脚手架通用类型；脚手架钢管、脚手板、悬挑主梁和底座等租赁市场通用规格；各地对盘扣式脚手架推广的政策要求等。

（2）熟悉《建筑施工扣件式钢管脚手架安全技术规程》JGJ 130—2011。获取脚手架高度设计的相关规定；脚手架工程基本尺寸（横距、纵距和步距）的构造要求；连墙件设置的基本规定；剪刀撑、围护设施等设置的基本规定。

（3）熟悉《建筑施工承插型盘扣式钢管脚手架安全技术标准》JGJ/T 231—2021。获取盘扣式作业架的构造要求、搭设和拆除要求。

2. 知识准备

引导问题 1：BIM 脚手架工程软件中脚手架类型有哪些？工程所在地市场占有比例情况如何？

_____

_____

_____

小提示：

软件中的脚手架类型有扣件式和盘扣式两种。类型选择后脚手架的计算依据自动变更。

引导问题 2：项目所在地点风荷载与脚手架安全计算的相关性如何？

_____

_____

_____

小提示：

项目地点所在的城市不同，基本风压取值不同；同一个城市，地面粗糙程度不同，风荷载计算也不同。根据 JGJ 130—2011 第 4.2.5 条，风荷载取重现期 10 年的风压。依据荷载规范，地面的粗糙程度分为四类：A 类指近海海面和海岛、海岸、湖岸及沙漠地区；B 类指田野、乡村、丛林、丘陵以及房屋比较稀疏的乡镇；C 类指有密集建筑群的城市市区；D 类指有密集建筑群且房屋较高的城市市区。从 A 类到 D 类，风荷载对脚手架的影响依次降低。

引导问题 3：脚手架设计首先需要选用构配件，扣件式和盘扣式的钢管型号如何选型？

_____

_____

_____

小提示：

钢管尺寸宜采用 ϕ48.3×3.6 电焊管（JGJ 130—2011），也可以根据当地租赁市场选用。同一项目一般采用同一种型号的钢管。盘扣式脚手架分标准型（B 型）和重型（Z 型）两种。

引导问题 4：脚手架尺寸设计包括哪些内容？落地架和悬挑架的限制高度如何？

_____

_____

_____

小提示：

脚手架尺寸设计包括脚手架杆件纵向、横向、竖向之间间距（分别是纵距、横距和步距）及脚手架体的总高。脚手架满足规范规定的构造要求是设计计算的基本条件。

引导问题 5：连墙件的连接方式有哪些？

连墙件是将脚手架架体与建筑主体结构连接，能够传递拉力和压力的构件。连接方式有刚性连接和柔性连接。刚性连接有钢管扣件连接和焊接。钢管扣件连接材料同一项目为同规格钢管，焊接需要确定预埋钢筋的直径。

引导问题 6：BIM 脚手架工程软件布架的方式有哪些？

脚手架工程软件提供智能布置和手动布置两种形式。智能布置时自动识别建筑轮廓线、智能生成架体轮廓线和智能布置架体，连墙件、围护构件和剪刀撑也是一键生成。而手动布置则有手动绘制架体和手动绘剪刀撑等。一般采用在智能布架的基础上，对智能布架后局部不满足实践情况的进行架体编辑。

3.1 脚手架选型选材

1. 脚手架选型

根据工程背景，选择脚手架类型及项目所在地区（图 2.3-1）。

图 2.3-1 脚手架类型及地区选择图

2. 钢管选用

（1）设置杆件材料统计的钢管。如图 2.3-2 所示，在"工程设置"中选择"杆件材料"①，在"增加杆件信息"④中的"规格"下拉选项中选择钢管的规格。

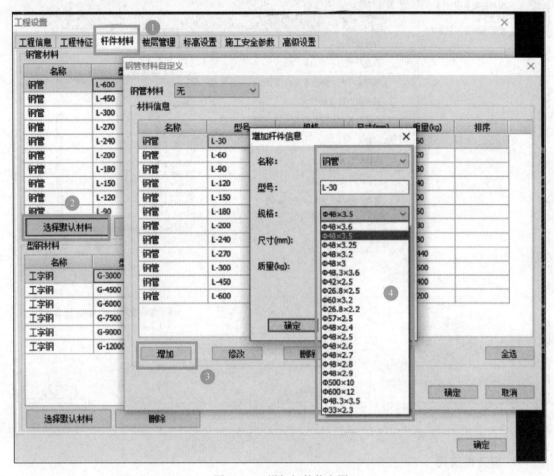

图 2.3-2　增加杆件信息图

（2）设置安全参数验证的钢管。如图 2.3-3 所示，在"施工安全参数"①中选择"多排脚手架"及"多排悬挑主梁"②，在"脚手架钢管类型"中选择钢管规格。

小提示：

杆件材料中选择的钢管只用于材料统计，脚手架杆件安全性验算的钢管设置是通过"施工安全参数"中各类型脚手架钢管的选择进行。

3. 脚手板、挡脚板选用

本项目脚手板选用竹芭脚手板，一步一设。挡脚板的材料同脚手板，一步一设，高度180mm。防护栏杆高度1200mm，设两道。

4. 连墙件选用

连墙件的钢管规格同脚手架杆件，项目中选择两步两跨。

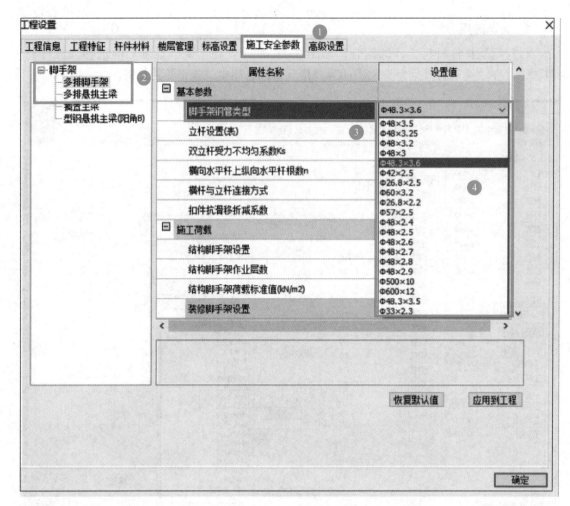

图 2.3-3　参与安全验证钢管设置图

5. 剪刀撑选用

纵向斜撑选用扣件式钢管，宽度为 4 跨；本项目脚手架是封闭形式，不设置横向斜撑。

6. 底座选用

落地脚手架的底座设计一般考虑素土夯实后，固定底座＋槽钢。悬挑段的脚手架底座采用固定底座＋槽钢。

小提示：

软件中提供底座或垫板设置形式有木垫板、固定底座、可调底座、不设置底座、可调底座＋槽钢和槽钢六种选择。

7. 悬挑主梁选用

本项目通用部位悬挑主梁采用普通主梁悬挑，阳角部位采用联梁悬挑。

小提示：

设置主梁的悬挑方式，分为普通主梁悬挑、联梁悬挑两种，如图 2.3-4 所示，项目上多使用普通主梁悬挑的方式即每处立杆底部利用悬挑型钢进行支撑，在不方便搭设悬挑主梁的部位如阳角等部位考虑用联梁悬挑用以优化搭设做法。

普通主梁悬挑

联梁悬挑

图 2.3-4　主梁悬挑方式

3.2　脚手架参数设计

1. 脚手架分段设计

工程的室外标高为−0.450m，屋面标高为 43.500m，设计为分段脚手架。脚手架分段设计为：

(1) 落地段：−0.450～25.500m，1～7 层，脚手架高度 25.9m（图 2.3-5）；

(2) 悬挑断：25.500～43.500m，8～13 层，脚手架高度 18m。

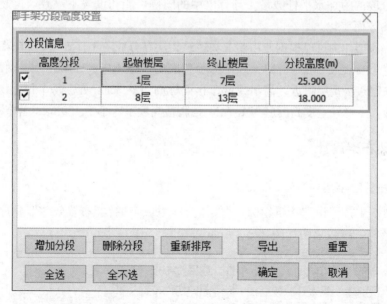

图 2.3-5　脚手架分段高度设置

小提示：

根据规范要求，双排脚手架落地高度不宜超过 50m，单排不应超过 24m。如果建筑物高度较大，可以设置分段脚手架。分段脚手架一次悬挑不宜超过 20m。

顶层一段架体的高度应考虑高出女儿墙 1m，高出檐口 1.5m。

2. 脚手架作业层设计

脚手架作业层设计尺寸有横距、纵距、步距、内立杆离建筑物距离、扫地杆离地面距离等。脚手架的横距设为 0.8m，纵距 1.5m，步距 1.8m，根据设计数据设置图 2.3-6 构造要求参数值。

参数名称	设置值
附加水平杆间距范围(mm)	200,400
悬挑主梁纵向间距范围(mm)	400,1500
悬挑主梁(阳角联梁悬挑)纵向间距范围(mm)	1500,2500
立杆纵向间距范围(mm)	300,1500
立杆横向间距范围(mm)	800,800
纵、横向水平杆布置方式	纵向水平杆在上

图 2.3-6　构造要求参数值设置

小提示：

（1）附加水平杆只存在扣件式脚手架中，与智能布置围护杆件一起生成，在详情中可以修改某个分段的附加水平杆数量。计算书中的图例可能和设置不一致，但是计算受力分析中随布置参数而变化。

（2）在一段架体内可以根据使用要求和建筑物层高分成若干作业层，即步距 h。常见的步距尺寸可选 1.5m、1.8m 等。单、双排脚手架底层步距不应大于 2m。为方便施工，作业层一般设置在建筑物楼层附近，高出或低于楼面标高 20～30cm 处。每个作业层均需要设置栏杆、挡脚板，上栏杆上皮高度应为 1.2m，挡脚板高度不应小于 180mm，中栏杆居中设置。

3.3 脚手架布架设计

1. 智能布置脚手架

在图 2.3-7 中按"识别建筑轮廓""架体分段生成""智能布置架体"顺序布置项目的外脚手架，整栋三维效果图如图 2.3-8 所示。

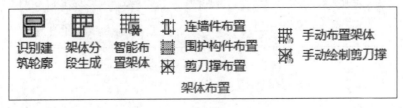

图 2.3-7　智能布置功能区

高度三维调整

图 2.3-8　智能布置脚手架三维图

（1）连墙件

点击架体布置中的"连墙件布置"，在图 2.3-9 智能布置连墙件选项中，设置连墙件向外延伸（跨）为 0，两步两跨的布置形式，跨数设置为 2。

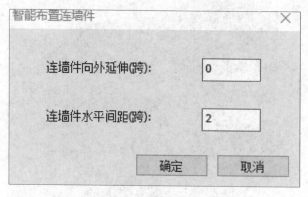

图 2.3-9　智能布置连墙件选项图

（2）围护杆件布置

根据围护杆件的选材，依次设置围护杆件参数（图 2.3-10）。

（3）剪刀撑布置

项目中不设置横向斜撑，横向斜撑的间隔选 0m，如图 2.3-11 所示。

连墙件、围护构架和剪刀撑布置后的效果如图 2.3-12 所示。

2. 局部修改脚手架

（1）架体轮廓线修改

分别检查本工程 1 层落地脚手架和 8 层悬挑脚手架智能识别的建筑轮廓线和架体轮廓

围护杆件布置设置	☒

脚手板设置

脚手板铺设方式： `1` 步 `1` 设

挡脚板/防护栏杆布置

挡脚板铺设方式： `1` 步 `1` 设
挡脚板高度(mm)： `180`
防护栏布置方式： `1` 步 `1` 设
防护栏杆道数： `2`
防护栏依次高度(mm)： `600,1200`

安全网布置

安全网设置： `全封闭`

悬挑架底部硬质防护设置

悬挑架底部硬质防护设置： `否`

确定　　取消

图 2.3-10　围护杆件布置设置

剪刀撑参数设置	☒

竖向剪刀撑/斜杆

剪刀撑样式： `钢管扣件式`
剪刀撑设置形式： `连续式`
剪刀撑宽度(m)： `5`
剪刀撑最小尺寸(m)： `1.5`
斜杆间隔(m)： `5`
横向斜撑间隔(m)： `0`

水平剪刀撑/斜杆

剪刀撑样式： `钢管扣件式`
剪刀撑/斜杆间隔(m)： `5`

确定　　取消

图 2.3-11　剪刀撑参数设置图

图 2.3-12　三维效果图

线是否与实际情况匹配。通过图 2.3-13 中的编辑和绘制命令完成对建筑物轮廓、架体轮廓进行编辑。

在整栋三维图和 13 层脚手架平面图中，高出屋面 43.500m 高度的电梯井和楼梯井未设置脚手架，需要进行架体编辑。

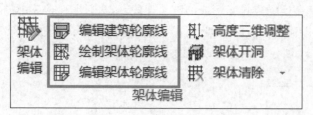

图 2.3-13 架体编辑选项图

1）在楼层管理中增加其他层（14 层），标高从 43.000m 到 47.800m。软件提示"修改楼层将清除脚手架"，点击确认。

2）重新智能布置脚手架，分段选择为落地段 1 层～7 层，悬挑段 8 层～12 层。勾选第 1、2 两段生成脚手架，如图 2.3-14 所示。

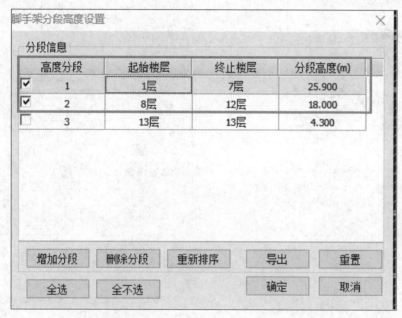

图 2.3-14 架体编辑分段信息设置图

小提示：

楼层表可以通过 CAD 图纸转化形成，也可以通过手动建立。楼层管理有添加楼层、复制楼层、删除楼层和重新排序等选项，添加删除楼层、更改层高都会清除架体。添加负楼层可通过添加新楼层，再双击顶楼层名称，将其直接更改为 −1，依次可添加其他负楼层。楼层表修改时，1 层不允许删除，同时楼层不能有缺号。

这里第 3 段脚手架先不参加智能布置，否则第 3 段脚手架软件将自动识别为悬挑脚手架。

3）切割分段脚手架。切换到 8 层，点击图 2.3-13 中的"架体编辑"，视图区右下角出现架体编辑选项图，如图 2.3-15 所示。

点击"切割分段"①，跟随鼠标提示操作，在Ⓐ轴和④轴、⑤轴处的 XTZX 段架体根据楼梯井的宽度进行切割，形成新的脚手架悬挑段。

4）调整脚手架高度。点选新形成的脚手架段，点击图 2.3-15 中的"架体高度类型调整"②，在选项图中输入该段脚手架"顶"的高度 47800mm，如图 2.3-16 所示。查看局部三维图如图 2.3-17 所示。依次修改屋面上的其他段脚手架高度。

图 2.3-15　架体编辑选项图

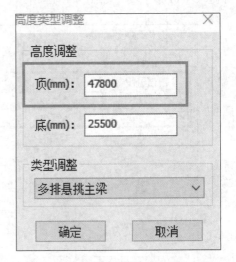

图 2.3-16　架体高度类型调整选项图

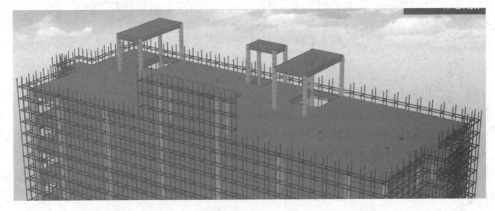

图 2.3-17　架体高度调整后局部三维图

小提示：

脚手架高度类型调整时，每个高度分段都有各自的高度和类型，并在分段线标注中显示出来。

类型分段线的切割合并，点击时会隐藏杆件和型钢。点选相邻两个分段时，合并后以先选的为准；切割点选分选线后会给一个默认点，也可以任意点选。

增加删除分段线夹点，点击时会隐藏杆件和型钢。

水平杆绘制时，起点必须在分段线或水平杆上（命令行有提示），点击其他则无效。

分段线转化水平杆时，点击可将一个或多个分段线边线转化成水平杆件。

5）绘制突出屋面脚手架建筑轮廓。点击"编辑建筑轮廓线"，视图区右下角出现"建筑轮廓线编辑选项框"，选择"绘制建筑轮廓线"，如图 2.3-18 所示。

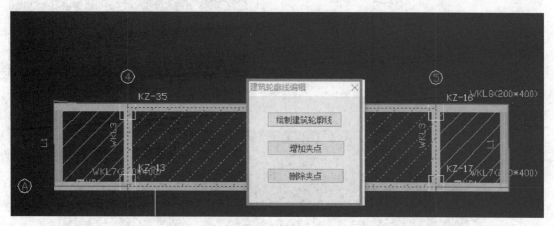

图 2.3-18　建筑轮廓线

6）绘制架体轮廓线。选择"绘制架体轮廓线"，选择脚手架的高度和类型后按顺时针方向绘制架体轮廓线。点击新形成的架体轮廓线，完成智能布置脚手架，如图 2.3-19 所示。

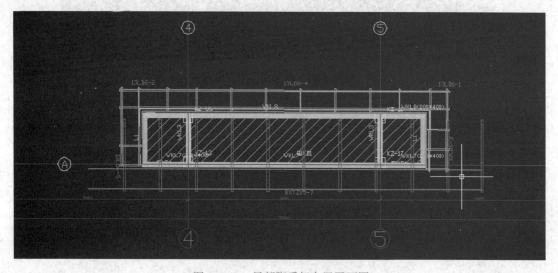

图 2.3-19　局部脚手架布置平面图

7）查看脚手架详情和修改设置。点击软件左侧的属性框中的"详情"，点击相应的脚手架分段，即可查看和修改脚手架设置信息，如图 2.3-20、图 2.3-21 所示。

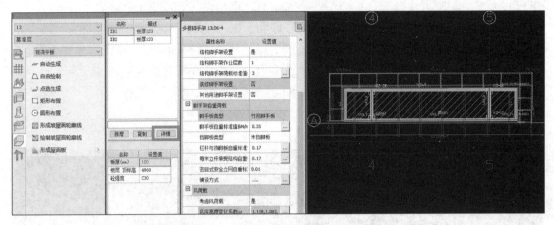

图 2.3-20　局部脚手架布置平面图

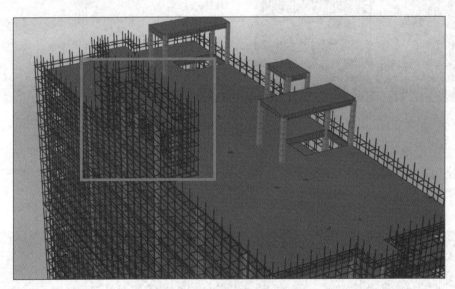

图 2.3-21　局部脚手架三维图

（2）架体阳角修改

检查架体悬挑型钢布置是否合理。建筑物在楼梯、电梯和管道井部位悬挑型钢的固定方式不符合实际情况，如图 2.3-22 悬挑脚手架平面图中①、②所示。阳角部位③也存在阳角穿越柱子及在部位④型钢交叉错乱情况。智能布置脚手架形成的不合理，与实际情况不一致的部位需要通过"架体编辑"进行完善。

1）修改主梁搁置方式。在架体编辑中，将①处的外架进行分割、调整脚手架高度和类型，在构件属性区点击"详情"并选择脚手架分段线，在详情中修改主梁搁置形式为"联梁悬挑"。

小提示：

型钢主梁绘制时：起点必须是架体边线或建筑物内，建筑物内的要和分段线有交点，

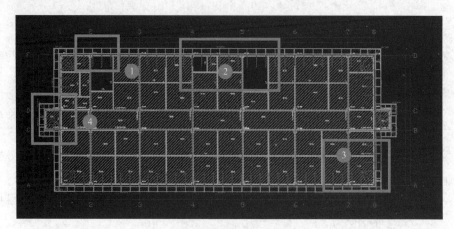

图 2.3-22 悬挑架（8 层）脚手架平面图

否则无法获取分段线的数据，终点必须在建筑物内。

型钢联梁绘制时：起止点必须在架体线或者主梁上。

工具架模数检查时：只对工具架起作用，点击时长度是标准杆件长度的高亮显示，非标准杆件拖拉长度达到标准杆件时会自动高亮。再次点击则退出高亮显示。（备注：退出编辑时，会提示"软件暂不支持编辑后的脚手架安全计算分析"。较为合理的做法是在智能布置的基础上，对架体不要进行太大调整，确保调整值在安全计算的参数范围内。）

2）修改阳角设置。点击"架体编辑"，可以直接在平面图中删减、移动不合理的型钢，也可以绘制"型钢主梁""型钢联梁"。如图 2.3-23 所示。

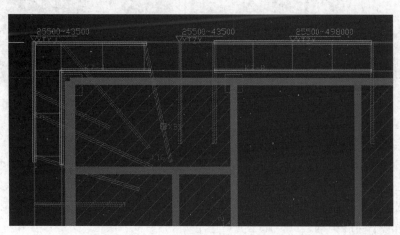

图 2.3-23　修改悬挑主梁设置后的平面图

小提示：

悬挑阳角部位的设置还可以通过"工程设置"中的"高级设置"对阳角部位进行修改。

（3）设置脚手架出入口

需要在建筑物的南面④⑤轴之间设置一主出入口，高度 4.0m，宽度 3.6m。平面视图切换到 1 层，点击"架体编辑"中的"架体开洞"，跟随鼠标提示在架体上选择开洞的两个点，再输入洞口的高度。

布置施工电梯

布置卸料平台

3. 设置附属设施

点击模型创建区中的"附属设施"①，右侧显示"施工电梯"和"卸料平台"，如图 2.3-24 所示。

1）设置施工电梯。基准层切换到 1 层，点击"附属设施"①，点击"施工电梯"②，在右侧的属性区③修改其平面尺寸和高度。鼠标移动至视图区，在建筑物南立面的④轴、⑤轴之间插入电梯。

2）设置卸料平台。根据工程施工组织设计和施工总平图，部署卸料平台数量和位置。基准层切换到需要布置卸料平台的楼层（如 5 层），点击"卸料平台"，设置其属性，在视图区跟随鼠标提示选择插图点，右键点击完成设置，如图 2.3-25 所示。

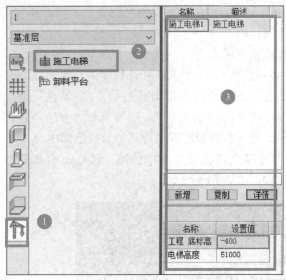

图 2.3-24　附属设施布置图

图 2.3-25　整栋脚手架布置三维图

小提示：

实际工程应用中，与脚手架配套的施工设施还有塔式起重机、施工电梯和卸料平台等。施工电梯的布置位置一般考虑几方面：（1）方便材料运输的进出，在楼层平面布局中选择较为宽敞的房间作为进出口；（2）建筑施工电梯外场地尽量宽敞，有施工通道；（3）一般位于房屋平面的中部；（4）施工人员上下方便。

 知识点

※知识点 1：钢管材料

（1）脚手架钢管是扣件式钢管脚手架的主要材料。脚手架的承载能力由稳定条件控制，采用高强度钢材既不能发挥其强度也不经济。钢管材料应采用现行国家标准规定的 Q235 普通钢管，钢管的钢材质量应符合现行国家标准《碳素结构钢》GB/T 700 中的 Q235 级钢的规定。

（2）钢管尺寸宜采用为 $\phi 48.3 \times 3.6$ 电焊管（表 2.3-1）。为确保施工安全，运输方便，一般情况下限制钢管的长度和重量，每根最大质量不应大于 25.8kg，横向水平杆最大长度不超过 2.2m，其他杆件最大长度不超过 6.5m。特殊情况下（如不同地区）也可以采用其他规格的钢管，但实际搭设的钢管不能小于设计计算采用的尺寸。

钢管截面几何特性表　　　　　　　　　　　　　　　　　　　　　　　　　表 2.3-1

外径 ϕ(mm)	壁厚 t(mm)	截面积 A(cm^2)	惯性矩 I(cm^4)	截面模量 W(cm^3)	回转半径 i(cm)	每米长质量 (kg/m)
48.3	3.6	5.06	12.71	5.26	1.59	3.97

※知识点 2：作业层尺寸设计

一般南方选择竹笆脚手板，北方多选用钢脚手板、木脚手板。脚手板的选择与当地的习惯有关，也与纵横向水平杆的布置方式有关。图 2.3-26 左图中脚手板为南方地区项目常见的竹笆脚手板，纵向水平杆布置在横向水平杆上面，横向水平杆上纵向水平杆根数 2 个。

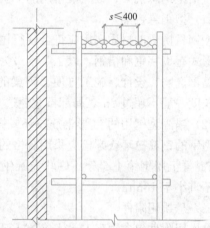

图 2.3-26　脚手架作业层和示意图

※知识点 3：单扣件、双扣件

扣件式脚手架中横杆与立杆连接处采用螺栓紧固的扣件连接件称为扣件，通常使用的是铸铁直角扣件，如图 2.3-27 所示。根据使用的材料不同分单扣件与双扣件，其中单扣件抗滑承载力 8kN，双扣件抗滑承载力 12kN。

根据 JGJ 130—2011 中 6.2.1.3 条规定，脚手架工程中使用冲压钢板、木脚手板和竹串片脚手板时，纵向水平杆应作为横向水平杆的支座，用直接扣件固定在立杆上。当采用竹笆脚手板时，纵向水平杆应采用直角扣件固定在横向水平杆上，并应等间距设置，间距不应大

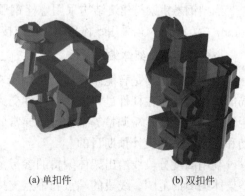

(a) 单扣件　　　　　　(b) 双扣件

图 2.3-27　直角扣件

于 400mm。

※知识点 4：连墙件

脚手架连墙件是连接脚手架架体与建筑主体结构的重要构件，24m 及以上的脚手架要求采用能够传递拉力和压力的刚性连接。连墙件是作为脚手架承担风荷载的主要构件，同时还约束脚手架平面外变形轴向力。

连墙件布置优先采用菱形布置，或采用方形、矩形布置，其布置按多步多跨的方式进行布置，施工现场多见两步三跨，即每两步、每三跨布置一道连墙件，同时需要注意的是连墙件的垂直间距不应大于建筑物的层高，并且不应大于 4m。

连墙件连接方式根据施工做法有扣件连接、焊接连接、螺栓连接等多种方式，需要注意的是连墙件必须采用可承受拉力和压力的构造。

※知识点 5：悬挑脚手架型钢

悬挑脚手架型钢是高层建筑采用分段脚手架设计时，悬挑段脚手架的主要受力构件。选材包括型钢悬挑梁、锚固型钢用的 U 形钢筋拉环或螺栓及悬挑用附件。

（1）型钢悬挑梁

型钢悬挑梁的材质选用应符合现行国家标准《碳素结构钢》GB/T 700 的规定，钢主梁的形式有工字钢和槽钢，以工字钢最为常见。工字钢结构性能可靠，受力稳定性好，较其他型钢选购、设计、施工方便。钢梁的截面高度不应小于 160mm，如 118a。悬挑钢梁悬挑长度一般不超过 2m，局部不宜超过 3m。

（2）锚固型钢用的 U 形钢筋拉环或螺栓

型钢的钢筋拉环或螺栓应采用合格的 HPB300 钢筋且冷弯成型，即符合现行国家标准《钢筋混凝土用钢第 I 部分：热轧光圆钢筋》GB/T 1499.1 中的 HPB300 级钢筋的规定。直径不宜小于 16mm。

（3）悬挑用附件

悬挑用附件包含固定 U 形钢筋拉环及悬挑梁的楔块及每个型钢悬挑梁的钢丝绳等。U 形钢筋拉环、锚固螺栓与型钢间隙应用钢楔或硬木楔楔紧。拉结用的钢丝绳、钢拉杆及与建筑结构拉结的吊环，如果选用钢丝绳，其直径不应小于 14mm，钢丝绳卡不得小于 3 个；吊环应使用 HPB300 级钢筋，其直径不宜小于 20mm。

当型钢悬挑梁与建筑结构采用螺栓钢压板连接固定时，钢压板尺寸不应小于 100mm×10mm（宽×厚）；当采用螺栓角钢压板连接时，角钢的规格不应小于 63mm×63mm×6mm。

※知识点 6：架体编辑

架体编辑主要是智能布置后利用编辑功能进行局部优化，也可以进行完全手绘架体。局部优化主要用在杆件过于密集、杆件交叉、杆件缺失、特殊位置生成错乱、悬挑主梁间距和悬挑阳角位置需调整等架体排布异常的问题，通过架体编辑命令进行杆件的增删、移动和绘制已达到设计预期目的。

利用高度分段线给出架体编辑的参考范围，高度分段线的夹点支持增删移动，便于调整架体编辑的范围。线段的端点和中点支持任意移动，点选一个分段的夹点可以拖动，不影响其他分段线；框选两个分段线的夹点进行移动时，两个分段都可以改变，原理同 CAD 直线的端点拖动。夹点移动时夹点相关线条长度动态显示，夹点和中点移动时，分段线不能自相交和其他分段相交。内外边线的连接线不能增加夹点。如需拖拉夹点，可以利用显示控制将杆件和型钢隐藏后操作。

※知识点 7：工程标高和楼层标高

工程标高是指构件顶或底标高相对于工程正负零的高差。楼层标高是指构件顶或底标高相对于工程当前楼地面的高差。软件提供一次性更改整栋建筑的标高或更改某一层某一类构件的标高。

※知识点 8：卸料平台

《建筑施工高处作业安全技术规范》JGJ 80—2016 中明确提出搭设卸料平台施工技术有以下几点：

（1）原则上严禁使用落地式卸料平台，积极推广使用型钢材料制作的工具式、定型化的悬挑式卸料平台。

（2）悬挑式卸料平台应用 16 号以上工字钢或槽钢作为主梁和次梁，上铺厚度不小于 50mm 的木板，并用螺栓将木板与悬挑梁固定。悬挑式卸料平台必须搁置在建筑物上，不得与脚手架连接，不得出现前后移动和左右摇晃现象。

（3）悬挑式卸料平台的悬挑梁延伸至建筑物内的部分不得少于 1m，采用不小于 $\phi16$ 以上钢筋或螺栓固定在建筑物结构上的部位不得少于 2 处。

（4）两侧的悬挑梁应分别采用 2 道 $\phi14$ 以上的钢丝绳进行吊拉卸荷，钢丝绳上部拉结点连接件必须固定于建筑物结构上，严禁设置在砌体墙或脚手架等施工设备上；建筑物锐角利口围系钢丝绳处应加衬软垫物，卸料平台外口应略高于内口，安装应平放。

（5）卸料平台必须按照临边作业要求设置防护栏杆和挡脚板，上杆高度为 1.2m，下杆高度为 0.6m，挡脚板高度不低于 18cm，栏杆必须自上而下加挂密目安全网。

（6）卸料平台应设置 4 个经过验算的吊环，吊环应用 Q235 钢筋制作。吊环应预埋在主体结构上，其预埋深度及锚固长度符合规定值，吊环净高不超过混凝土面 5～6cm，吊环方向垂直于楼面。

（7）卸料平台钢丝绳与水平悬挑梁的夹角宜在 45°～60°。卸料平台钢丝绳用绳卡固定时，固定绳卡不少于 3 颗，最后一颗绳卡距绳头的长度不得小于 140mm。

（8）最后一颗绳卡与第二颗绳卡之间应设置一绳弯。绳卡滑鞍（夹板）应在钢丝绳承载时受力的一侧，U 形螺栓应在钢丝绳的尾端，不得正反交错。绳卡初次固定后，应待钢丝绳受力后再度紧固，并宜拧紧到使两绳直径高度压扁平 1/3。

（9）平台上悬挂分公司统一限重标志牌：标注限载吨位及验收、维护、安装责任人，严禁超载或长期堆放材料，随堆随吊；堆放材料高度不得超过平台护栏高度；工人限 1～2 人，严禁将平台作为休息平台；平台上的施工人员和物料的总重量，严禁超过设计的容许荷载。

（10）卸料平台出入口上口必须采用符合要求的硬防护。

（11）卸料平台搭设完毕，必须经施工技术人员、专职安全管理人员进行验收，确认符合设计要求，并签署意见，办理验收手续后方可投入使用。

※知识点 9：盘扣式作业架构造要求

（1）作业架的高宽比宜控制在 3 以内；当作业架高宽比大于 3 时，应设置抛撑或缆风绳等抗倾覆措施。

（2）当搭设双排外作业架时或搭设高度 24m 及以上时，应根据使用要求选择架体几何尺寸，相邻水平杆步距不宜大于 2m。

（3）双排外作业架首层立杆宜采用不同长度的立杆交错布置，立杆底部宜配置可调底座或垫板。

（4）当设置双排外作业架人行通道时，应在通道上部架设支撑横梁，横梁截面大小应按跨度以及承受的荷载计算确定，通道两侧作业架应加设斜杆；洞口顶部应铺设封闭的防护板，两侧应设置安全网；通行机动车的洞口，应设置安全警示和防撞设施。

（5）双排作业架的外侧立面上应设置竖向斜杆，并应符合下列规定：

1）在脚手架的转角处、开口型脚手架端部应由架体底部至顶部连续设置斜杆；

2）应每隔不大于 4 跨设置一道竖向或斜向连续斜杆；当架体搭设高度在 24m 以上时，应每隔不大于 3 跨设置一道竖向斜杆；

3）竖向斜杆应在双排作业架外侧相邻立杆间由底至顶连续设置（图 2.3-28）。

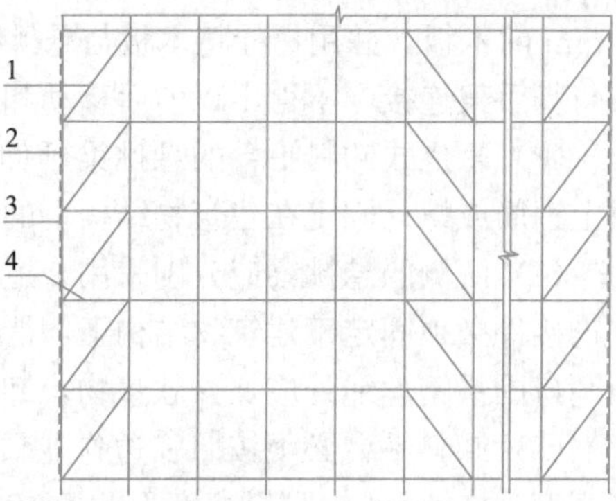

（6）连墙件的设置应符合下列规定：

1）连墙件应采用可承受拉、压荷载的刚性杆件，并应与建筑主体结构和架体连接牢固；

2）连墙件应靠近水平杆的盘扣节点设置；

3）同一层连墙件宜在同一水平面，水平间距不应大于 3 跨；连墙件之上架体的悬臂高度不得超过 2 步；

4）在架体的转角处或开口型双排脚手架的端部应按楼层设置，且竖向间距不应大于 4m；

5）连墙件宜从底层第一道水平杆处开始设置；

图 2.3-28　斜杆搭设示意
1—斜杆；2—立杆；3—WJ 端
竖向斜杆；4—水平杆

6）连墙件宜采用菱形布置，也可采用矩形布置；

7）连墙点应均匀分布；

8）当脚手架下部不能搭设连墙件时，宜外扩搭设多排脚手架并设置斜杆，形成外侧斜面状附加梯形架。

（7）三角架与立杆连接及接触的地方，应沿三角架长度方向增设水平杆，相邻三角架应连接牢固。

🔲 能力拓展

能力拓展-单元 2 任务 3

任务 4　成果制作

能力目标

1. 能进行脚手架安全复核；
2. 能生成脚手架方案成果；
3. 结合工程需要，能统计相应的材料。

任务书

复核脚手架布架的安全性，并完成高层办公大楼（1号质检及办公大楼）脚手架方案投标文件。

工作准备

1. 任务准备

（1）脚手架安全复核的内容；

（2）脚手架工程荷载传递的路径及安全核算的内容。

2. 知识准备

引导问题1：脚手架安全性复核的内容有哪些？

_____

_____

小提示：

（1）纵向和横向水平杆（大小横杆）等受弯构件的强度计算；

（2）扣件的抗滑承载力计算；

（3）立杆的稳定性计算；

（4）连墙件的强度、稳定性和连接强度的计算；

（5）立杆的地基（悬挑主梁）承载力计算。

引导问题2：规范中超高脚手架的高度有哪些规定？

_____

_____

小提示：

一般的，超高架的高度是落地架超过50m，悬挑架超过20m。

引导问题3：脚手架施工方案可以输出的成果有哪些？

_____

_____

小提示:

软件可以输出的成果有:计算书、方案书、施工图纸(平面图、立面图、剖面图、大样图和详图等)、高清照片、自由漫游视频和材料统计等。

4.1 脚手架安全复核

1. 标注查询

检查脚手架布设的尺寸是否符合设计要求,特别是转角部位,如图 2.4-1 所示。

2. 超高脚手架辨识

检查整栋脚手架布设是否存在超高脚手架。先设定标准后进行辨识,如图 2.4-2 所示。经辨识本工程有 6 处存在超高脚手架,主要为突出屋面的局部修改部位,如图 2.4-3 所示。

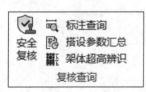

图 2.4-1 安全复核功能区

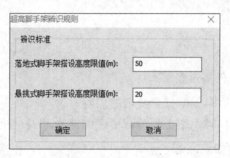

图 2.4-2 超高脚手架辨识规则设置图

架体类型	架体名称	起始楼层	起始标高(m)	终止楼层	终止标高
多排悬挑主梁	8XTZX5-11	8	25.5	12	51.3
多排悬挑主梁	8XTZX5-12	8	25.5	12	51.3
多排悬挑主梁	8XTZX5-13	8	25.5	12	51.3
多排悬挑主梁	8XTZX5-14	8	25.5	12	51.3
多排悬挑主梁	8XTZX5-3	8	25.5	12	51
多排悬挑主梁	8XTZX5-5	8	25.5	12	51.3

导出　　重新辨识　　关闭

图 2.4-3 本项目脚手架布设辨识汇总图

小提示:

如果要求不出现超高架,本工程的脚手架分段设计还可以分成 3 段。此处还可修改悬挑架高度限制为 26m，经过安全复核满足要求，可以在工程中使用。

3. 安全复核

点击"安全复核"，在视图区选择整栋，确定后无不安全反馈信息即为通过安全复核。

4.2 生成成果

1. 生成方案书

生成 8 层超高悬挑架的方案书，如图 2.4-4、图 2.4-5 所示。

图 2.4-4 方案书封面

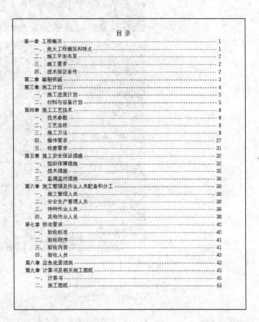

目 录

第一章 工程概况 1
一、危大工程概况和特点 1
二、施工平面布置 2
三、施工要求 2
四、技术保证条件 2
第二章 编制依据 3
第三章 施工计划 4
一、施工进度计划 5
二、材料与设备计划 5
第四章 施工工艺技术 8
一、技术参数 8
二、工艺流程 8
三、施工方法 9
四、操作要求 27
五、检查要求 31
第五章 施工安全保证措施 32
一、组织保障措施 32
二、技术措施 35
三、监测监控措施 36
第六章 施工管理及作业人员配备和分工 38
一、施工管理人员 38
二、安全生产管理人员 38
三、特种作业人员 39
四、其他作业人员 39
第七章 验收要求 40
一、验收标准 40
二、验收程序 41
三、验收内容 41
四、验收人员 43
第八章 应急处置措施 43
第九章 计算书及相关施工图纸 45
一、计算书 45
二、施工图纸 63

图 2.4-5 方案书目录

2. 生成计算书（图 2.4-6）

图 2.4-6 计算书

3. 生成图纸（图 2.4-7）

4. 生成高清照片和自由漫游（图 2.4-8）

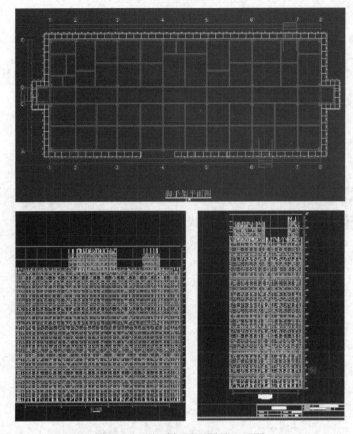

图 2.4-7　脚手架平面图及立面图

图 2.4-8　剖切观察图

4.3 材料统计

1. 材料统计反查（图 2.4-9）

序号	构件信息	单位	工程量
1	⊞ 立杆	m	16757.49
2	⊞ 水平杆		
3	⊞ 剪刀撑	m	5957.208
4	⊞ 横向斜撑	m	602.351
5	⊞ 脚手板	m2	3319.49
6	⊞ 挡脚板	m	4777.369
7	⊞ 防护栏杆	m	9550.164
8	⊞ 安全网	m2	7845.674
9	⊞ 连墙件	套	657
10	⊞ 型钢悬挑主梁	m	378.201
11	⊞ 型钢联梁	m	71.926
12	⊞ 型钢悬挑梁上拉杆件	m	88.858
13	⊞ 型钢悬挑梁上拉杆件与结构连接	套	23
14	⊞ 型钢悬挑梁固定	套	334
15	⊞ 垫板		
16	⊞ 单扣件	个	33741
17	⊞ 旋转扣件	个	2687
18	⊞ 附属构件	个	6

图 2.4-9　脚手架材料统计表

2. 架体配置

点击"架体配置"，出现图 2.4-10 架体配置分段选择表，选择脚手架分段（图 2.4-11、图 2.4-12）。

图 2.4-10　架体配置分段选择表

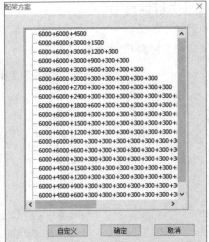

图 2.4-11　配架方案　　　　　　　　图 2.4-12　架配方案选项图

3. 生成架体配置表（图 2.4-13）

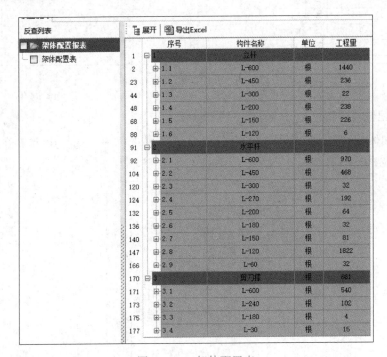

图 2.4-13　架体配置表

 相关知识点

※知识点 1：脚手架工程的基本要求

为确保脚手架工程的安全使用，根据《建筑工程脚手架安全技术统一标准》GB 51210—2016，脚手架应满足以下基本要求。

脚手架搭设和拆除前，应根据工程特点编制专项施工方案，并应经审批后组织实施。脚手架的构造设计应能保证脚手架结构体系的稳定。脚手架的设计、搭设、使用和维护应满足下列要求：

（1）应能承受设计荷载；

（2）结构应稳定，不得发生影响正常使用的变形；

（3）应满足使用要求，具有安全防护功能；

（4）在使用中，脚手架结构性能不得发生明显改变；

（5）当遇到意外作用或偶然荷载时，不得发生整体破坏；

（6）脚手架所依附、承受的工程结构不应受到损害；

（7）脚手架应构造合理、连接牢固、搭设与拆除方便、使用安全可靠。

※知识点 2：脚手架工程施工方案内容解读

专项施工方案是施工组织设计的核心内容，一个高质量的脚手架工程专项施工方案一般要包括下列内容。

（1）工程概况简介

在脚手架工程专项施工方案中，首先要有针对性地把该工程的一些概况加以说明，应包含建筑结构类型、建筑物或构筑物的尺寸、总高及层高，结构及构件的截面尺寸，房间的开间、进深，悬挑等特殊部位的尺寸，地基土质情况、地基承载力值，施工作业条件、混凝土的浇筑、运输方法和环境等。

（2）主要编制依据

脚手架施工方案的编制依据主要有对应工程的施工图纸，施工组织设计；类似工程的有关资料；企业的技术力量、施工能力、施工经验、机械设备状况及自有的技术资料；施工现场勘察调查得来的资料信息，以及脚手架施工规范、施工验收规范、质量检查验收标准、安全操作规程等。

（3）脚手架设计与计算

针对不同的脚手架工程，在施工方案中需要对脚手架方案进行优选、构造设计，并进行强度和稳定性验算，该部分是脚手架施工方案编制的重点与难点。

（4）脚手架工程施工要求

包含施工准备（施工现场准备、技术准备、材料准备、劳动力和施工机具准备）、地基与基础要求、搭设和拆除的施工工艺和方法，施工工艺的优劣直接决定了整篇施工方案的水平。

（5）脚手架工程质量检查与验收

评价一个脚手架工程的优劣，主要是通过其质量来实现的。质量是工程的生命线，为确保工程质量，在编制脚手架施工方案时需要采取质量保证措施，一般需要编写的内容：严把材料质量措施；加强质量管理控制措施；严格施工操作措施；规范施工技术资料管理措施。

（6）脚手架工程安全管理与日常维护

在施工过程中，要始终坚持"安全第一，预防为主"的安全方针，认真做好脚手架工程的安全管理与日常维护。

（7）脚手架工程应急预案

脚手架工程应采取预防措施及救援方案，提高整个项目部对事故的整体应急能力，确保发生意外事故时能有序指挥，有效保护员工的生命、企业财产的安全、保护生态环境和资源、把事故降低到最低程度。

※知识点3：脚手架设计方法

脚手架计算是采用概率极限状态设计方法，用分项系数设计表达式进行承载能力设计。脚手架中的受弯构件，还需根据正常使用极限状态的要求验算变形。符合现行国家标准《冷弯薄壁型钢结构技术规范》GB 50018 和《钢结构设计标准》GB 50017 的规定。荷载分项系数按现行国家标准《建筑结构荷载规范》GB 50009 采用。

※知识点4：脚手架计算内容

脚手架钢框架的受力如同常见的框架结构，由水平受力构件和竖向受力构件组成。以大横杆在上为例，荷载传递路径是各个作业层脚手板→大横杆→小横杆→扣件→立杆底座（地基土或型钢）。

一般的，整个脚手架相同构件选择相同材料，同一的横距、纵距和步距，只要选择最不利、最危险的杆件进行，即可满足对脚手架安全性验证。所以一段脚手架的验证计算只要进行以下内容：

（1）纵向、横向水平杆等受弯构件的强度；

（2）连接扣件的抗滑承载力计算；

（3）立杆的稳定性计算；

（4）连墙件的强度、稳定性和连接强度计算；

（5）立杆地基（或型钢）承载力计算。

※知识点5：荷载分项系数

计算构件的强度、稳定性与连接强度时，采用荷载效应基本组合设计值。永久荷载分项系数取 1.2，可变荷载分项系数取 1.4。

脚手架受弯构件验算变形时，采用荷载效应的标准组合设计值，各类分项系数均取 1.0。

※知识点6：纵向和横向水平杆（大小横杆）的安全核算

（1）大小横杆的强度计算要满足：

$$\sigma = \frac{M}{W} \leqslant f$$

式中：M——弯矩设计值，包括脚手板自重荷载产生的弯矩和施工活荷载的弯矩；

$\quad\quad W$——钢管的截面模量；

$\quad\quad f$——钢管抗弯强度设计值，取 205N/mm^2。

（2）大小横杆的挠度计算要满足：

$$v_{max} \leqslant [v]$$

容许挠度 $[v]$ 按照规范要求小于 1/150 或 10mm。

1）大横杆按照三跨连续梁进行强度和挠度计算，大横杆在小横杆的上面。以大横杆上面的脚手板荷载和施工活荷载作为均布荷载计算大横杆的最大弯矩和变形。

大横杆荷载包括自重标准值、脚手板的荷载标准值、施工活荷载标准值，如图 2.4-14 所示。

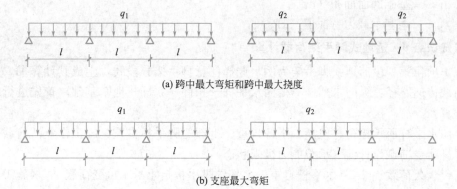

(a) 跨中最大弯矩和跨中最大挠度

(b) 支座最大弯矩

图 2.4-14　纵向水平杆（大横杆）荷载组合计算简图

2）小横杆按照简支梁进行强度和挠度计算，大横杆在小横杆的上面，如图 2.4-15 所示。

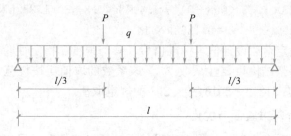

图 2.4-15　横向水平杆（小横杆）计算简图

大横杆支座的最大反力计算值，在最不利荷载布置下计算小横杆的最大弯矩和变形。小横杆的荷载包括大小横杆的自重标准值、脚手板的荷载标准值、活荷载标准值。

※知识点 7：悬挑式钢管脚手架设计计算

采用扣件式钢管脚手架，按照规范要求，悬挑式脚手架设计计算应该包括以下内容：

（1）纵向和横向水平杆（大小横杆）等受弯构件的强度计算；

（2）扣件的抗滑承载力计算；

（3）立杆的稳定性计算；

（4）连墙件的强度、稳定性和连接强度的计算；

（5）悬挑主梁和连梁的强度计算；

（6）整体稳定性计算；

（7）锚固段与楼板连接处压环、螺栓和楼板局部受压计算；

（8）钢丝拉绳或斜支杆的强度计算。

其中（1）、（2）、（3）、（4）的计算与落地式钢管脚手架完全相同。

※知识点 8：立杆地基承载力验算

立杆基础底面的平均压力应满足下式的要求：

$$p_k = N_k / A \leqslant f_g$$

式中：p_k——立杆基础底面处的平均压力标准值（kPa）；

N_k——上部结构传至立杆基础顶面的轴向力标准值（kN）；

A——基础底面面积（m²）；

f_g——地基承载力特征值（kPa）。

※知识点 9：落地式脚手架荷载计算

以本项目第一段落地式脚手架为例，选择任意脚手架分段线，生成其计算书，按脚手架的荷载传递路径：纵向水平杆→横向水平杆→扣件→立杆→地基基础，首先进行纵向水平杆验算。

纵向水平杆所承担荷载包括水平杆自重、上部的脚手板自重、施工作业活荷载。则纵向水平杆所受荷载设计值（承载能力极限状态）：

q_1＝永久荷载 γ_G ×（水平杆自重＋上部的脚手板自重）＋可变荷载 γ_Q ×施工荷载＝1.2×{0.033（钢管自重）＋0.35（竹串片脚手板重量）×[0.8（立杆横距）÷（n＋1)]（n 指横向水平杆上纵向水平杆根数，本工程增加 2 根，考虑脚手板的重量是由多根水平杆分担的)}＋1.4×3（结构作业脚手架施工荷载值）×[0.8（立杆横距）÷（n＋1)]＝1.2×（0.033＋0.35×0.8÷3）＋1.4×3×0.8÷3＝1.232kN/m

q_2＝0.033＋0.35×0.8÷3＝0.1263kN/m

通过以上公式确定荷载设计值与标准值后，参与强度、稳定性验算（承载能力极限状态）时还需乘以脚手架结构重要性系数 γ_0，该系数的取值应按规范《建筑施工脚手架安全技术统一标准》GB 51210—2016 表 3.2.3 的规定取值。

※知识点 10：计算书验证与优化

在智能布置或手动布置后，如果出现设计无法通过的情况，可以通过计算书查看，在计算书内有具体的不通过部位的构件计算过程及结果，通过对算式内容的检查，来调整对应杆件的设计做法或更换材料以满足设计计算要求，软件中对设计不安全部位也提供红字的调整建议。在专业的技术岗位，也可以通过计算内容，根据计算结果与限值进行比对，分析各杆件材料的使用性能与安全性，通过调整杆件材料的设计做法以优化其使用性能，以达到降本增效的项目管理目标，以本工程为例，尝试比对分两段设计脚手架与分三段设计脚手架哪种方案更优，或者设计其他更好的分段设计方案。

※知识点 11：材料统计的意义

通过品茗 BIM 外脚手架设计软件完成脚手架工程的三维设计后，通过"材料统计"可以对脚手架工程所需要的各构配件材料做一个精确的统计，为项目采购计划提供数据支撑，同时通过"架体配置"功能对脚手架立杆、水平杆进行精确配置，确定不同尺寸钢管的精确数量，节约成本，增加施工效率。

 能力拓展

能力拓展-单元 2 任务 4

单元 3　BIM 模板工程实务模拟

单元 3 学生资源　　　　单元 3 教师资源

任务设计

BIM 模板工程实务模拟任务设计基于实际工程，该工程为一幢高层办公大楼，这幢建筑将作为后面模板工程设计的对象与依据。本幢建筑地上部分共十二层，总高 43.800m，包含展览厅、办公室、会客厅、会议室、档案室、休息室、质检用房、电梯、卫生间、楼梯等功能房间。办公大楼采用钢筋混凝土框架结构形式，基础主要采用柱下独立基础的形式。

本单元配套一系列完整的图纸可供学生学习借鉴，从而帮助学生更好地理解图纸、BIM 模型和模板工程设计之间的转换关系，体会 BIM 技术给设计、施工等诸多方面带来的便捷和高效。

在本工程作为教学单元的实施过程中，需要掌握施工图识读、对工程设置的理解、模板工程专项施工方案的编制和内容、模板工程的分类与构造做法、模板工程的设计、模板体系的验证、模板工程的施工等相关知识和技能。

BIM 模板工程实务模拟学习任务设计如表 3.0-1 所示。

BIM 模板工程实务模拟学习任务设计　　　　表 3.0-1

序列	任务	任务简介
1	模板工程设置	了解相应的标准和规范；结合实际工程要求，能正确设置工程各项参数，选择合理的支模架架体类别
2	模型创建	了解结构施工图识读相关知识点；能用智能识别或手动建模的方法快速将二维设计图纸转换为三维 BIM 模型，完成轴网、柱、墙、梁、板等与模板有关构件的识别和转换
3	模板支架设计	了解模板支架计算和布置的相关参数；掌握"智能布置"和"手动布置"两种布置方式；能对模板支架进行智能布置、手动调整、支架编辑、安全复核、搭设优化等来完成模板支架设计
4	模板面板配置设计	了解模板面板配模参数和配置规则；掌握模板配置操作方法及技巧；能生成模板配置成果
5	模板方案制作与成果输出	掌握高支模辨识方法、调整技巧和设计方法；能对模板工程进行计算书生成和方案输出

通过本单元的学习，学生应该能够达到以下学习目标：

1. 了解模板工程的基本构造（含特殊模板）、模板设计的原则和内容；

2. 熟悉模板工程方案设计要点（计算规范的选用、模板构造做法与要求、模板材料选用与荷载参数设置）等基本知识；

3. 正确地识读结构施工图；

4. 熟悉 BIM 技术在模板工程设计中的设置方法；

5. 正确地使用 BIM 技术对模板工程进行智能识别建模；

6. 正确地使用 BIM 技术对模板工程进行手动建模和调整；

7. 使用 BIM 技术进行模板支架设计、面板配置设计；

8. 使用 BIM 技术完成模板方案制作与成果输出；

9. 阅读模板工程专项施工方案；

10. 使用 BIM 模板工程软件编制专项施工方案；

11. 利用 BIM 模板工程软件编制的专项施工方案进行现场模板工程的施工和质量验收。

🎓 学习评价

根据每个学习任务的完成情况进行本单元的评价，各学习任务的权重与本单元的评价见表 3.0-2。

BIM 模板工程实务模拟单元评价　　　　　　　　　　　表 3.0-2

学号	姓名	任务 1		任务 2		任务 3		任务 4		任务 5		任务 6		总评
		分值	比例(10%)	分值	比例(15%)	分值	比例(15%)	分值	比例(20%)	分值	比例(20%)	分值	比例(20%)	

任务 1　模板工程设置

📖 能力目标

1. 会识读施工图纸相关信息和查找相应工程规范；

2. 能正确设置实际模板工程的各项参数；

3. 熟练掌握楼层搭建的方法和技巧。

📅 任务书

对高层办公大楼用 BIM 模板工程设计软件创建工程，要求识读施工图纸和相应工程规范，完成各项参数的设置，建立楼层标高，完成楼层搭建。

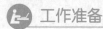 **工作准备**

1. 任务准备

（1）识读高层办公大楼施工图纸，学习《房屋建筑制图统一标准》GB/T 50001—2017、《混凝土结构施工图平面整体表示方法制图规则和构造详图（现浇混凝土框架、剪力墙、梁、板）》22G101-1 中图纸识读专业知识；收集《建筑结构可靠性设计统一标准》GB 50068—2018、《建筑施工模板安全技术规程》JGJ 162—2008、《建筑施工扣件式钢管脚手架安全技术规范》JGJ 130—2011、《关于印发〈建设工程高大模板支撑系统施工安全监督管理导则〉的通知》（建质〔2009〕254 号）、《住房城乡建设部办公厅关于实施〈危险性较大的分部分项工程安全管理规定〉有关问题的通知》（建办质〔2018〕31 号）中模板工程有关知识。

（2）安装"品茗 BIM 模板工程设计软件"，本软件是基于 AutoCAD 平台开发的 3D 可视化模板支架设计软件。因此，安装本软件前，务必确保计算机已经安装 AutoCAD。（达到最佳显示效果建议安装 AutoCAD 2008 32/64bit、2014 64bit、2018 64bit。）目前对 PC 机的硬件环境无特殊性能要求，建议 2G 以上内存，并配有独立显卡。

2. 知识准备

引导问题 1：模板的作用是什么？由哪些部分组成？

小提示：

模板是使钢筋混凝土构件成型的模型。已浇筑的混凝土需要在此模型内养护、硬化、增长强度，形成所要求的结构构件。

模板体系是指由面板、支架和连接件三部分系统组成的体系，可简称为"模板"。其中，面板是指直接接触新浇混凝土的承力板，包括拼装的板和加肋楞带；支架是指支撑面板用的楞梁、立柱、连接件、斜撑、剪刀撑和水平拉条等构件的总称；连接件是指面板与楞梁的连接、面板自身的拼接、支架结构自身的连接和其中二者相互间连接所用的零配件，包括卡销、螺栓、扣件、卡具、拉杆等。

引导问题 2：模板工程的基本要求是什么？

小提示：

模板工程的基本要求如下：

（1）保证模板及支撑体系具有足够的承载能力、刚度和稳定性；

（2）保证构件的形状、几何尺寸及构件相互间尺寸正确；

（3）安拆方便；

（4）接缝不得漏浆。

引导问题 3：品茗 BIM 模板工程设计软件的基本功能是什么？

_____

_____

_____

小提示：

品茗 BIM 模板工程设计软件是一款针对于现浇结构的模板工程设计软件，可以满足方案可视化审核、模板成本估算、高支模方案论证、方案优化和编制等功能。

品茗 BIM 模板工程设计软件的工作流程大致为模型创建、参数设置、模板支架设计、模板面板设计、高支模辨识与调整、成果生成。

1.1　工程参数设置

1. 打开 BIM 模板工程设计软件，新建工程，命名为"高层办公楼"（图 3.1-1、图 3.1-2）。

图 3.1-1　开启界面

这里创建的文件类型虽然是"工程名 . pmjmys"，但会自动创建同名文件夹，文件夹内的所有内容才是工程文件。如已经新建好拟建工程，则可直接点击"打开工程"找出对应工程即可。

模板工程设置

2. 根据高层办公大楼的相关信息，在符合相应规范要求的前提下，结合模板工程所在地区和实际工程要求，对工程进行整体参数的设置。

对工程进行整体参数的设置，选择合理的支模架架体类别，这是进行模板工程设计的关键，所有设计都将建立在相应的标准和规范之上。

（1）见图 3.1-3，本工程选择"全国版-扣件式"。

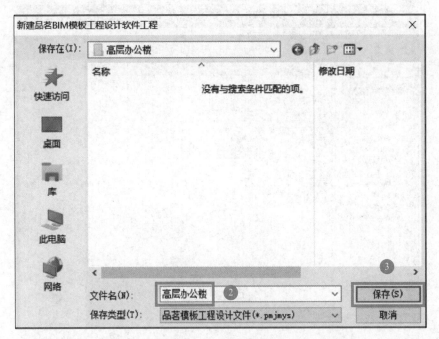

图 3.1-2　保存界面

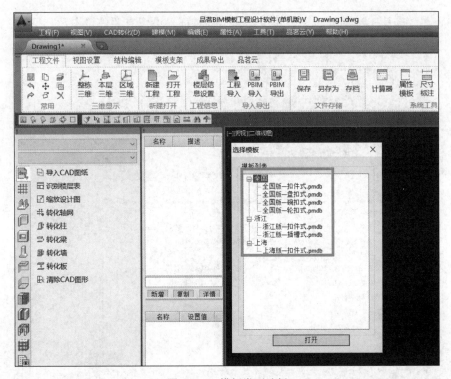

图 3.1-3　模板类型选择

（2）新建工程，可在"新建工程向导"中设置"工程信息"，见图 3.1-4。

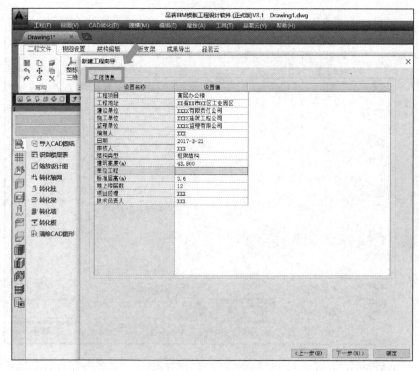

图 3.1-4　工程信息

（3）在"新建工程向导"下一步中结合工程特征，设置有关信息参数，见图 3.1-5。

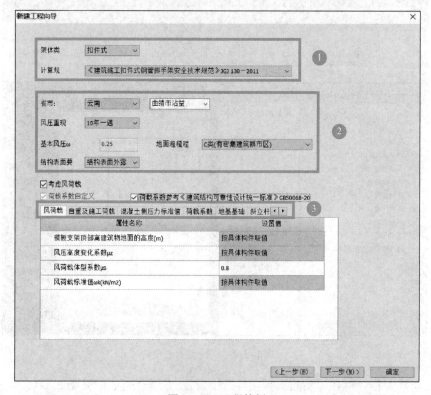

图 3.1-5　工程特征

（4）根据工程中所使用的杆件材料，点击"杆件材料"，见图 3.1-6。对材料型号及相关参数进行增加、修改和删除，并对常用材料型号进行排序，软件会根据排序顺序优先选择，见图 3.1-7。要增加或修改拟用材料材质、类型和截面等参数，可在图 3.1-8 中各种类构件的材料类型选项中进行添加或修改。

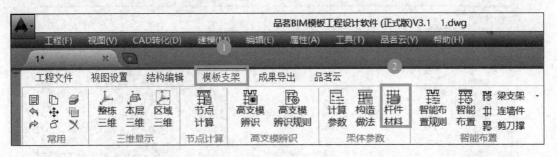

图 3.1-6　杆件材料选项

图 3.1-7　杆件材料选用

3. 依据高层办公大楼的工程特点，设置高支模辨识规则。

小提示：

住房和城乡建设部 2009 年印发了《建设工程高大模板支撑系统施工安全监督管理导则》，该文件对建设工程高大模板支撑系统施工安全监督管理进行了系统的、全面的规定，包含总则、方案管理、验收管理、施工管理、监督管理和附则。该导则所称高大模板支撑

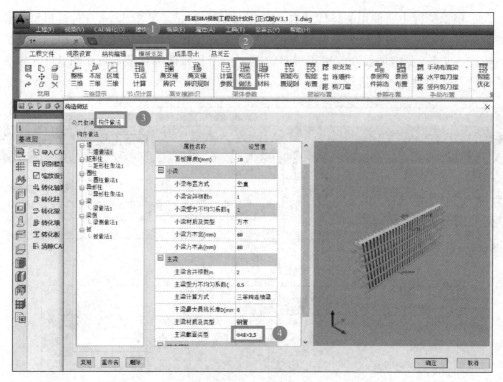

图 3.1-8　材料类型修改

系统是指建设工程施工现场混凝土构件模板支撑高度超过 8m，或搭设跨度超过 18m，或施工总荷载大于 15kN/m²，或集中线荷载大于 20kN/m 的模板支撑系统。

《住房城乡建设部办公厅关于实施〈危险性较大的分部分项工程安全管理规定〉有关问题的通知》（建办质〔2018〕31 号）对危大工程的范围和专项施工方案的内容予以明确，具体如下：

（1）危险性较大的分部分项工程范围（模板工程及支撑体系）

1）各类工具式模板工程：包括滑模、爬模、飞模、隧道模等工程。

2）混凝土模板支撑工程：搭设高度 5m 及以上，或搭设跨度 10m 及以上，或施工总荷载（荷载效应基本组合的设计值，以下简称设计值）10kN/m² 及以上，或集中线荷载（设计值）15kN/m 及以上，或高度大于支撑水平投影宽度且相对独立无联系构件的混凝土模板支撑工程。

3）承重支撑体系：用于钢结构安装等满堂支撑体系。

（2）超过一定规模的危险性较大的分部分项工程范围（模板工程及支撑体系）

1）各类工具式模板工程：包括滑模、爬模、飞模、隧道模等工程。

2）混凝土模板支撑工程：搭设高度 8m 及以上，或搭设跨度 18m 及以上，或施工总荷载（设计值）15kN/m² 及以上，或集中线荷载（设计值）20kN/m 及以上。

3）承重支撑体系：用于钢结构安装等满堂支撑体系，承受单点集中荷载 7kN 及以上。

具体设置见图 3.1-9。

图 3.1-9　高支模辨识规则

1.2　楼层管理

依据高层办公大楼的结构施工图，将工程楼体的楼层、标高、层高及梁板、柱墙混凝土强度信息汇总，根据相应信息进行楼层搭建。

1. 具体做法为根据结构施工图里楼层信息（图 3.1-10），在楼层管理里输入相应数值（图 3.1-11），并对楼层性质和混凝土强度进行定义。这里的楼地面标高是指建筑的相对标高，除最低一层的楼地面标高要输入外，其余各层只需输入层高就可自动获得。

层号	标高(m)	层高(m)	墙柱 混凝土强度	梁板 混凝土强度
楼梯屋面层	46.900			
屋面层	43.500	3.400	C30	C30
十二层	39.900	3.600	C30	C30
十一层	36.300	3.600	C30	C30
十层	32.700	3.600	C30	C30
九层	29.100	3.600	C30	C30
八层	25.500	3.600	C30	C30
七层	21.900	3.600	C30	C30
六层	18.300	3.600	C30	C30
五层	14.700	3.600	C30	C30
四层	11.100	3.600	C30	C30
三层	7.500	3.600	C30	C30
二层	3.900	3.600	C35	C30
一层	-0.400	4.300	C35	C30

结构层标高表

上部结构嵌固部位：基础顶

图 3.1-10　结构层标高

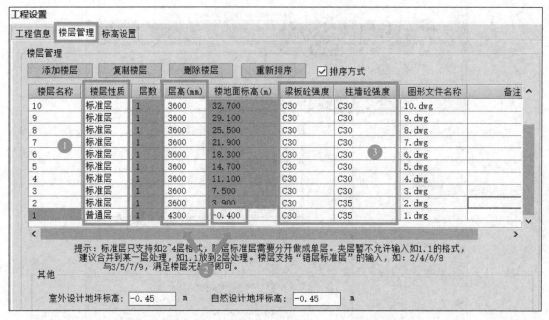

图 3.1-11 楼层管理

2. 标高设置是选择建模时构件使用工程标高（图纸上的标高，即相对标高）还是楼层标高（层高），一般建议选用工程标高，此设置可以整栋设置，也可以根据楼层、构件分别设置，见图 3.1-12。

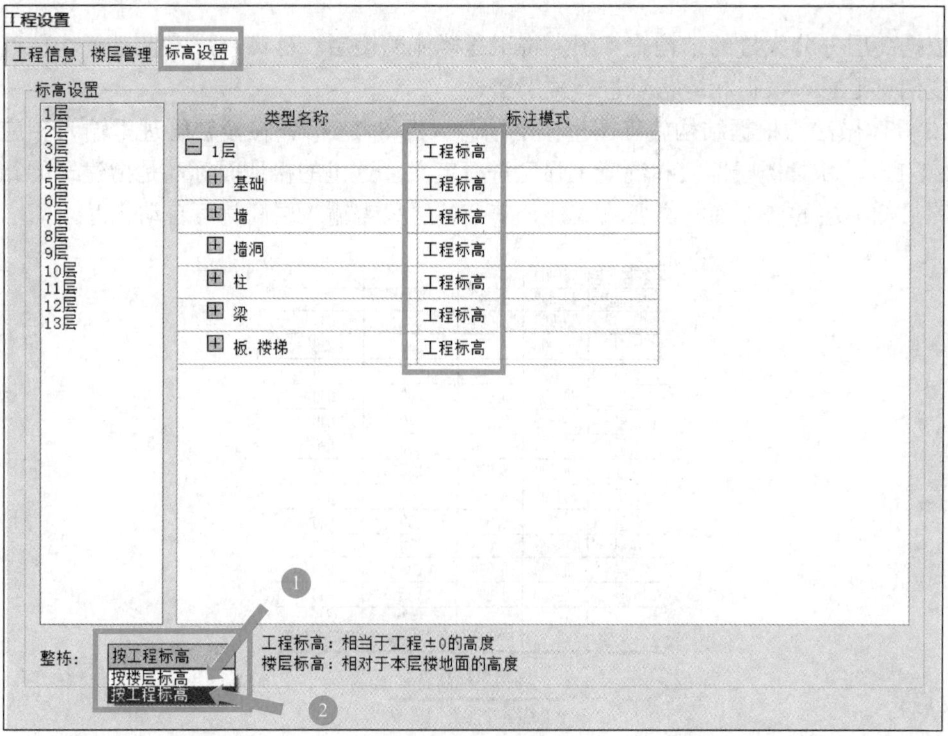

图 3.1-12 标高设置

※知识点1：模板工程施工方案内容规定

危大工程专项施工方案的主要内容应当包括：

（1）工程概况；

（2）编制依据；

（3）施工计划；

（4）施工工艺技术；

（5）施工安全保证措施；

（6）施工管理及作业人员配备和分工；

（7）验收要求；

（8）应急处置措施；

（9）计算书及相关施工图纸。

知识讲解-模板
工程专项施工
方案内容规定

高大模板支撑系统的专项施工方案的主要内容应当包括：

（1）编制说明及依据；

（2）工程概况；

（3）施工计划；

（4）施工工艺技术；

（5）施工安全保证措施；

（6）劳动力计划；

（7）计算书及相关图纸。

知识讲解-模板分类

※知识点2：模板的分类

（1）按材料分类

常用的有木模板、钢模板、木胶合板模板、竹木胶合板模板，还有钢框木模板、钢框木（竹）胶合板模板、塑料模板、玻璃钢模板、铝合金模板等。

1）木模板。制作方便、拼装随意，尤其适用于外形复杂或异形混凝土构件。此外，由于导热系数小，对混凝土冬期施工有一定的保温作用。但周转次数少，板厚20～50mm，宽度不宜超过200mm，以保证木材干缩时，缝隙细匀，浇水后易密缝。

2）钢模板。一般做成定型模板，用连接件拼装成各种形状和尺寸，适用于多种结构形式，应用广泛。钢模板周转次数多，但一次投资量大，在使用过程中应注意保管和维护，防止生锈以延长钢模板的使用寿命。

3）木胶合板模板。克服了木材的不等方向性的缺点，受力性能好。强度高、自重小、不翘曲、不开裂及板幅大、接缝少。

4）竹胶合板模板。由若干层竹编与两表层木单板经热压胶合而成，比木胶合板模板强度更高，表层经树脂涂层处理后可作为清水混凝土模板，但现场拼钉较困难。

5）钢框木模板。是以角钢为边框，以木板作面板的定型模板；可以充分利用短木料并能多次周转使用钢边框。

6）钢框木（竹）胶合板模板。是以角钢为边框，内镶可更换的木（竹）胶合板，胶合板的边缘和孔洞经密封材料的处理，可防吸水受潮变形，提高胶合板的使用次数。

7）塑料模板、玻璃钢模板、铝合金模板。具有重量轻、刚度大、拼装方便、周转率高的特点，但由于造价较高，尚未普遍使用。

（2）按结构类型分类

分为基础模板、柱模板、梁模板、楼板模板、楼梯模板、墙模板、墩模板、壳模板、烟囱模板等。

（3）按施工方法分类

1）现场装拆式模板。按照设计要求的结构形状、尺寸及空间位置在施工现场组装的模板，当混凝土达到拆模强度后拆除。

2）固定式模板。按照构件的形状、尺寸在现场或工厂制作模板，涂刷隔离剂，浇筑混凝土，当混凝土达到规定的强度后，脱模吊离构件，再清理模板，涂刷隔离剂，制作下一批构件。各种胎模（土胎模、砖胎模、混凝土胎模）即属固定式模板。一般在制作预制构件时采用。

3）移动式模板。随着混凝土的浇筑，模板可沿垂直方向或水平方向移动，称为移动式模板。如烟囱、水塔、墙柱等混凝土浇筑采用的滑升模板、提升模板等。

4）永久性模板（又称一次性消耗模板）。在结构或构件混凝土浇筑后模板不再拆除。其中有的模板与现浇结构叠合后组合成共同受力构件，该模板多用于现浇钢筋混凝土楼板工程，亦有用于竖向现浇结构的。永久性模板简化了模板支拆工艺，改善了劳动条件，加快了施工进度。

※知识点 3：模板的构造

（1）组合钢模板

组合钢模板是一种工具式模板，由模板板块和配件两大部分组成，它可以拼成不同尺寸、不同形状的模板，可用于建筑物的梁、板、墙、基础等构件施工的需要，也可拼成大模板、滑模、台模等使用。因而这种模板具有轻便灵活，拆装方便，通用性强，周转率高等优点。

模板板块分为钢模板和钢框木胶合板模板。

1）钢模板。钢模板有通用模板和专用模板两类。通用模板包括平面模板、阳角模板、阴角模板和连接角模（图 3.1-13）；专用模板包括倒楞模板、梁液模板、柔性模板、搭接模板和可调模板。通常用的平面模板由面板边框、纵横肋构成。边框和面板常用 2.5～3.0mm 厚钢板冷轧冲压整体成形，纵横肋用 3mm 扁钢与面板及边框焊成。为了便于板块之间的连接，边框上设有 U 形卡连接孔，端部上设有 L 形插销孔，孔径为 13.8mm，孔距 150mm，边框的长度和宽度与孔距一致，以便横竖都能连接。

2）木胶合板。木胶合板是一组单板（薄木片）按相邻层木纹方向相互垂直组坯相互胶合成的板材。其表板和内层板对称配置在中心层或板芯的两层。其自重轻，板块尺寸大，模板板缝少，浇出的混凝土表面光滑平整。

配件包括连接件和支撑件。

1）连接件包括：U 形卡、L 形插销、钩头螺栓、对拉螺杆等（图 3.1-14）。

2）支撑件包括：支撑钢楞、柱箍、钢支架、斜撑、钢桁架、梁卡具等（图 3.1-15）。

（2）现浇混凝土结构木模板

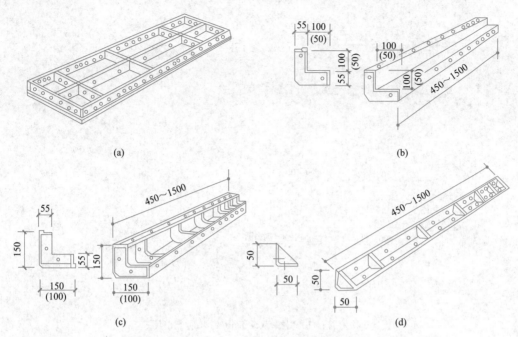

图 3.1-13　钢模板板块

（a）平面模板；（b）阳角模板；（c）阴角模板；（d）连接角模

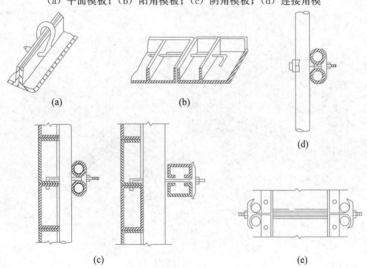

图 3.1-14　连接件

（a）U 形卡；（b）L 形插销；（c）钩头螺栓；（d）紧固螺栓；（e）对拉螺栓

1）基础模板

图 3.1-16 为基础模板的常用形式。如果土质良好，阶梯形基础的最下一级可以不用模板而进行原槽浇筑。对杯形基础，杯口处在模板的顶部中间装杯芯模板。

2）柱模板

柱模板（图 3.1-17）由四块拼板围成，四角由角模连接，外设柱箍。柱箍除使四块拼板固定保持柱的形状外，还要承受由模板传来的新浇混凝土的侧压力。柱模板顶部开有与梁模板连接的缺口，底部可开有清理孔。当柱较高时，可根据需要在柱中设置混凝土浇筑口。

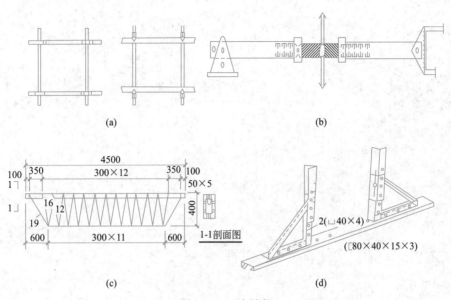

(a)   (b)

(c)   (d)

图 3.1-15 支撑件

（a）柱箍；（b）斜撑；（c）钢桁架；（d）梁卡具

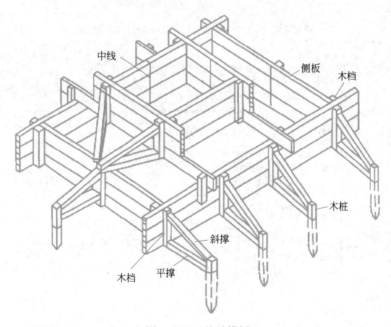

图 3.1-16 基础模板

3）梁、板模板

梁模板由底模板和侧模板组成。底模板承受垂直荷载，一般较厚，下面有支撑承托。支撑多为伸缩式，可调整高度，底部应支承在坚实地面或楼面上，下垫木楔。支撑间应用水平和斜向拉杆拉牢，以增强整体稳定性。

梁跨度在 4m 或 4m 以上时，底模板应起拱，如设计无具体规定，一般可取结构跨度的 1/1000～3/1000。木模板可取偏大值，钢模板可取偏小值。

梁侧模板承受混凝土侧压力，底部用钉在支撑顶部的夹条夹住，顶部可由支承楼板模

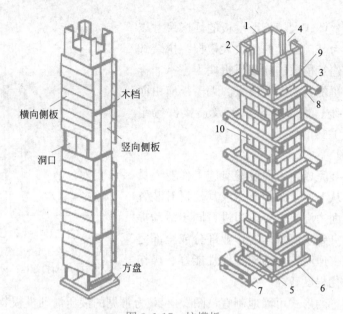

图 3.1-17　柱模板

1—内拼板；2—外拼板；3—柱箍；4—梁缺口；5—清理孔；
6—木框；7—盖板；8—拉紧螺栓；9—拼条；10—活动板

板的搁栅顶住，或用斜撑顶住。

楼板模板多用定型模板或胶合板，它放置在搁栅上，搁栅支承在梁侧模板外的横楞上。如图 3.1-18 所示。

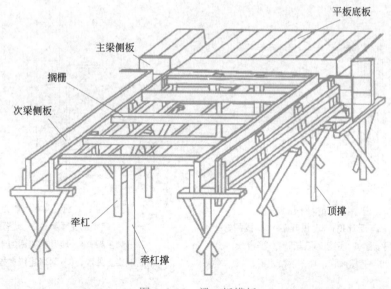

图 3.1-18　梁、板模板

（3）其他模板

1）大模板

模板尺寸和面积较大且有足够承载能力，整装整拆的大型模板。分为整体式大模板和拼装式大模板。整体式大模板是模板的规格尺寸以混凝土墙体尺寸为基础配置的整块大模板；拼装式大模板是以符合建筑模数的标准模板块为主、非标准模板块为辅组拼配置的大型模板。大模板应由面板系统、支撑系统、操作平台系统及连接件等组成。组成如图 3.1-19 所示。

2）滑动模板

模板一次组装完成，上面设置有施工作业人员的操作平台，并从下而上采用液压或其他提升装置沿现浇混凝土表面边浇筑混凝土边进行同步滑动提升和连续作业，直到现浇结构的作业部分或全部完成。其特点是施工速度快、结构整体性能好、操作条件方便和工业化程度较高。

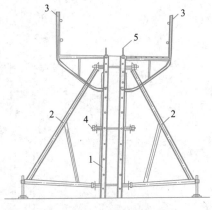

图 3.1-19　大模板组成示意

1—面板系统；2—支撑系统；3—操作平台系统；
4—对拉螺栓；5—钢吊环

滑动模板装置的形式可因地制宜，图 3.1-20 为常见的液压滑动模板装置。

3）爬模

以建筑物的钢筋混凝土墙体为支承主体，依靠自升式爬升支架使大模板完成提升、下降、就位、校正和固定等工作的模板系统。

爬模应由模板、支承架、附墙架和爬升动力设备等组成（图 3.1-21）。

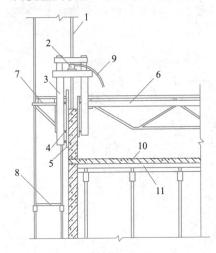

图 3.1-20　液压滑动模板装置

1—支承杆；2—千斤顶；3—提升架；4—围圈；
5—内挂脚手架；6—钢筋固定架；7—平台板；
8—外挂脚手架；9—高压油管；10—混凝土板；11—模板

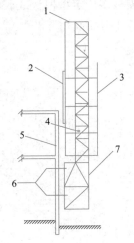

图 3.1-21　爬模组成

1—爬模的支承架；2—大模板；
3—脚手架；4—爬升爬架用的千斤顶；
5—钢筋混凝土外墙；6—附墙连接螺栓；7—附墙架

4）飞模

主要由平台板、支撑系统（包括梁、支架、支撑、支腿等）和其他配件（如升降和行走机构等）组成，由于它可借助起重机械，从已浇好的楼板下吊运飞出转移到上层重复使用，故称飞模（它是一种大型工具式模板，因其外形如桌，故又称桌模或台模）。

飞模有多种形式，如立柱式飞模、桁架与构架支撑式飞模、悬架式飞模和柱体式飞模等。图 3.1-22 为桁架支撑式飞模示意图。

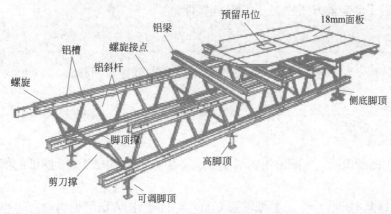

图 3.1-22　桁架支撑式飞模

5）隧道模

一种组合式的、可同时浇筑墙体和楼板混凝土的、外形像隧道的定型模板。隧道模有全隧道模（整体式隧道模）和双拼式隧道模（图 3.1-23）两种。

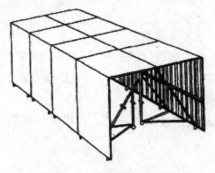

图 3.1-23　双拼式隧道模

🖥 能力拓展

能力拓展-单元 3 任务 1

任务 2　模型创建

✏ 能力目标

1. 会识读施工图纸，能提取相关构件信息；

2. 能通过智能识别方法将施工图纸转化为三维 BIM 模型；

3. 能通过手动建模方法建立三维 BIM 模型。

☑ 任务书

依据高层办公大楼施工图纸，完成三维 BIM 模型创建和调整。

⬚ 工作准备

1. 任务准备

（1）施工图纸识读。掌握施工图纸组成、平法施工图制图规则、图纸的信息提取基本方法等。

（2）CAD 基本操作命令。熟练掌握 CAD 常见的绘图方法与编辑命令。

2. 知识准备

引导问题 1：运用 BIM 模板工程设计软件创建三维 BIM 模型的方法有几种？

小提示：

创建三维土建模型是模板工程设计的前提，BIM 模板工程软件提供三种创建模型的方式，即智能识别建模（即 CAD 图纸转化建模）、手动建模和 PBIM 模型导入建模。智能识别建模是目前最常见的方法。

引导问题 2：模板工程设计中使用的三维土建模型包括哪些构件？智能识别建模的步骤是什么？

小提示：

三维土建模型需包括柱、墙、梁、板等结构构件。智能识别建模是通过"识别楼层表""转化轴网""转化柱""转化梁"和"转化板"建立模型，还可以通过"楼层复制"创建标准层。

2.1 智能识别创建模型

1. 识别楼层表

（1）打开同一版本 CAD 软件，将该高层办公大楼中有楼层表的图纸从 CAD 软件复制到 BIM 模板工程设计软件的视图区。使用"CAD 转化"中"识别楼层表"功能，对楼层表进行框选，见图 3.2-1，生成楼层表信息，见图 3.2-2。

（2）根据工程结构信息，调整层号、楼地面标高、层高、柱梁板混凝土等级信息，完成后点"确定"。点开"工程设置"中"楼层管理"，可见楼层

识别楼层表

信息全部建立，检查是否与项目相符。

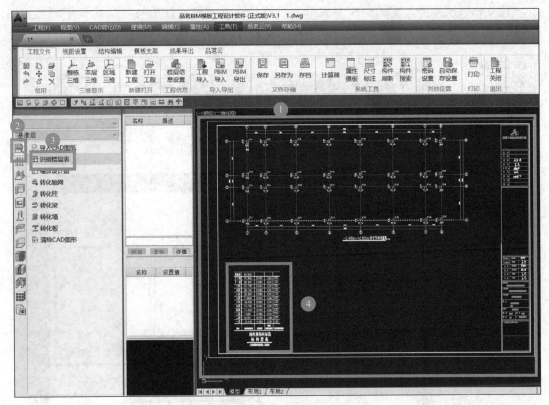

图 3.2-1　识别楼层表

楼层表

楼层名称	层号	楼地面标高(m)	层高(m)	柱墙砼标号	梁板砼标号
13	屋面层	43.500	3.400	C30	C30
12	十二层	39.900	3.600	C30	C30
11	十一层	36.300	3.600	C30	C30
10	十层	32.700	3.600	C30	C30
9	九层	29.100	3.600	C30	C30
8	八层	25.500	3.600	C30	C30
7	七层	21.900	3.600	C30	C30
6	六层	18.300	3.600	C30	C30
5	五层	14.700	3.600	C30	C30
4	四层	11.100	3.600	C30	C30
3	三层	7.500	3.600	C30	C30
2	二层	3.900	3.600	C35	C30
1	一层	-0.400	4.300	C35	C30

重新提取	设为首层	删除行	根据标高设置层高	确定
从Excel提取		插入行	根据层高设置标高	取消

图 3.2-2　生成楼层表

2. 转化轴网

建立该高层办公大楼结构模型的第一步就是建立轴网，这里将竖向构件平面布置图（选取-0.400~43.500m柱子平面布置图）复制至本软件，操作如图3.2-3所示。

转化轴网

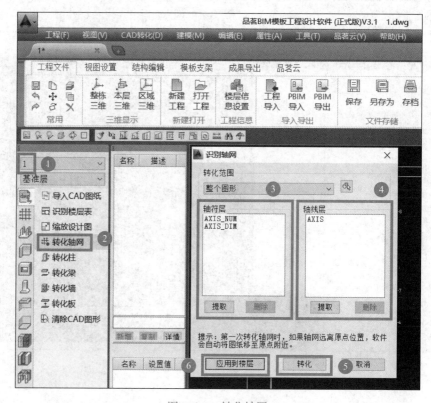

图 3.2-3　转化轴网

（1）选定要操作的标准层，这里从办公楼第1层开始。

（2）点击"转化轴网"，出现"识别轴网"对话框。"提取"轴符层，在视图区选中包括轴号、轴距标注所在图层；"提取"轴线层，在视图区选中轴线层。选中后如有遗漏，可再次提取，直到相应图层完全不见。

（3）点击"转化"，完成模型的轴网建立，并可应用到其他楼层。

小提示：

在施工图中通常将建筑的基础、墙、柱、梁和板等承重构件的轴线画出，并进行编号，用于施工定位放线和查阅图纸，这些轴线称为定位轴线。

3. 转化柱

在已转化轴网的柱子平面布置图上，点击"转化柱"，出现"识别柱"对话框（图3.2-4）。转化前需设置柱识别符（图3.2-5），柱识别符作为可被软件识别的代号，应符合国家建筑标准设计图集22G101-1对于柱和墙柱编号的规定（见本任务知识点2）。

（1）选定要操作的标准层，这里从高层办公楼第1层开始。

（2）"识别柱"对话框中设置柱识别符，以便提取图纸中对应信息。"提取"标注层，在视图区选中包括柱编号、柱定位标注所在图层；"提取"边线层，在视图区选中柱截面

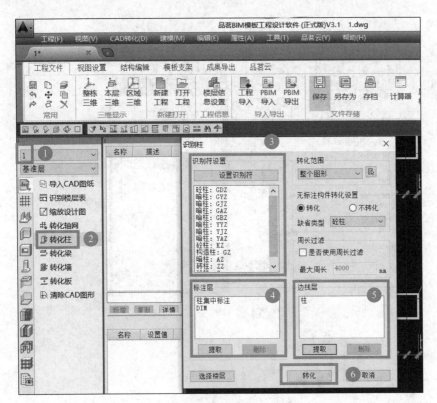

转化柱

图 3.2-4 转化柱

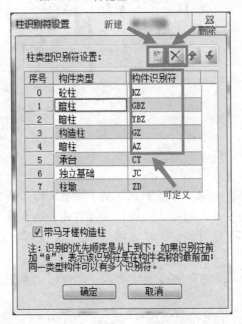

图 3.2-5 柱识别符设置

外框线层。选中后如有遗漏，可再次提取，直到相应图层完全不见。

（3）点击"转化"，完成模型的 1 层柱转化。通过"本层三维显示"检查模型（图 3.2-6）。

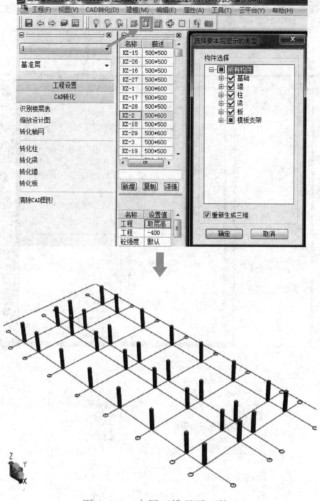

图 3.2-6　本层三维显示（柱）

4. 转化梁

品茗模板工程设计软件对梁的智能识别是基于梁平法施工图制图规则，梁平法施工图系在梁平面布置图上采用平面注写方式或截面注写方式表达，这又以前者最为常用。

（1）从高层办公楼第1层开始，创建该层顶部的梁，需将"3.900标高梁平法施工图"带基点复制至软件。

（2）如图3.2-7所示，为方便捕捉轴线交点，可通过"视图设置"中"显示控制"关闭柱层。

（3）点击"转化梁"，出现"梁识别"对话框（图3.2-8），设置梁识别符，以便提取图纸中对应信息（图3.2-9）。"提取"标注层，在视图区选中包括集中标注和原位标注所在图层；"提取"边线层，在视图区选中梁线层。选中后如有遗漏，可再次提取，直到相应图层完全不见。

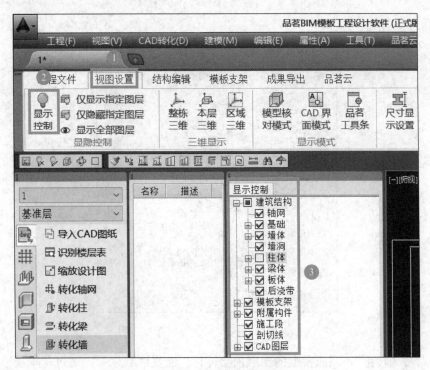

图 3.2-7　显示控制

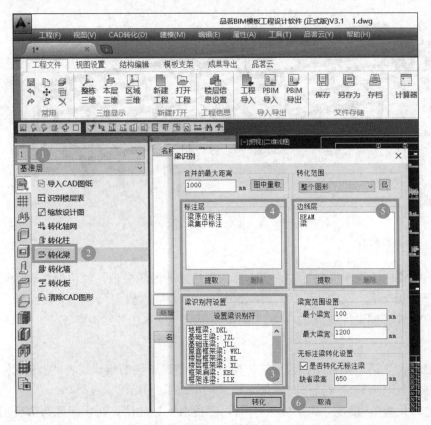

转化梁

图 3.2-8　转化梁

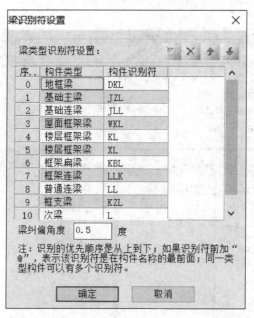

图 3.2-9　梁识别符设置

（4）点击"转化"，完成模型的1层顶梁转化。恢复柱层显示，通过"本层三维显示"检查模型（图 3.2-10）。

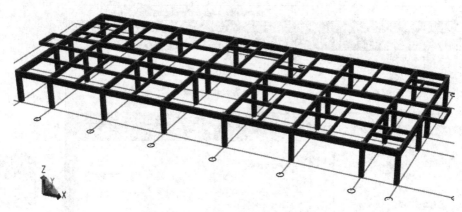

图 3.2-10　本层三维显示（梁、柱）

小提示：

平面注写包括集中标注与原位标注，集中标注表达梁的通用数值，原位标注表达梁的特殊数值。对于模板工程，需要用到的标注数值有：梁编号、截面尺寸、梁顶面标高高差，应符合国家建筑标准设计图集 22G101-1 的相关规定（见本任务知识点 3）。

5. 转化板

"清除 CAD 图形"后，从高层办公楼第 1 层开始，创建顶层的板，需将"3.900 标高板配筋图"带基点复制至软件（操作同转化梁），如图 3.2-11 所示。

（1）点击"转化板"，出现"识别板"对话框。"提取"标注层，在视图区选中板相关信息，如板厚、板标高等。选中后如有遗漏，可再次提取，直到相应图层完全不见。

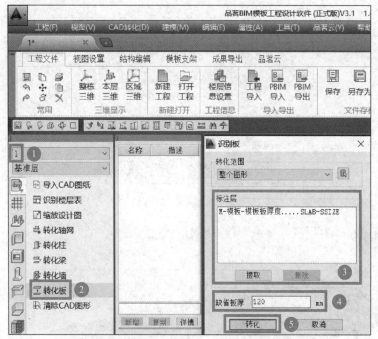

转化板

图 3.2-11 转化板

（2）查看图纸说明中未注明板厚信息，填入"缺省板厚"中，完成转化。

（3）根据图纸对模型进行调整：1）删除多余的板；2）选中板，调整板厚（图 3.2-12 中①处）；3）显示和调整板面标高（图 3.2-12 中②处、图 3.2-13）。

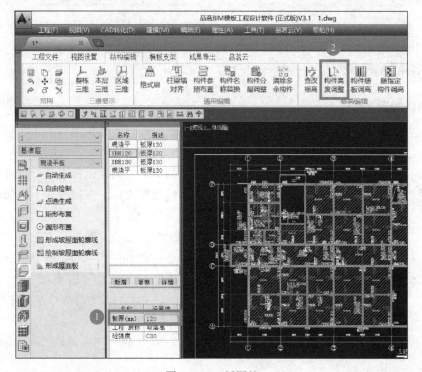

图 3.2-12 板调整

图 3.2-13　板面标高

（4）最后通过"本层三维显示"检查模型（图 3.2-14）。

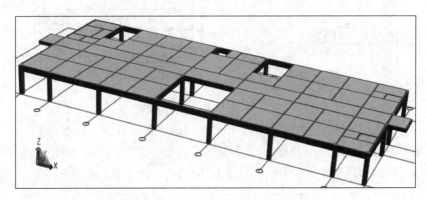

图 3.2-14　本层三维显示（梁、板、柱）

2.2　手动创建模型

1. 创建轴网

选定要操作的标准层，这里从办公楼第 2 层开始，进行手动建模。为了与第 1 层轴网对齐，可采用层间复制轴网到第 2 层（图 3.2-15），保留轴①和轴Ⓐ以便定位，删除其余轴网。轴网是结构建模的基准，品茗模板工程设计软件可对轴网进行绘制、移动、删除、合并、转辅轴等操作，支持正交、弧形轴网等多种形式的自由绘制。

创建轴网

（1）点击"轴网布置"中"绘制轴网"，出现"轴网"对话框，如图 3.2-16 所示。在下开间下部空白行右键点击"添加"增加行，分别输入轴①～轴⑧之间的轴间距；在左进深下部空白行右键点击"添加"增加行，分别输入轴Ⓐ～轴Ⓓ之间的轴间距。点击"确认"，将新建轴网体系按照图 3.2-16 中基点位置导入 2 层视图中。

（2）点击"删除轴线"，将保留的轴①和轴Ⓐ清除。

（3）在视图区用 CAD 直线命令画出辅助轴线，再点击"转成辅轴"，完成添加辅助轴线。

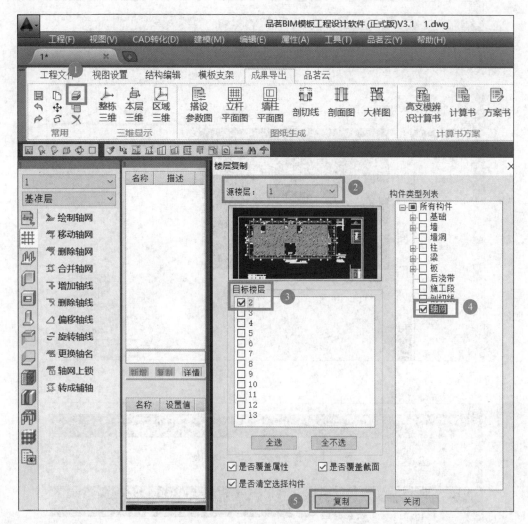

图 3.2-15 轴网层间复制

2. 创建柱

从办公楼第 2 层开始创建结构柱，所有结构构件应遵循先定义后布置的建模原则。打开第 2 层柱子平面布置图，对轴①和轴Ⓐ交接处 KZ1 进行布置。

（1）定义柱子（图 3.2-17）

选择构件类型"柱"（见②处），再选择柱子类型为"砼柱"；在④处确定当前操作为 KZ1，双击⑤处，出现右侧"选择截面"对话框，在⑥处选择截面形式为"矩形"，在⑦处对截面尺寸进行点击修改，完成后确认。

创建柱

（2）布置柱子（图 3.2-18）

"点选布置"可选择插入点对柱进行布置；"轴交点布置"可框选轴线交点，在选中交点处布置柱。点击"偏心设置"，可选中单个柱子进行偏心修正；若要对多个柱子进行偏心修正，可通过"批量偏心"进行设置。其余柱子请参照此方法依次布置。

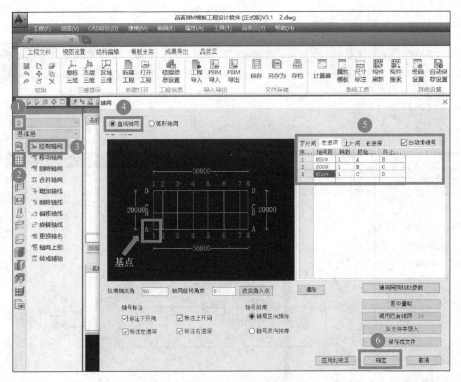

图 3.2-16　轴网布置

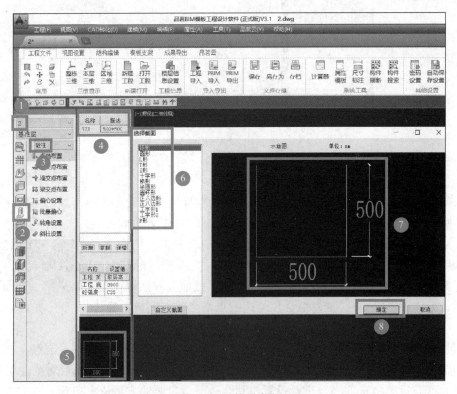

图 3.2-17　柱子定义

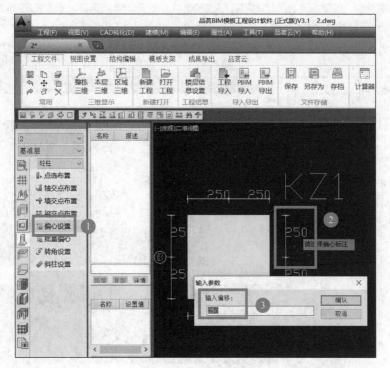

图 3.2-18　偏心设置

3. 创建梁

从高层办公楼第 2 层开始，创建该层顶部的梁，梁构件应遵循先定义后布置的建模原则。打开"7.500 标高梁平法施工图"，对轴①上 KL1 进行布置。

（1）定义梁（图 3.2-19）

选择构件类型"梁"（见①处），再选择梁类型为"框架梁"（见②处）；在③处新增梁，在④处确定当前操作为 KL1，双击⑤处，出现右侧"选择截面"对话框，在⑥处选择截面形式为"矩形"，在⑦处对截面尺寸进行点击修改，完成后确认。

创建梁

（2）布置梁（图 3.2-20）

用"自由绘制"对梁进行布置，首先要选中要布置的梁（见①处），然后在"属性"对话框中定义梁与布置路径的关系以及梁顶标高（见③处），最后在视图区绘制。对梁布置还可采用"矩形布置""圆形布置"，同时也可把已存在的轴网、轴段、线段直接转化成梁。

除了用"移动"命令来调整梁位置，还可用"柱梁墙对齐"来使 KL1 梁边和柱边对齐进行位置调整（图 3.2-21 中①处）；点击"构件调整高度"，可对梁进行高度修正（图 3.2-21 中②处）。其余梁请参照此方法依次布置。

4. 创建板

从高层办公楼第 2 层开始，创建该层顶部的梁，梁构件应遵循先定义后布置的建模原则。打开"7.500 标高梁平法施工图"，对轴①上 KL1 进行布置。

创建板

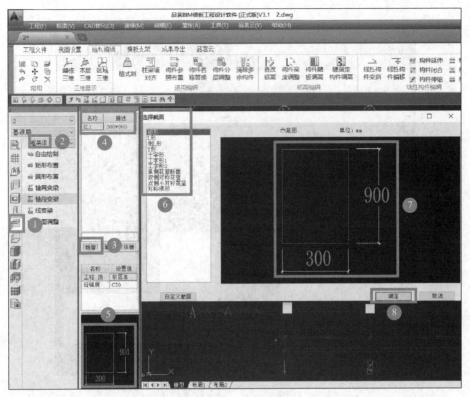

图 3.2-19　定义梁

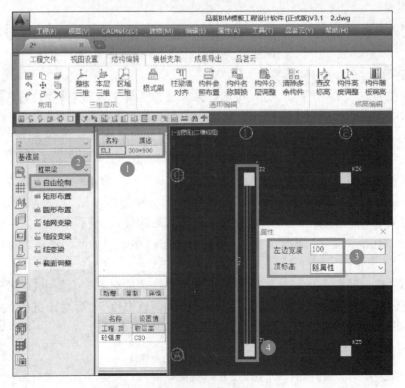

图 3.2-20　布置梁

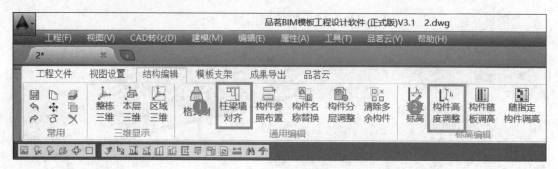

图 3.2-21 调整梁

（1）定义板（图 3.2-22）

选择构件类型"板"（见①处），再选择板类型为"现浇平板"。"新增"板，在③处可对新增板的名称和描述进行定义，但真实的板厚显示在④处，应在④处对板厚进行修改，并使③处描述与其对应。⑤处可显示此类型板外观。

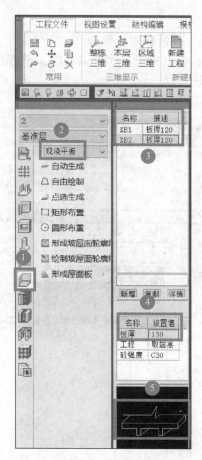

图 3.2-22 定义板

（2）布置板

用"自动生成"进行板布置，首先要设置生成板的方式（图 3.2-23），然后框选要布置板的区域（这里全选 2 层区域）。对板布置还可采用"自由绘制""点选生成""矩形布置""圆形布置",同时也可通过轮廓线生成坡屋面板。

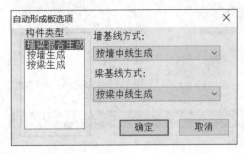

图 3.2-23 自动生成板

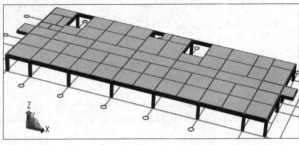

图 3.2-24 本层三维显示(梁、板、柱)

根据图纸对模型进行调整:1)删除多余的板;2)调整板厚(通过新增板);3)显示和调整板面标高(图 3.2-12 中②处、图 3.2-13)。

最后通过"本层三维显示"检查模型(图 3.2-24)。

5. 楼层复制

图纸中"7.500~39.900"标高内均为标准层,即模型中 2~11 层的楼层顶部梁板布置完全相同。该范围内柱的布置也相同,故可进行模型的楼层复制(见图 3.2-25),将 2层的所有构件复制到 3~11 层。

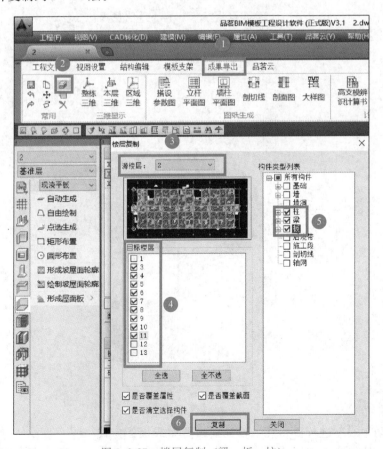

图 3.2-25 楼层复制(梁、板、柱)

具体操作如下：点击"楼层复制"，选择源楼层为"2"、目标楼层为"3～11"，并点选要复制的构件"梁、板、柱"，完成复制。根据图纸信息，接着完成12～13层建模，最后通过"三维显示"中"整栋三维显示"来检查模型（图3.2-26、图3.2-27）。

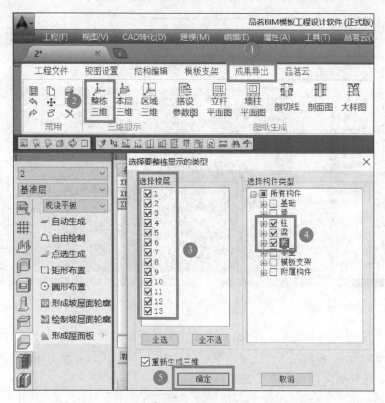

图3.2-26　三维显示设置

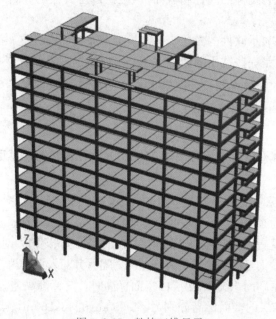

图3.2-27　整栋三维显示

※知识点 1：BIM 模板工程设计软件操作界面（图 3.2-28）

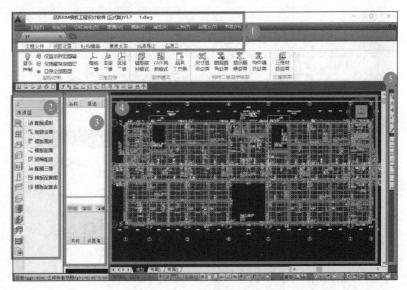

图 3.2-28　操作界面

① 菜单区：主要是软件的菜单栏（包括一些基本的操作功能、软件平台和资讯）及部分命令按钮面板。（高版本 CAD 如果菜单栏未显示，可以点击左上角的 CAD 图标右侧的下拉三角，选择里面的显示菜单栏就可以了。）

② 功能区：这里按照模板工程设计软件操作步骤顺序列出了各项建模操作和专业功能命令。

③ 属性区：显示各构件的属性和截面。（注意双击属性区下侧的黑色截面图，可以改变部分构件的截面。）

④ 视图区：主要显示软件的二维、三维模型和布置的模板支架等。

⑤ 命令区：主要是一些常用的命令按钮，可以根据需要设置。

※知识点 2：国家建筑标准设计图集 22G101-1 对于柱和墙柱编号的规定

国家建筑标准设计图集 22G101-1 对于柱和墙柱编号的规定详见单元 1 任务 2 中表 1.2-1 和表 1.2-2。

※知识点 3：国家建筑标准设计图集 22G101-1 对于梁编号、截面尺寸、梁顶面标高高差的规定

（1）相关规定详见单元 1 任务 3 中知识点：梁平法施工图的平面注写方式。

（2）梁截面尺寸为必注值。当为等截面梁时，用 $b \times h$ 表示，且原位标注优先于集中标注。

（3）梁顶面标高高差，系指相对于结构层楼面标高的高差值，对于位于结构夹层的梁，则指相对于结构夹层楼面标高的高差。有高差时，需将其写入括号内，无高差时不注。

注：当某梁的顶面高于所在结构层的楼面标高时，其标高高差为正值，反之为负值。

【例】某结构标准层的楼面标高分别为 44.950m 和 48.250m，当这两个标准层中某梁的梁顶面标高高差注写为（−0.050）时，即表明该梁顶面标高分别相对于 44.950m 和

48.250m 低 0.050m。

※知识点 4：创建三维土建模型的方式以及其特点

创建三维土建模型是模板工程设计的前提，BIM 模板工程软件提供三种创建模型的方式，即智能识别建模（CAD 图纸转化建模）、手动建模和 P-BIM 模型导入建模。CAD 图纸转化建模是目前最常见的方法。

（1）智能识别建模（CAD 图纸转化建模）是快速将二维设计图纸转换为三维 BIM 模型的技术，可降低建模的成本和时间，经过楼层表、轴网、柱、墙、梁、板等与模板工程有关构件的识别和转换过程，可将工程项目的 CAD 图纸转化为满足模板工程设计要求的三维模型。

（2）手动创建建模也是经常用来构建结构模型的一种处理方案。手动建模不仅具有基于行业用户习惯设计的建模功能，而且具有简单易用、快捷高效的特点，是构建局部结构模型的首选解决方案。

（3）P-BIM 模型是项目通过 Revit 软件建模，由 HiBIM 软件导出形成的土建模型；也可以是在 BIM 脚手架软件中已经建立并导出的土建模型。P-BIM 是软件公司为了实现一模多用和多软件数据互导创建的模型交互格式。

🗐 **能力拓展**

能力拓展-单元 3 任务 2

任务 3 模板支架设计

✏ **能力目标**

1. 会识读施工组织设计文件，能提取模板支架设计相关信息；
2. 能根据工程信息智能布置模板支架；
3. 能根据工程信息手动布置模板支架；
4. 能进行模板支架编辑和搭设优化。

📋 **任务书**

依据高层办公大楼施工图纸、施工组织设计文件，完成模板支架设计与优化。

📐 **工作准备**

1. 任务准备

（1）识读高层办公大楼施工组织设计文件，了解施工组织部署及施工工艺要求等。

（2）学习模板设计和施工相关规范，按照《建筑施工扣件式钢管脚手架安全技术规范》JGJ 130—2011、《建筑施工模板安全技术规范》JGJ 162—2008（其他特殊模板需满足各自的技术规范要求）等相关规范的要求进行工程支架的计算、验算，从而确保支撑体系搭设有据可依。

2. 知识准备

引导问题 1：模板及其支架的设计应符合哪些原则？

小提示：

模板及其支架的设计应根据工程结构形式、荷载大小、地基土类别、施工设备和材料等条件进行。模板及其支架的设计应符合下列原则：

（1）应具有足够的承载能力、刚度和稳定性，应能可靠地承受新浇混凝土的自重、侧压力和施工过程中所产生的荷载及风荷载。

（2）构造应简单，装拆方便，便于钢筋的绑扎、安装和混凝土的浇筑、养护。

（3）混凝土梁的施工应采用从跨中向两端对称进行分层浇筑，每层厚度不得大于 400mm。

（4）当验算模板及其支架在自重和风荷载作用下的抗倾覆稳定性时，应符合相应材质结构设计规范的规定。

引导问题 2：模板支架及连接件主要包括哪些构件？

小提示：

模板支架及连接件以扣件式钢管满堂支撑架为例进行说明，主要包含钢管、扣件、脚手板、可调托撑、立杆、扫地杆、水平杆、剪刀撑等构件。

引导问题 3：BIM 模板工程设计软件中支架布置有哪几种方式？如何选择？

小提示：

完成结构建模后，即可进行模板支架的布置，模板支架的布置包括"智能布置"和"手动布置"两种方式。对于一般工程的处理，通常是先进行"智能布置"，再使用"手动布置"进行调整，最后通过"智能优化"和"安全复合"来确定模板支架设计最终方案。

引导问题 4：模板工程设计主要依据哪些计算依据？

小提示：

主要依据《建筑施工模板安全技术规范》JGJ 162—2008、《建筑施工扣件式钢管脚手架安全技术规范》JGJ 130—2011、《混凝土结构工程施工规范》GB 50666—2011、《建筑施工临时支撑结构技术规范》JGJ 300—2013、《建筑施工承插型盘扣式钢管脚手架安全技术标准》JGJ/T 231—2021、《建筑施工碗扣式钢管脚手架安全技术规范》JGJ 166—2016、《建筑施工脚手架安全技术统一标准》GB 51210—2016 等。

3.1　智能布置

模板支架智能布置建立在相关技术规程和规范之上，在进行智能布置前，先要设置好模板支架计算和布置的相关参数，如设计计算依据、设计风载、构造参数、安全计算参数等。

1. 模板支架相关参数

本工程选择"架体类型"为"扣件式"，"计算依据"采用"《建筑施工扣件式钢管脚手架安全技术规范》JGJ 130—2011"。根据工程所在地选择省份和地区，软件会根据地区读取基本风压。

（1）点击智能布置规则（图 3.3-1），设置参数取值和构造设置。

模板支架智能布置

图 3.3-1　智能布置规则选项

（2）如图 3.3-2 所示，修改"梁底立杆纵向间距范围"，默认值为"300，1200"，这

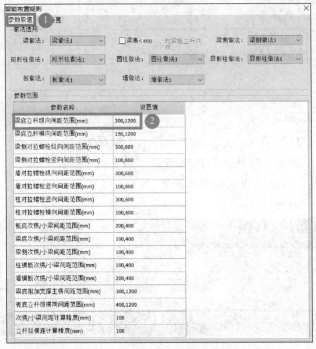

图 3.3-2　智能布置参数取值

里表示其间距范围为300~1200mm，对于高支模等有更高要求的，可进行更改，其他参数根据实际工程需要类似设置。

（3）如图3.3-3所示，修改梁侧模、梁底模板构造做法，选择板底立杆排布规则，设置首道对拉螺栓在墙、柱的位置和柱帽立杆的加密形式。

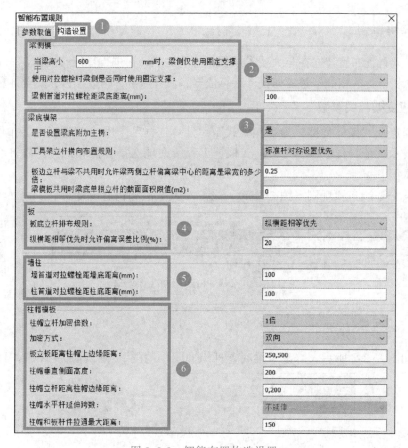

图3.3-3 智能布置构造设置

2. 模板支架智能布置

（1）选定要操作的标准层，这里从办公楼第1层开始。

（2）如图3.3-4所示，分别点击智能布置"梁支架""板支架""柱支架"和"墙支架"，框选所有构件，完成模板支架智能布置。

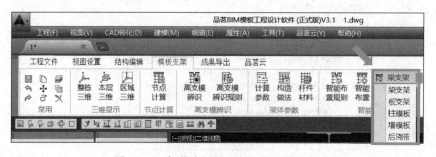

图3.3-4 智能布置梁、板、柱、墙支架

（3）点击智能布置"剪刀撑"，选择"本层"，完成剪刀撑智能布置（图 3.3-5）。

图 3.3-5　剪刀撑智能布置

（4）点击智能布置"连墙件"，调整竖直和水平间距，完成连墙件智能布置（图 3.3-6）。

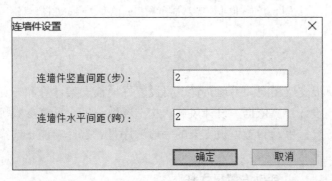

图 3.3-6　连墙件智能布置

（5）点击"智能优化"，框选所有构件，完成构件衔接的优化（图 3.3-7、图 3.3-8）。

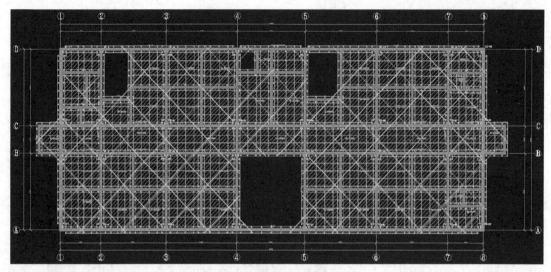

图 3.3-7　模板支架智能布置平面图

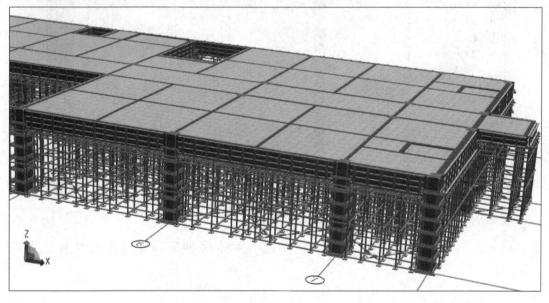

图 3.3-8　模板支架智能布置部分模型三维示意图

3.2　手动布置

同智能布置模板支架相同，手动布置也要设置好模板支架计算和布置的相关参数，如设计计算依据、设计风载、构造参数、安全计算参数等，这里就不再重复。手动布置模板支架的一般顺序是：选择功能→选择对象→输入参数→布置成果。

模板支架手动布置

1. 手动布置梁立杆

（1）根据前面选择的梁相关布置参数，按照图纸及构造规范要求，进行单构件立杆布置，并在图中绘制立杆、水平杆等。点击"手动布置梁立杆"（图 3.3-

9），根据提示选择要布置的梁，也可通过框选形式批量布置，右键确认。

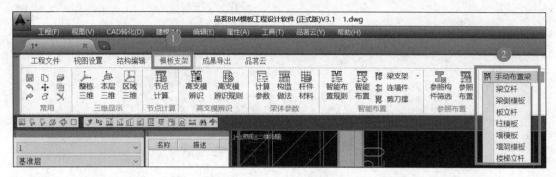

图 3.3-9　手动布置选项

（2）选择底模支架做法、传力方式和架体间距，对参数进行确认，完成布置（图 3.3-10）。

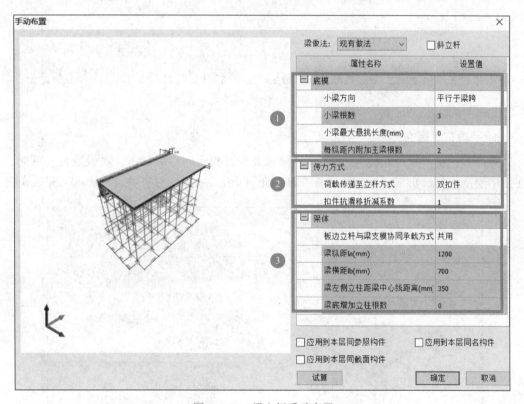

图 3.3-10　梁立杆手动布置

2. 手动布置梁侧模板

点击"手动布置梁侧模板"，根据提示选择要布置的梁，也可通过框选形式批量布置，右键确认。最后将相关参数输入后确认完成（图 3.3-11）。

小提示：

特别说明，这里的梁侧模板支撑形式有对拉螺栓和固定支撑两种，可根据工程需要进行选择，同时要调整支撑和梁底的位置关系。

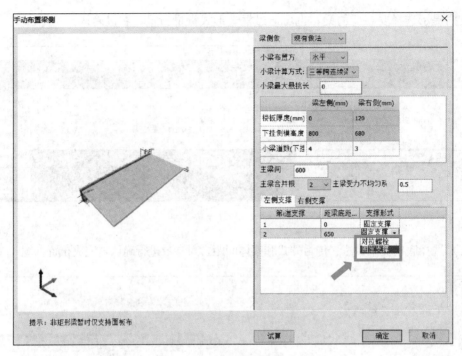

图 3.3-11　梁侧模板手动布置

3. 手动布置板立杆

点击"手动布置板立杆",点选或者框选要布置的板,右键确认。对板进行立杆布置,在图中绘制立杆、水平杆等。修改板立杆间距(图 3.3-12),对参数进行确认,完成布置。

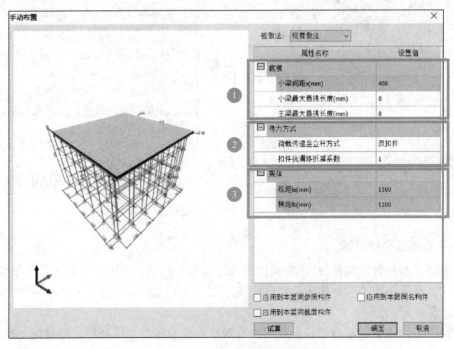

图 3.3-12　板立杆手动布置

4. 手动布置柱模板

点击"手动布置柱模板"，点选或者框选要布置的柱，右键确认。对柱模板进行参数设置，见图 3.3-13。

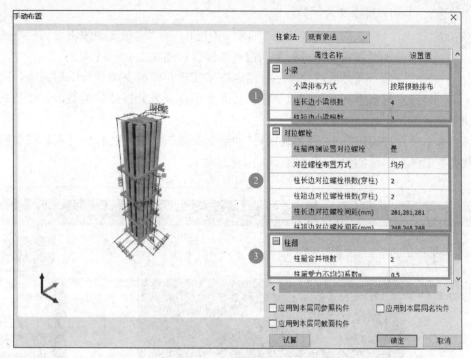

图 3.3-13　柱模板手动布置

5. 手动布置水平剪刀撑和竖向剪刀撑

点击"手动布置水平剪刀撑"和"手动布置竖向剪刀撑"，对剪刀撑进行手动布置。两者的操作步骤均为点击功能键，选择立杆，修改布置规则（图 3.3-14、图 3.3-15）。

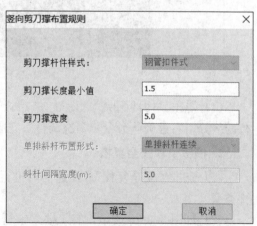

图 3.3-14　水平剪刀撑布置原则　　　　图 3.3-15　竖向剪刀撑布置原则

3.3 模板支架编辑与搭设优化

完成模板支架布置后，需对模板支架平面布置进行调整和优化。

模板支架编辑
与搭设优化

1. 模板支架编辑

（1）点击"支架编辑"（图3.3-16），在"模板支架编辑"一栏中点击各项分别对模板支架进行手动编辑和修改（图3.3-16中②处）。

（2）通过修改"水平杆绘制"来实现对模板支架进行手动调整，同时通过梁底水平杆、梁侧水平杆、板底水平杆来区分杆件的类型，在线条的交叉点自动生成夹点，把夹点变成立杆。

（3）点击"立杆编辑""立杆关联横杆""解除关联""水平杆偏向""水平杆加密"功能对模板支架进行手动调整编辑（图3.3-16中③处）。

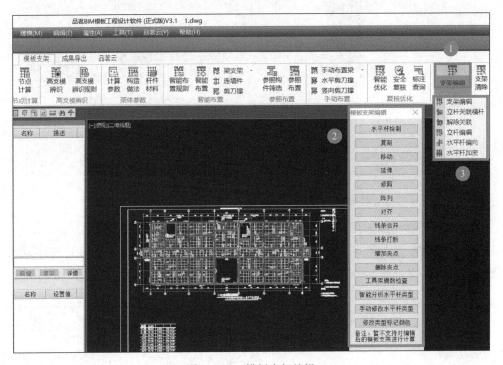

图 3.3-16　模板支架编辑

（4）点击"构件删除"（图3.3-17），选择要删除的构件（如水平杆），框选包含该构件的部分，右键确认命令，多次调整后完成支架布置（图3.3-18）。

2. 模板设计安全复核

（1）点击"安全复核"，框选需要进行复核的部位，右键确认，然后选择要复核的构件类型（图3.3-19）。

（2）如图3.3-20所示，有1根梁未通过安全复核，双击汇总表中KL1，快速定位不通过的梁段，通过"手动布置梁侧模板"，选择该根梁，改变参数，进行重新布置

（3）重新进行"安全复核"，直至通过。

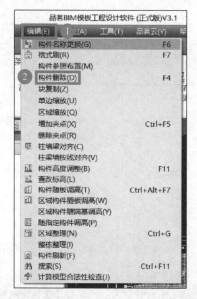

图 3.3-17　构件删除

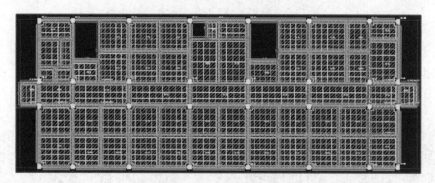

图 3.3-18　模板支架布置

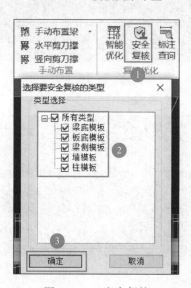

图 3.3-19　安全复核

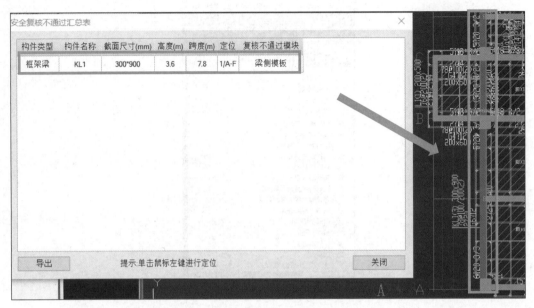

图 3.3-20　复核结果

3. 优化梁板立杆搭接关系

梁、板交接处水平杆多处未拉通布置，可以通过"智能优化"命令进行优化。点击"智能优化"，框选要优化的部位，右键确认。优化前后对比如图 3.3-21 和图 3.3-22 所示。

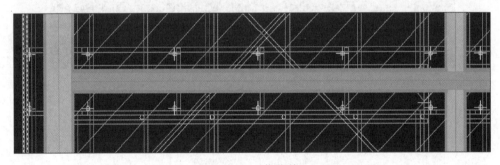

图 3.3-21　优化前

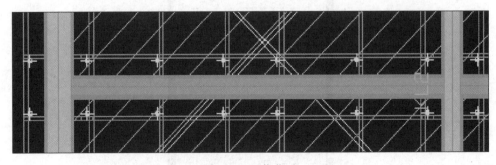

图 3.3-22　优化后

※知识点 1：选取支架及连接件的材料

支架及连接件以扣件式钢管满堂支撑架为例进行说明，主要包含钢管、扣件、脚手板、可调托撑等构件的材料。每种材料的质量均需符合国家标准。

知识讲解-认识
支架及连接件

（1）钢管

支撑架钢管应采用现行国家标准《直缝电焊钢管》GB/T 13793 或《低压流体输送用焊接钢管》GB/T 3091 中规定的 Q235 普通钢管，钢管的钢材质量应符合现行国家标准《碳素结构钢》GB/T 700 中 Q235 级钢的规定。

支撑架钢管宜采用 $\phi48.3 \times 3.6$ 钢管。每根钢管的最大质量不应大于 25.kg。

（2）扣件

扣件应采用可锻铸铁或铸钢制作，其质量和性能应符合现行国家标准《钢管脚手架扣件》GB 15831 的规定，采用其他材料制作的扣件，应经试验证明其质量符合该标准的规定后方可使用。

扣件在螺栓拧紧扭力矩达到 65N·m 时，不得发生破坏。

（3）脚手板

脚手板可采用钢、木、竹材料制作，单块脚手板的质量不宜大于 30kg。

冲压钢脚手板的材质应符合现行国家标准《碳素结构钢》GB/T 700 中 Q235 级钢的规定。

木脚手板材质应符合现行国家标准《木结构设计标准》GB 50005 中 Ⅱa 级材质的规定。脚手板厚度不应小于 50mm，两端宜各设直径不小于 4mm 的镀锌钢丝箍两道。

竹脚手板宜采用由毛竹或楠竹制作的竹串片板、竹笆板；竹串片脚手板应符合现行行业标准《建筑施工竹脚手架安全技术规范》JGJ 254 的相关规定。

（4）可调托撑

可调托撑螺杆外径不得小于 36mm，走丝与螺距应符合现行国家标准《梯形螺纹 第 3 部分：基本尺寸》GB/T 5796.3 的规定。

可调托撑的螺杆与支架托板焊接应牢固，焊缝高度不得小于 6mm；可调托撑螺杆与螺母旋合长度不得少于 5 扣，螺母厚度不得小于 30mm。

可调托撑受压承载力设计值不应小于 40kN，支托板厚不应小于 5mm。

※知识点 2：支架及连接件的尺寸设计

支架及连接件以扣件式钢管满堂支撑架为例进行说明，主要涉及的构件有立杆、扫地杆、纵向水平杆、横向水平杆、剪刀撑、可调托撑、可调底座等。钢管规格、间距、扣件应符合设计要求。

知识讲解-支架及
连接件的尺寸设计

规范规定满堂支撑架步距一般取 0.6m、0.9m、1.2m、1.5m、1.8m。满堂支撑架搭设高度不宜超过 30m。

（1）立杆

梁和板的立杆，其纵横向间距应相等或成倍数。立杆间距一般取 1.2m×1.2m、1.0m×1.0m、0.9m×0.9m、0.75m×0.75m、0.6m×0.6m、0.4m×0.4m。立杆伸出顶层水平杆中心线至支撑点的长度 a 不应超过 0.5m。每根立杆底部应设置底座或垫板，垫板厚度不得小于 50mm。

支撑架立杆基础不在同一高度上时，必须将高处的纵向扫地杆向低处延长两跨与立杆固定，高低差不应大于 1m。靠边坡上方的立杆轴线到边坡的距离不应小于 500mm（图 3.3-23）。

图 3.3-23　纵、横向扫地杆构造
1—横向扫地杆；2—纵向扫地杆

立杆接长接头必须采用对接扣件连接。当立杆采用对接接长时，立杆的对接扣件应交错布置，两根相邻立杆的接头不应设置在同步内，同步内隔一根立杆的两个相隔接头在高度方向错开的距离不宜小于 500mm；各接头中心至主节点的距离不宜大于步距的 1/3。

（2）扫地杆

支撑架必须设置纵、横向扫地杆。在立柱底距地面 200mm 高处，沿纵横水平方向应按纵下横上的程序设扫地杆。纵向扫地杆应采用直角扣件固定在距底座上皮不大于 200mm 处的立杆上。横向扫地杆应采用直角扣件固定在紧靠纵向扫地杆下方的立杆上。

（3）纵向水平杆、横向水平杆

可调支托底部的立柱顶端应沿纵横向设置一道水平拉杆。扫地杆与顶部水平拉杆之间的间距，在满足模板设计所确定的水平拉杆步距要求条件下，进行平均分配确定步距后，在每一步距处纵横向应各设一道水平拉杆。当层高在 8～20m 时．在最顶步距两水平拉杆中间应加设一道水平拉杆；当层高大于 20m 时，在最顶两步距水平拉杆中间应分别增加一道水平拉杆。所有水平拉杆的端部均应与四周建筑物顶紧顶牢。无处可顶时，应在水平拉杆端部和中部沿竖向设置连续式剪刀撑。

水平杆长度不宜小于 3 跨。其接长应采用对接扣件连接或搭接，并应符合下列规定：

1）两根相邻水平杆的接头不应设置在同步或同跨内；不同步或不同跨两个相邻接头在水平方向错开的距离不应小于 500mm；各接头中心至最近主节点的距离不应大于纵距的 1/3（图 3.3-24）。

2）搭接长度不应小于 1m，应等间距设置 3 个旋转扣件固定，端部扣件盖板边缘至搭接水平杆杆端的距离不应小于 100mm。

（4）剪刀撑

满堂支撑架应根据架体的类型设置剪刀撑，可分为普通型和加强型。

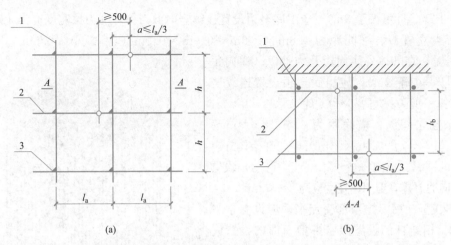

图 3.3-24　水平杆对接接头布置

（a）接头不在同步内（立面）；（b）接头不在同跨内（平面）

1—立杆；2—纵向水平杆；3—横向水平杆

1）普通型

① 在架体外侧周边及内部纵、横向每 5～8m，应由底至顶设置连续竖向剪刀撑，剪刀撑宽度应为 5～8m（图 3.3-25）。

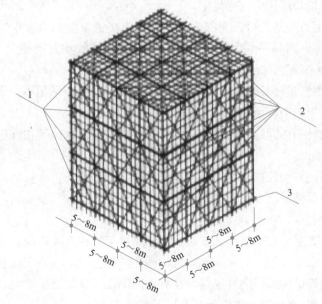

图 3.3-25　普通型水平、竖向剪刀撑布置图

1—水平剪刀撑；2—竖向剪刀撑；3—扫地设置层

② 在竖向剪刀撑顶部交点平面应设置连续水平剪刀撑。当支撑高度超过 8m，或施工总荷载大于 $15kN/m^2$，或集中线荷载大于 $20kN/m$ 的支撑架，扫地杆的设置层应设置水平剪刀撑。水平剪刀撑至架体底平面距离与水平剪刀撑间距不宜超过 8m。

2）加强型

① 当立杆纵、横间距为 $0.9m×0.9m～1.2m×1.2m$ 时，在架体外侧周边及内部纵、

横向每 4 跨（且不大于 5m），应由底至顶设置连续竖向剪刀撑，剪刀撑宽度应为 4 跨。

② 当立杆纵、横间距为 0.6m×0.6m～0.9m×0.9m（含 0.6m×0.6m，0.9m×0.9m）时，在架体外侧周边及内部纵、横向每 5 跨（且不小于 3m），应由底至顶设置连续竖向剪刀撑，剪刀撑宽度应为 5 跨。

③ 当立杆纵、横间距为 0.4m×0.4m～0.6m×0.6m（含 0.4m×0.4m）时，在架体外侧周边及内部纵、横向每 3～3.2m 应由底至顶设置连续竖向剪刀撑，剪刀撑宽度应为 3～3.2m。

④ 在竖向剪刀撑顶部交点平面应设置水平剪刀撑。扫地杆的设置层水平剪刀撑的设置应符合普通型中第②项的规定，水平剪刀撑至架体底平面距离与水平剪刀撑间距不宜超过 6m，剪刀撑宽度应为 3～5m（图 3.3-26）。

竖向剪刀撑斜杆与地面的倾角应为 45°～60°，水平剪刀撑与支架纵（或横）向夹角应为 45°～60°。

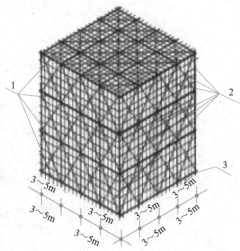

图 3.3-26　加强型水平、竖向剪刀撑布置图
1—水平剪刀撑；2—竖向剪刀撑；3—扫地设置层

剪刀撑斜杆的接长应符合下列规定：

1）当立杆采用对接接长时，立杆的对接扣件应交错布置，两根相邻立杆的接头不应设置在同步内，同步内隔一根立杆的两个相隔接头在高度方向错开的距离不宜小于 500mm；各接头中心至主节点的距离不宜大于步距的 1/3；

2）当立杆采用搭接接长时，搭接长度不应小于 1m，并应采用不少于 2 个旋转和扣件固定。端部扣件盖板的边缘至杆端距离不应小于 100mm。

剪刀撑应用旋转扣件固定在与之相交的水平杆或立杆上，旋转扣件中心线至主节点的距离不宜大于 150mm。

（5）可调底座、可调托撑

满堂支撑架的可调底座、可调托撑螺杆伸出长度不宜超过 300mm，插入立杆内的长度不得小于 150mm。

当满堂支撑架高宽比大于 2 或 2.5 时，满堂支撑架应在支架四周和中部与结构柱进行刚性连接，连墙件水平间距应为 6～9m，竖向间距应为 2～3m。在无结构柱部位应采取预埋钢管等措施与建筑结构进行刚性连接，在有空间部位，满堂支撑架宜超出顶部加载区投影范围向外延伸布置 2～3 跨。支撑架高宽比不应大于 3。

📖 能力拓展

能力拓展-单元 3 任务 3

任务 4 模板面板配置设计

能力目标

1. 会识读施工组织设计文件，能提取模板面板设计相关信息；
2. 能根据工程信息正确修改模板配置规则；
3. 能根据工程信息进行模板配置操作和成果生成。

任务书

依据高层办公大楼工程信息，完成模板面板配置设计。

工作准备

1. 任务准备

（1）识读高层办公大楼施工组织设计文件，了解施工组织部署及施工工艺要求等。

（2）学习模板设计和施工相关规范，按照《建筑施工模板安全技术规范》JGJ 162—2008（其他特殊模板需满足各自的技术规范要求）等相关规范的要求进行工程模板的计算、验算，从而确保模板搭设有据可依。

2. 知识准备

引导问题 1：BIM 模板工程设计软件进行模板配置的步骤是什么？

_____

_____

小提示：

对于一般工程的处理，模板配置的一般顺序是：建立模型→完成模板支架布置→确定配模规则→进行模板配置→导出配置结果。

引导问题 2：模板有哪些分类？

_____

_____

小提示：

模板按材料分类，常用的有木模板、钢模板、木胶合板模板、竹木胶合板模板，还有钢框木模板、钢框木（竹）胶合板模板、塑料模板、玻璃钢模板、铝合金模板等；模板按结构类型分类，分为基础模板、柱模板、梁模板、楼板模板、楼梯模板、墙模板、墩模板、壳模板、烟囱模板等；模板按施工方法分类，分为现场装拆式模板、固定式模板、移动式模板、永久性模板。

4.1　配置规则修改

本工程模板材料为木模板，BIM模板工程设计软件支持木模板的散拼配模方式。配置规则可以对配模的总体规则进行设置，并对模板成品规格、梁下模板分割方式、切割损耗率、水平模板配模方式等模板配置具体做法做出调整。

模板面板参数设置
与配置规则修改

1. 配模参数设置

（1）标准板尺寸

打开"配模"选项（图3.4-1的①处），选择"配模规则"（图3.4-1的②处），可以对配模总体规则进行设置（图3.4-1）。双击"模板成品规格"一栏中"设置值"处，可对标准板尺寸进行修改。

图3.4-1　配模规则

（2）梁下模板分割方式

梁下模板分割方式有三种，其中横向分割见图3.4-2，竖向分割见图3.4-3，凹形切割见图3.4-4。对本工程分割方式进行选择。

（3）水平模板配模方式

"水平模板配模方式"（图3.4-1）有两种，其中单向配模方式见图3.4-5，纵横向混合配模方式见图3.4-6。对本工程水平模板配模方式进行选择。

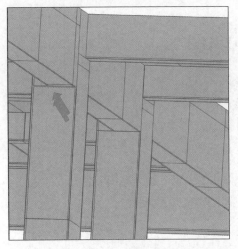

图 3.4-2　横向分割

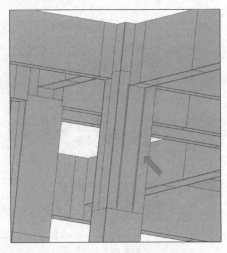

图 3.4-3　竖向分割

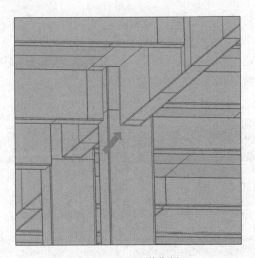

图 3.4-4　凹形分割

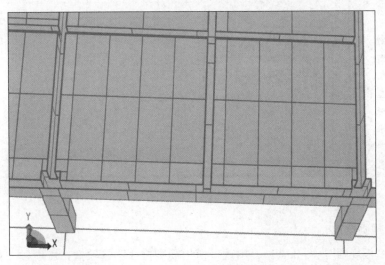

图 3.4-5　单向配模方式

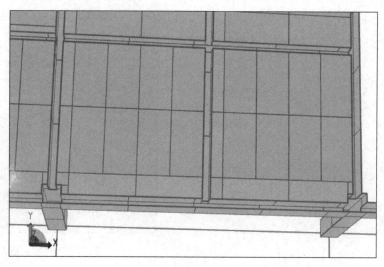

图 3.4-6　纵横向混合配模方式

（4）切割损耗率

修改切割损耗率数值。"切割损耗率"（图 3.4-1）为非标准板切割的损耗，在总量计算中会自动考虑损耗系数（图 3.4-7 中②处）。

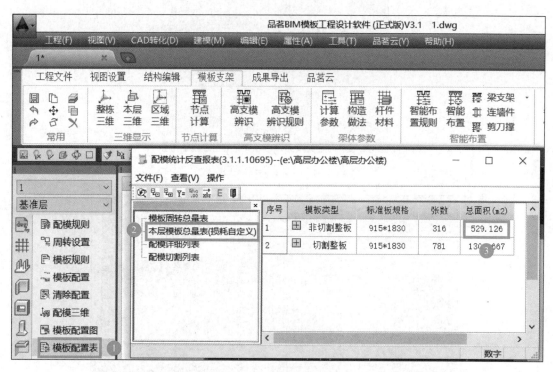

图 3.4-7　模板配置表

2. 配置规则修改

点击"模板规则"（图 3.4-1），出现"模板规则修改"选项框，可通过"自由选择"进行点选或者框选要修改的部位，为了避免选择干扰，也可以通过点选相应构件（图 3.4-8）再进行选择。选择完毕，出现"模板修改"对话框，输入相应数值，确认完成，梁侧模板下探效果见图 3.4-9。

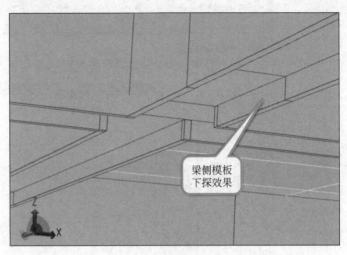

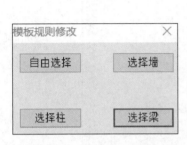

图 3.4-8　模板规则修改　　　　　　　图 3.4-9　梁侧模板下探效果

4.2　模板配置操作与成果生成

1. 模板周转设置

进行模板配置操作前，先要点击"模板周转设置"，出现图 3.4-10 中对话框，对每种构件分别设置模板配置方式。配置方式有"配置"和"周转"两种。 模板配置操作与成果生成

小提示：

"配置"方式是指按照本部位模板工程量进行实际配置计算；"周转"方式是指本部位模板是别的楼层周转过来的，实际工程量＝本部位所需模板量×周转损耗率。

2. 模板配置

点击"模板配置"，如图 3.4-11 所示，选择模板的配置方式。既可以仅对本层进行模板配置，也可以在配置设置相同的前提下对整栋楼进行模板配置；既可以通过"自由选择"选择局部进行模板配置，也可以按照施工段进行模板配置。高层办公大楼项目这里可以对整栋楼进行模板配置。

3. 三维查看配模结果

点击"配模三维"，如图 3.4-12 所示，出现"查看配模图"对话框，查看整层的三维配模图（图 3.4-13）。通过勾选构件左侧的方框，可单独查看相应构件的模板加工图；通过点击"三维显示"，可查看整层的三维配模图。

4. 手工修改配模结果

（1）在三维配模图中，双击需手工调整的配模单元，进入配模修改界面"自定义模板"对话框（图 3.4-14）。

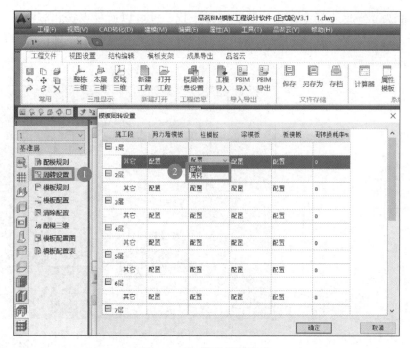

图 3.4-10　模板周转设置

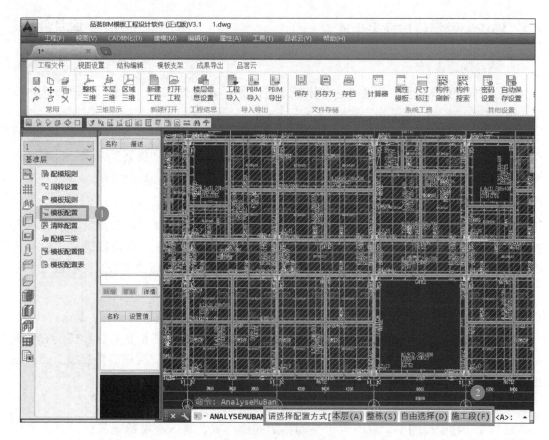

图 3.4-11　模板配置

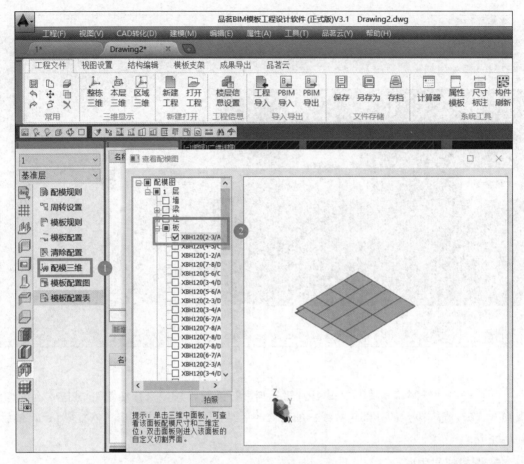

图 3.4-12　配模三维图生成

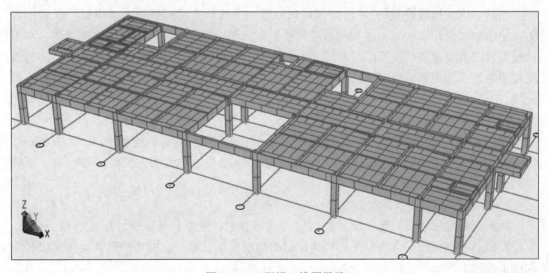

图 3.4-13　配模三维图展示

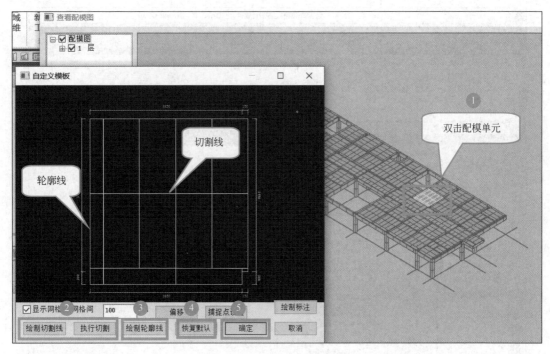

图 3.4-14　手动修改配模结果

（2）点击"绘制切割线"对模板内部分割进行修改，并"执行切割"；点击"绘制轮廓线"，修改配模单元的外部轮廓线；如对修改后结果不满意，可点击"恢复默认"，最后确认完成。

5. 配模成果生成

（1）模板配置图生成

点击"生成模板配置图"，根据需要选择导出方式，这里选择导出"本层"模板配置图，导出结果见图 3.4-15。本层模板配置图包括水平模板配置图和竖向模板配置图，水平模板配置图主要说明板模板编号和尺寸、梁模板编号和底板尺寸以及柱编号等，竖向模板配置图主要说明梁和柱的竖向模板尺寸。本层模板配置图可以保存为 dwg 格式以便工程使用。

（2）模板配置表生成

点击"模板配置表"，品茗模板工程设计软件会生成"配模统计反查报表"（图 3.4-16），包括四个部分：模板周转总量表、本层模板总量表、配模详细列表、配模切割列表。

小提示：

模板周转总量表可以统计出各种构件的周转总量，但需要先将统计层进行模板配置；本层模板总量表仅统计含自定义切割损耗量的本层模板总量；配模切割列表对切割损耗率作出了统计。

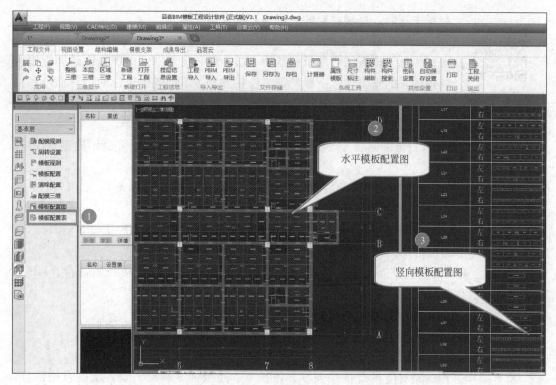

图 3.4-15　模板配置图生成

图 3.4-16　模板配置表生成

相关知识点

※知识点 1：选取面板的材料

面板材料主要可从钢材、冷弯薄壁型钢、木材、铝合金型材、竹、木胶合模板板材等

知识讲解-选取
面板的材料

材料中选取。每种材料的质量均需符合国家标准。

（1）钢材

为保证模板结构的承载能力，防止在一定条件下出现脆性破坏应根据模板体系的重要性、荷载特征、连接方法等不同选用适合的钢材型号和材性，且宜采用Q235钢和Q345钢。

模板的钢材质量应符合国家标准：

1）钢材应符合现行国家标准《碳素结构钢》GB/T 700、《低合金高强度结构钢》GB/T 1591的规定。

2）连接用的焊条应符合现行国家标准《非合金钢及细晶粒钢焊条》GB/T 5117或《热强钢焊条》GB/T 5118中的规定。

3）连接用的普通螺栓应符合现行国家标准《六角头螺栓 C级》GB/T 5780和《六角头螺栓》GB/T 5782的规定。

4）组合钢模板及配件制作质量应符合现行国家标准《组合钢模板技术规范》GB/T 50214的规定。

模板承重结构和构件采用Q235沸腾钢的限制：

1）工作温度低于−20℃承受静力荷载的受弯及受拉的承重结构或构件；

2）工作温度等于或低于−30℃的所有承重结构或构件。

承重结构采用的钢材应具有抗拉强度、伸长率、屈服强度和硫、磷含量的合格保证，对焊接结构尚应具有碳含量的合格保证。

焊接的承重结构以及重要的非焊接承重结构采用的钢材还应具有冷弯试验的合格保证。

当结构工作温度不高于−20℃时，对Q235钢和Q345钢应具有0℃冲击韧性的合格保证；对Q390钢和Q420钢应具有−20℃冲击韧性的合格保证。

（2）冷弯薄壁型钢

1）冷弯薄壁型钢材质应符合国家标准

用于承重模板结构的冷弯薄壁型钢的带钢或钢板，应采用符合现行国家标准《碳素结构钢》GB/T 700规定的Q235钢和《低合金高强度结构钢》GB/T 1591规定的Q345钢。

用于承重模板结构的冷弯薄壁型钢的带钢或钢板，应具有抗拉强度、伸长率、屈服强度、冷弯试验和硫、磷含量的合格保证；对焊接结构尚应具有碳含量的合格保证。

2）焊接采用的材料应符合下列要求

① 手工焊接用的焊条，应符合现行国家标准《非合金钢及细晶粒钢焊条》GB/T 5117或《热强钢焊条》GB/T 5118的规定。

② 选择的焊条型号应与主体结构金属力学性能相适应。

③ 当Q235钢和Q345钢相焊接时，宜采用与Q235钢相适应的焊条。

3）连接件及连接材料应符合下列要求

① 普通螺栓的机械性能应符合现行国家标准《紧固件机械性能 螺栓、螺钉和螺柱》GB/T 3098.1的规定。

② 连接薄钢板或其他金属板采用的自攻螺钉应符合现行国家标准《自钻自攻螺钉》GB/T 15856.1～4、《紧固件机械性能 自钻自攻螺钉》GB/T 3098.11或《自攻螺钉》GB/T

5282～5285 的规定。

4）冷弯薄壁型钢要具有合格的物理化学指标

在冷弯薄壁型钢模板结构设计图和材料订货文件中，应注明所采用钢材的牌号和质量等级、供货条件及连接材料的型号（或钢材的牌号）。必要时尚应注明对钢材所要求的机械性能和化学成分的附加保证项目。

（3）木材

模板结构或构件的树种应根据各地区实际情况选择质量好的材料，不得使用有腐朽、霉变、虫蛀、折裂、枯节的木材。

模板结构设计应根据受力种类或用途按表 3.4-1 的要求选用相应的木材材质等级。木材材质标准应符合现行国家标准《木结构设计标准》GB 50005 的规定。

模板结构或构件的木材材质等级 表 3.4-1

主要用途	材质等级
受拉或拉弯构件	Ⅰa
受弯或拉弯构件	Ⅱa
受压构件	Ⅲa

用于模板体系的原木、方木和板材可采用目测法分级。选材应符合现行国家标准《木结构设计标准》GB 50005 的规定，不得利用商品材的等级标准替代。

用于模板结构或构件的木材，应从表 3.4-2 和表 3.4-3 所列树种中选用。主要承重构件应选用针叶材；重要的木制连接件应采用细密、直纹、无节和无其他缺陷的耐腐蚀的硬质阔叶材。

针叶树种木材适用的强度等级 表 3.4-2

强度等级	组别	适用树种
TC17	A	柏木　长叶松　湿地松　粗皮落叶松
	B	东北落叶松　欧洲赤松　欧洲落叶松
TC15	A	铁杉　油杉　太平洋海岸黄柏　花旗松—落叶松　西部铁杉南方松
	B	鱼鳞云杉　西南云杉　南亚松
TC13	A	油松　西伯利亚落叶松　云南松　马尾松　扭叶松　北美落叶松　海岸松　日本扁柏　日本落叶松
	B	红皮云杉　丽江云杉　樟子松　红松　西加云杉　欧洲云杉　北美山地云杉　北美短叶松
TC11	A	西北云杉　西伯利亚云杉　西黄松　云杉—松—冷杉　铁—冷杉　加拿大铁杉　杉木
	B	冷杉　速生杉木　速生马尾松　新西兰辐射松　日本柳杉

阔叶树种木材适用的强度等级 表 3.4-3

强度等级	适用树种
TB20	青冈　椆木　甘巴豆　冰片香　重黄娑罗双　重坡垒　龙脑香　绿心樟　紫心木　李叶苏木　双龙瓣豆

强度等级	适用树种
TB17	栎木　腺瘤豆　筒状非洲楝　蟹木楝　深红默罗藤黄木
TB15	锥栗　桦木　黄娑罗双　异翅香　水曲柳　红尼克樟
TB13	深红娑罗双　浅红娑罗双　白娑罗双　海棠木
TB11	大叶椴　心形椴

当采用不常用树种木材作模板体系中的主梁、次梁、支架立柱等的承重结构或构件时，可按现行国家标准《木结构设计标准》GB 50005 的要求进行设计。对速生林材，应进行防腐、防虫处理。

在建筑施工模板工程中使用进口木材时，应符合下列规定：

1）应选择天然缺陷和干燥缺陷少、耐腐朽性较好的树种木材；

2）每根木材上应有经过认可的认证标识，认证等级应附有说明，并应符合国家商检规定；进口的热带木材，还应附有无活虫虫孔的证书；

3）进口木材应有中文标识，并应按国别、等级、规格分批堆放，不得混淆；储存期间应防止木材霉变、腐朽和虫蛀；

4）对首次采用的树种，必须先进行试验，达到要求后方可使用。

当需要对模板结构或构件木材的强度进行测试验证时，应按现行国家标准《木结构设计标准》GB 50005 的检验标准进行。

施工现场制作的木构件，其木材含水率应符合下列规定：

1）制作的原木、方木结构，不应大于 25%；

2）板材和规格材，不应大于 20%；

3）受拉构件的连接板，不应大于 18%；

4）连接件，不应大于 15%。

（4）铝合金型材

当建筑模板结构或构件采用铝合金型材时，应采用纯铝加入锰、镁等合金元素构成的铝合金型材，并应符合国家现行标准《建筑施工模板安全技术规范》JGJ 162 的规定。

铝合金型材的机械性能应符合表 3.4-4 的规定；铝合金型材的横向、高向机械性能应符合表 3.4-5 的规定。

铝合金型材的机械性能　　　　　　　　　　　　表 3.4-4

牌号	材料状态	壁厚 (mm)	抗拉极限强度 σ_b (N/mm²)	屈服强度 $\sigma_{0.2}$ (N/mm²)	伸长率 δ (%)	弹性模量 E_c (N/mm²)
LD₂	C_z	所有尺寸	≥180	—	≥14	1.83×10⁵
	C_s		≥280	≥210	≥12	
LY₁₁	C_z	≤10.0	≥360	≥220	≥12	
	C_s	10.1~20.0	≥380	≥230	≥12	

牌号	材料状态	壁厚（mm）	抗拉极限强度 σ_b（N/mm²）	屈服强度 $\sigma_{0.2}$（N/mm²）	伸长率 δ（%）	弹性模量 E_c（N/mm²）
LY₁₂	C_z	＜5.0	≥400	≥300	≥10	2.14×10⁵
		5.1～10.0	≥420	≥300	≥10	
		10.1～20.0	≥430	≥310	≥10	
LC₄	C_s	≤10.0	≥510	≥440	≥6	2.14×10⁵
		10.1～20.0	≥540	≥450	≥6	

注：材料状态代号名称：C_z—淬火（自然时效）；C_s—淬火（人工时效）。

铝合金型材的横向、高向机械性能   表 3.4-5

牌号	材料状态	取样部位	抗拉极限强度 σ_b（N/mm²）	屈服强度 $\sigma_{0.2}$（N/mm²）	伸长率 δ（%）
LY₁₂	C_z	横向	≥400	≥290	≥6
		高向	≥350	≥290	≥4
LC₄	C_s	横向	≥500	—	≥4
		高向	≥480	—	≥3

注：材料状态代号名称：C_z—淬火（自然时效）；C_s—淬火（人工时效）。

（5）竹、木胶合模板板材

胶合模板板材表面应平整光滑，具有防水、耐磨、耐酸碱的保护膜，并应有保温性能好、易脱模和可以两面使用等特点。板材厚度不应小于 12mm，并应符合现行国家标准《混凝土模板用胶合板》GB/T 17656 的规定。

各层板的原材含水率不应大于 15%，且同一胶合模板各层原材间的含水率差别不应大于 5%。

胶合模板应采用耐水胶，其胶合强度不应低于木材或竹材顺纹抗剪和横纹抗拉的强度，并应符合环境保护的要求。

进场的胶合模板除应具有出厂质量合格证外，还应保证外观及尺寸合格。

竹胶合模板技术性能应符合表 3.4-6 的规定。

竹胶合模板技术性能   表 3.4-6

项目		平均值	备注
静曲强度 σ（N/mm²）	3 层	113.30	$\sigma = (3PL)/(2bh^2)$ 式中：P——破坏荷载； L——支座距离（240mm）； b——试件宽度（20mm）； h——试件厚度（胶合模板 h=15mm）
	5 层	105.50	

项目		平均值	备注
弹性模量 E （N/mm²）	3层	10584	$E=4(\Delta PL^5)/(\Delta fbh^3)$ 式中：L、b、h 同上，其中 3 层 $\Delta P/\Delta f=211.6$；5 层 $\Delta P/\Delta f=197.7$
	5层	9898	
冲击强度 A （J/cm²）	3层	8.30	$A=Q/(b\times h)$ 式中：Q——折损耗功； 　　　b——试件宽度； 　　　h——试件厚度
	5层	7.95	
胶合强度 τ （N/mm²）	3层	3.52	$\tau=P/(b\times L)$ 式中：P——剪切破坏荷载； 　　　b——剪面宽度（20mm）； 　　　L——切面长度（28mm）
	5层	5.03	
握钉力 M （N/mm）		241.10	$M=P/h$ 式中：P——破坏荷载； 　　　h——试件厚度

常用木胶合模板的厚度宜为 12mm、15mm、18mm，其技术性能应符合下列规定：

（1）不浸泡，不蒸煮：剪切强度 1.4～1.8N/mm²；

（2）室温水浸泡：剪切强度 1.2～1.8N/mm²；

（3）沸水煮 24h：剪切强度 1.2～1.8N/mm²；

（4）含水率：5%～13%；

（5）密度：450～880kg/m³；

（6）弹性模量：4.5×10^3～11.5×10^3N/mm²。

常用复合纤维模板的厚度宜为 12mm、15mm、18mm，其技术性能应符合下列规定：

（1）静曲强度：横向 28.22～32.3N/mm²；纵向 52.62～67.21N/mm²；

（2）垂直表面抗拉强度：大于 1.8N/mm²；

（3）72h 吸水率：小于 5%；

（4）72h 吸水膨胀率：小于 4%；

（5）耐酸碱腐蚀性：在 1% 氢氧化钠中浸泡 24h，无软化及腐蚀现象；

（6）耐水汽性能：在水蒸气中喷蒸 24h 表面无软化及明显膨胀；

（7）弹性模量：大于 6.0×10^3N/mm²。

※知识点 2：面板的尺寸设计

根据施工图样的结构尺寸，优先选用通用、大块模板，使其种类和块数最少。配板原则如下：

（1）优先选用通用规格及大规格的模板，这样模板的整体性好，装拆工效高。

（2）合理排列模板，宜以其长边沿梁、板、墙的长度方向或柱的方向排列，以利于使用长度规格大的模板，并扩大模板的支撑跨度。模板端头接缝宜错开布置，以提高模板的整体性，并使模板在长度方向易保持平直。

（3）如果使用钢模板，应合理使用角模。对无特殊部位要求的阳角，可不用阳角模，而用连接角模代替。阴角模宜用于长度大的阴角，柱头、梁口及其他短边转角处可用方木嵌补。

（4）便于模板支承件的布置。使用钢模板时，对面积较方整的预拼装大模板及钢模端头接缝集中在一条线上时，直接支承钢模的钢楞，其间距布置要考虑接缝位置，应使每块钢模都有两道钢楞支承。对端头错缝连接的模板，其直接支承钢模的钢楞的间距，可不受接缝位置的限制。

面板的尺寸设计，首先应按单位工程中不同断面尺寸和长度，统计出各构件所需配制模板的数量，并编号、列表。

 能力拓展

能力拓展-单元 3 任务 4

任务 5　成果制作

📖 **能力目标**

1. 能进行高支模辨识与调整；
2. 能输出模板工程计算书和施工方案；
3. 能生成模板工程施工图纸；
4. 能进行材料统计；
5. 能形成三维模拟成果。

📅 **任务书**

依据高层办公大楼工程信息，完成模板工程设计成果制作。

🔧 **工作准备**

1. 任务准备

（1）了解模板工程专项施工方案的编制内容。

（2）了解模板工程设计和施工的对应关系。

2. 知识准备

引导问题 1：高大支模板的辨识规则是什么？

_____

_____

_____

小提示：

住房和城乡建设部《关于印发〈建设工程高大模板支撑系统施工安全监督管理导则〉

的通知》（建质［2009］254号）中所称高大模板支撑系统是指建设工程施工现场混凝土构件模板支撑高度超过8m，或搭设跨度超过18m，或施工总荷载大于15kN/m²，或集中线荷载大于20kN/m的模板支撑系统。

引导问题2：运用BIM模板工程设计软件输出的模板工程成果有哪些？

小提示：

BIM模板工程设计软件可以输出的成果有：施工方案、计算书、施工图纸（平面图、立面图、剖面图、大样图和详图等）、高清照片、自由漫游视频和材料统计等。

5.1 高支模辨识与调整

高支模架工程由于其危险性较高、技术难度较大等原因，按相关规定需要编制专项的

高支模辨识
与调整

施工技术方案并组织论证后实施。所以高大支模架工程专项方案设计是技术方案设计的一个重点、难点。BIM模板工程设计软件除常规的分析设计功能外，还针对高大支模架工程具有辨识高支模、计算、导出搭设参数等功能。

1. 首先要找到高支模区域，点击"高支模辨识"，按需要选择查找方式，这里选择"整栋"，发现除了楼梯处（因模型中开洞处理，可忽略），如图3.5-1所示，在办公楼2层发现高支模区域。

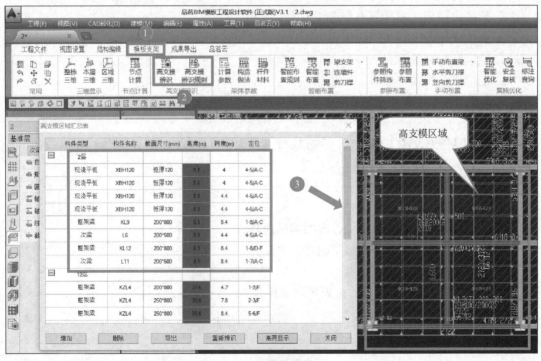

图3.5-1　高支模辨识

2. 选择办公楼第2层区域，点击"高支模辨识"，选择查找方式"本层"，在"高支模

区域汇总表"对话框里出现高支模区域内所有构件信息，点击单个构件信息，视图区中对应构件会显红色。

3. 对照高支模辨识规则，发现辨识标准第一条：模板支架搭设高度限值为 8m，2 层这块区域在 1 层中开洞所以支架搭设高度为 8.2m，超出标准。

4. 在模板支架整体布置后，对高支模区域进行调整。打开"智能布置规则"中"参数取值"，根据工程需要修改梁底、板底立杆纵横向间距，这里最大值均改为 900。

5. 对高支模区域的梁、板的模板支架进行重新智能布置，最后进行智能优化。（高支模区域的方案制作和成果输出同普通模板处，将在下面进行介绍。）

5.2 成果生成

BIM 模板工程设计软件可根据结构模型和布置参数自动生成指定构件的模板支架计算书以及施工方案。计算书和方案的输出可自动读取参数，无需人工干预，且可保存为 doc 格式，以便后续的打印和修改。

1. 计算书生成

如图 3.5-2 所示，点击"计算书"，按照提示选择构件，这里以梁为例，在视图区点

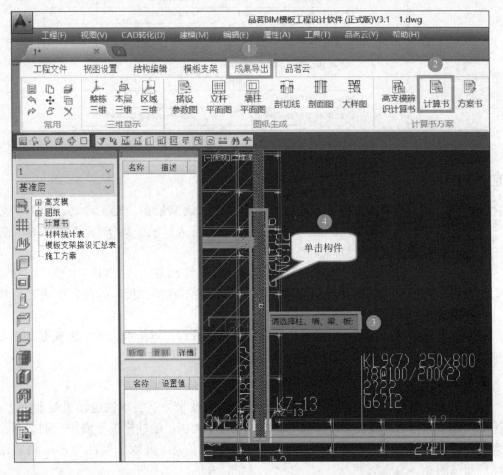

图 3.5-2　计算书生成

击所选构件。此时会生成两份计算书，见图 3.5-3，一份梁模板，一份梁侧模板；点击"合并计算书"，可将两份计算书合并。点击图 3.5-3 中③处，可将当前计算书在 Word 中打开。计算书包括计算依据、计算参数、图例、计算过程、评定结论，如果评定结论不合格，还会提供建议和措施。

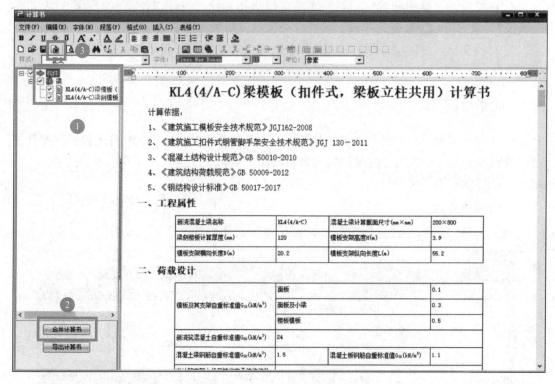

图 3.5-3　计算书展示

计算书生成与
方案输出

2. 方案输出

模板工程施工方案包括工程概况、编制依据、施工计划、施工工艺技术、施工安全保证措施、施工管理及作业人员配备和分工、验收要求、应急处置措施、计算书及相关施工图纸。

（1）点击"方案书"，按照提示选择导出方式："本层""整栋"和"区域"。"本层"和"整栋"两种导出方式会自动筛选最不利梁、板等构件，生成三份计算书：一份梁模板、一份梁侧模板、一份板模板。

（2）这里选用"区域"导出方式，选择一块板做计算，点击板构件，出现方案样式对话框（图 3.5-4），生成包含计算书的施工方案。

3. 施工图生成

BIM 模板工程设计软件利用 BIM 技术可出图的技术特点实现快速输出专业施工图。可生成的施工图包括：模板搭设参数平面图、立杆平面图、墙柱模板平面图、剖面图、模板大样图等，且图纸内可自动绘制尺寸标注、图框等信息，并默认保存为 dwg 格式以便后续应用（图 3.5-5）。

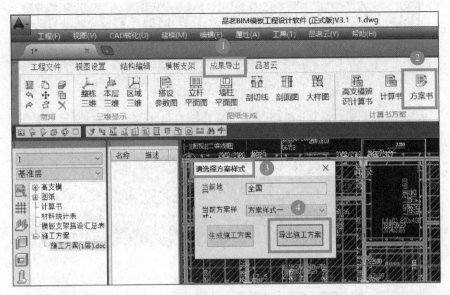

图 3.5-4　方案生成

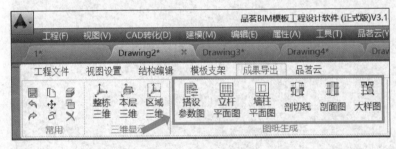

图 3.5-5　施工图生成

施工图生成

（1）输出模板搭设参数图、墙柱模板平面图

1）选中"搭设参数图"，按照提示选择导出方式："本层"或"整栋"，生成"模板搭设参数图"。模板搭设参数平面图主要包括梁和板的立杆纵横距、水平杆步距、小梁根数、对拉螺栓水平间距、垂直间距等布置内容。

2）选中"墙柱平面图"，按照提示选择导出方式："本层"或"整栋"；墙柱模板平面图主要介绍墙和柱竖向模板的布置情况。

（2）输出立杆平面图

点击"立杆平面图"，选择导出方式"本层"，生成立杆平面图。选择图纸显示形式（图 3.5-6），单线图见图 3.5-7，双线图见 3.5-8。通过图 3.5-9 中构件显示控制按钮，打开图中构件，可根据需要选择出现在立杆平面图中的构件（图 3.5-10）。

图 3.5-6　立杆平面图楼层选择

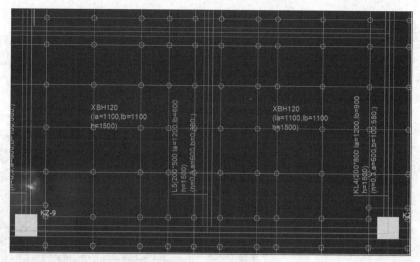

图 3.5-7　单线图

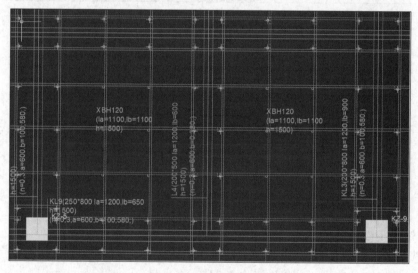

图 3.5-8　双线图

（3）输出剖面图

1）要生成剖面图，需先绘制剖切线。点击"绘制剖切线"，根据提示，选择起点、终点和方向，完成绘制。

2）点击"剖面图"，选择导出方式"本层"，然后选择绘制好的剖切线，输入剖切深度。生成剖面图（图 3.5-11），保存为 dwg 格式。在图 3.5-12 处也可查看。

小提示：

剖切深度是指剖切线位置向剖切方向可投影到剖面图的深度尺寸；剖切深度越大，绘制的内容也越多，生成较好效果的剖面图与剖切深度有密切关系。

（4）输出大样图

点击"大样图"（图 3.5-13），点选要生成大样图的构件（可批量生成），输入剖切深度，这里选默认值，确认完成。生成剖面图，保存为 dwg 格式。

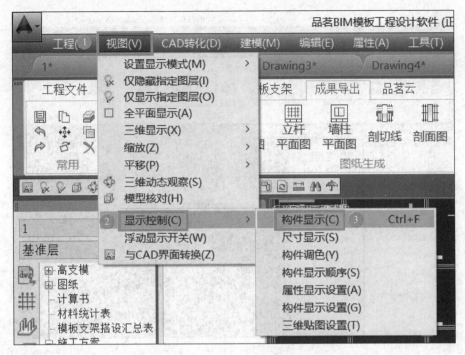

图 3.5-9　显示控制

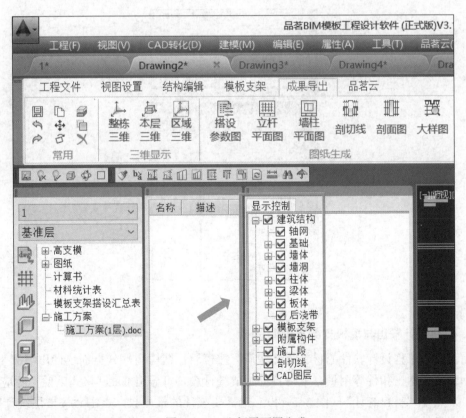

图 3.5-10　立杆平面图生成

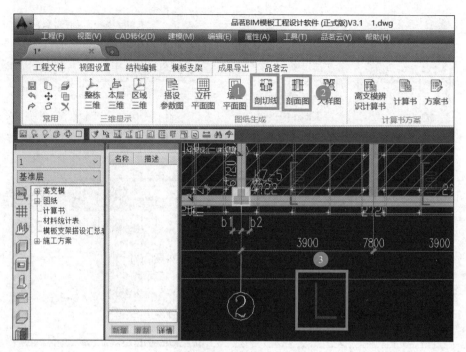

图 3.5-11　剖面图生成

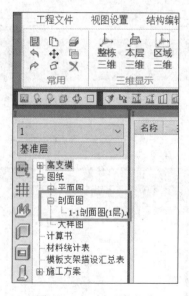

图 3.5-12　剖面图查看

4. 材料统计输出与模板支架搭设汇总

品茗模板工程设计软件的材料统计功能可按楼层、结构构件分类别统计出混凝土、模板、钢管、方木、扣件等用量，支持自动生成统计表，可导出 Excel 格式以便实际应用。

（1）点击"材料统计"（图 3.5-14），选择要统计的楼层数。点击"按楼层统计"，生成材料用量统计表（图 3.5-15），材料表可精确到构件，点击表中构件可进行定位。

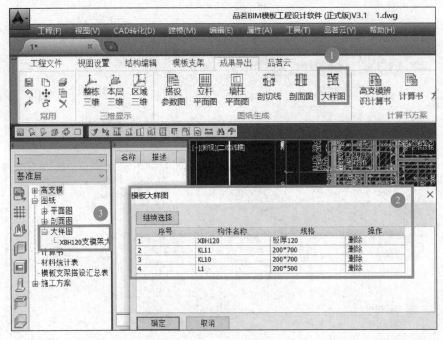

图 3.5-13　大样图生成

（2）点击"按材料种类统计"，生成材料用量统计表，形式如图 3.5-16 所示。点击图 3.5-14 中④处"材料统计表"，生成"材料统计反查报表"，材料表可精确到构件，点击表中构件可进行定位。

材料统计输出与模板支架
搭设汇总及三维成果展示

图 3.5-14　材料统计表生成

材料用量统计表(按楼层)

楼层	材料大类	材料规格	构件	单位	用量	分量	总量
1	混凝土	C30	梁	m^3	78.48	174.28	209.11
			板	m^3	95.8		
		C35	柱	m^3	34.83	34.83	
	模板	覆面木胶合板[18]	梁	m^2	716.55	1769.89	1769.89
			柱	m^2	256.65		
			板	m^2	796.69		
	方木	60*80	柱小梁	m	1518.06	8581.01	8581.01
			梁侧小梁	m	3976.98		
			梁底小梁	m	1049.77		
			板小梁	m	2036.2		
	钢管	Φ48×3.5	立杆	m	6279.4	19722.4	19722.4
			横杆	m	7898.06		
			柱箍	m	1667.52		
			梁侧主梁	m	1942.35		
			梁底主梁	m	979.06		
			板主梁	m	956.01		
	对拉螺栓	M14	梁	套	988	2245	2245
			柱	套	1257		
	固定支撑	固定支撑	梁	套	410	410	410

另存为EXCEL　确定　取消

图 3.5-15　材料用量统计表（按楼层）

材料用量统计表(按材料种类)

材料大类	楼层	材料规格	构件	单位	用量	分量	楼层量	总量
	1	C30	梁	m^3	78.48	174.28	209.11	
			板	m^3	95.8			
		C35	柱	m^3	34.83	34.83		
	2	C30	梁	m^3	75.14	178.25	213.53	
			板	m^3	103.11			
		C35	柱	m^3	35.28	35.28		
	3	C30	梁	m^3	75.14	178.25	208.49	
			板	m^3	103.11			
		C35	柱	m^3	30.24	30.24		
	4	C30	梁	m^3	75.14	178.25	208.49	
			板	m^3	103.11			
		C35	柱	m^3	30.24	30.24		
	5	C30	梁	m^3	75.14	178.25	208.49	
			板	m^3	103.11			
		C35	柱	m^3	30.24	30.24		
		C30	梁	m^3	75.14	178.25		

另存为EXCEL　确定　取消

图 3.5-16　材料用量统计表（按材料种类）

模板支架搭设汇总表操作与材料统计反查报表类似，就不再介绍。

5. 三维模拟成果展示

BIM 模板工程设计软件的三维显示功能实现照片级模型渲染效果，支持整栋、整层、任意剖切三维显示，有助于技术交底和细节呈现，支持任意视角的高清图片输出，可用于编制投标文件、技术交底文件等。

（1）如图3.5-17所示，可根据需要，点击"整栋三维""本层三维"或"区域三维"来显示三维模型。

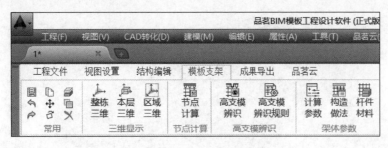

图3.5-17　三维显示

（2）点击"本层三维"，选择要本层显示的类型（图3.5-18），对构件类型进行显示选择，模板支架中的扣件一般默认不勾选。

（3）点击图3.5-19中①处，通过三维动态观察来全方位观察模型。点击图3.5-19中②处，可在三维模型内进行漫游，如图3.5-20所示。点击图3.5-19中③处，可对三维显示效果进行调整，如图3.5-21所示。点击图3.5-19中④处，可对三维模型进行自由旋转。点击图3.5-19中⑤处，可对三维模型进行剖切观察。点击图3.5-19中⑥处，可对任意三维状态通过拍照形式保存图片。点击图3.5-19中⑦处，可导出三维效果成果。

图3.5-18　显示类型选项

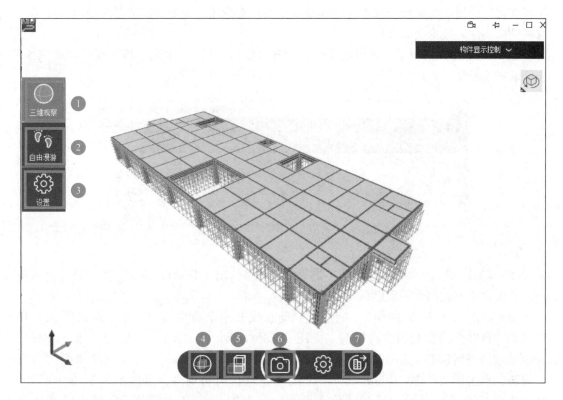

图 3.5-19　本层三维显示

图 3.5-20　自由漫游

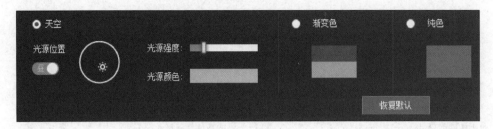

图 3.5-21　设置选项

📈 相关知识点

※知识点：模板工程施工方案内容解读

鉴于危大工程专项施工方案和高大模板支撑系统的专项施工方案有很大部分的内容一致，且危大工程专项施工方案的内容更具体，以下以危大工程专项施工方案的内容进行解读。

1. 工程概况

工程概况应简洁明了，把和本方案有关的内容说明清楚就可以了。如建筑结构类型，建筑物或构筑物的平面尺寸，总高及层高，结构及构件的截面尺寸，房屋的开间、进深、悬挑等特殊部位的尺寸等，地基土质情况，地基承载力值，施工的作业条件，混凝土的浇筑、运输方法和环境等。

工程概况涉及工程概况和特点、施工平面布置及立面布置、施工要求和技术保证条件，需具体明确支模区域、支模标高、高度、支模范围内的梁截面尺寸、跨度、板厚、支撑的地基情况等。

其中，工程结构概况由于和模板配板、支护方式选择有较大关联，应重点介绍。

工程概况可分为工程基本情况（如果是高支模，还包括高支模层结构情况、高支模下方层结构情况）、各责任主体名称、工程特点、难点和重点分析、施工平面布置、施工要求、技术保证条件等。

（1）工程基本情况和各责任主体名称

为了直观地反映工程基本情况和各责任主体的内容，一般采用表格的方式列示。表3.5-1～表3.5-4分别对上述内容进行了说明。

工程基本情况表　　　　　　　　　　　　　　　　　表3.5-1

工程名称		工程地点	
建筑面积（m²）		建筑高度（m）	
结构类型		主体结构	
地上层数		地下层数	
标准层层高（m）		其他主要层高（m）	

高支模所在层		脚手架挂密目安全网	
高支模层底标高(m)		柱混凝土强度等级	
高支模层顶标高(m)		梁板混凝土强度等级	
最大板跨(m)		普通板跨(m)	
最大板厚(mm)		普通板厚(mm)	
最大柱截面尺寸(mm)		普通柱截面尺寸(mm)	
最大梁跨(m)		普通梁跨(m)	
最大梁断面尺寸(mm)		普通梁断面尺寸(mm)	

高支模下方层结构情况   表 3.5-3

高支模所在层		脚手架挂密目安全网	
高支模层底标高(m)		柱混凝土强度等级	
高支模层顶标高(m)		梁板混凝土强度等级	
最大板跨(m)		普通板跨(m)	
最大板厚(mm)		普通板厚(mm)	

各责任主体名称   表 3.5-4

建设单位		设计单位	
施工单位		监理单位	
项目经理		总监理工程师	
技术负责人		专业监理工程师	

（2）工程特点、难点和重点分析

工程特点、难点和重点分析应结合具体工程项目进行分析。

（3）施工平面布置

对于危险性较大的分部分项工程应绘制其施工平面图。

（4）施工要求

应审查模板结构设计与施工说明书中的荷载、计算方法、节点构造和安全措施，设计审批手续应齐全；应进行全面的安全技术交底，操作班组应熟悉设计与施工说明书，并应做好模板安装作业的分工准备。采用爬模、飞模、隧道模等特殊模板施工时，所有参加作业人员必须经过专门技术培训，考核合格后方可上岗；应对模板和配件进行挑选、检测，不合格者应剔除，并应运至工地指定地点堆放；备齐操作所需的一切安全防护设施和器具。

（5）技术保证条件

1）管理保障

制定公司或项目部管理制度，通过技术培训、技术交底和现场检查等管理手段保障模板工程施工顺利开展。

2）组织保障

组建结构合理、人员充足的管理组织机构（图 3.5-22），确保模板工程施工的进度、质量、成本和安全等。

图 3.5-22　管理组织机构框图

3）技术保障

严格按照现行《建筑施工扣件式钢管脚手架安全技术规范》JGJ 130、《建筑施工模板安全技术规范》JGJ 162（其他特殊模板需满足各自的技术规范要求）中的相关要求进行工程模板及支架的计算、验算，从而确保模板及支撑体系搭设有据可依。

2. 编制依据

编制依据主要包括相关法律、法规、规范性文件、标准、规范及施工图设计文件、施工组织设计等。应简单说明编制依据，特别是当采用的企业标准与国家标准不一致时，需重点说明。

通常可参考下列现行规范及文件等：

（1）《木结构设计标准》GB 50005

（2）《建筑结构荷载规范》GB 50009

（3）《混凝土结构设计规范》GB 50010

（4）《混凝土结构工程施工质量验收规范》GB 50204

（5）《钢结构工程施工质量验收标准》GB 50205

（6）《建筑工程施工质量验收统一标准》GB 50300

（7）《混凝土结构工程施工规范》GB 50666

（8）《施工现场临时用电安全技术规范》JGJ 46

（9）《建筑施工扣件式钢管脚手架安全技术规范》JGJ 130

（10）《建筑施工模板安全技术规范》JGJ 162

（11）《建筑施工安全检查标准》JGJ 59

（12）《建筑施工高处作业安全技术规范》JGJ 80

（13）《建筑施工临时支撑结构技术规范》JGJ 300

（14）《危险性较大的分部分项工程安全管理规定》

（15）《建设工程高大模板支撑系统施工安全监督管理导则》

（16）施工图纸

（17）施工组织设计

特殊模板可增加下列现行规范：

（1）《预制混凝土构件钢模板》JG/T 3032

（2）《组合钢模板》JG/T 3060

（3）《建筑工程大模板技术标准》JGJ/T 74

（4）《竹胶合板模板》JG/T 156

（5）《滑动模板工程技术标准》GB/T 50113

（6）《混凝土模板用胶合板》GB/T 17656

（7）《液压爬升模板工程技术标准》JGJ/T 195

（8）《钢框胶合板模板技术规程》JGJ 96

（9）《建筑模板用木塑复合板》GB/T 29500

（10）《组合钢模板技术规范》GB/T 50214

（11）《液压滑动模板施工安全技术规程》JGJ 65

（12）《塑料模板》JG/T 418

（13）《聚苯免拆模板应用技术规程》T/CECS 378

（14）《钢框组合竹胶合板模板》JG/T 428

（15）《倒 T 形预应力叠合模板》JG/T 461

（16）《建筑塑料复合模板工程技术规程》JGJ/T 352

（17）《建筑施工木脚手架安全技术规范》JGJ 164

（18）《建筑施工碗扣式钢管脚手架安全技术规范》JGJ 166

（19）《液压升降整体脚手架安全技术标准》JGJ/T 183

（20）《钢管满堂支架预压技术规程》JGJ/T 194

（21）《建筑施工门式钢管脚手架安全技术标准》JGJ/T 128

（22）《建筑施工工具式脚手架安全技术规范》JGJ 202

（23）《建筑施工承插型盘扣式钢管脚手架安全技术标准》JGJ/T 231

（24）《预制组合立管技术规范》GB 50682

（25）《建筑施工竹脚手架安全技术规范》JGJ 254

（26）《建筑施工附着升降脚手架安全技术规程》DGJ 08-19905

（27）《建筑施工悬挑式钢管脚手架安全技术规程》DGJ 32/J 121

（28）《钢管扣件式模板垂直支撑系统安全技术规程》DG/TJ 08-16

3. 施工计划

按要求编制施工进度计划和材料与设备计划。要注意的是材料与设备计划中需选用工程适用的材料。

4. 施工工艺技术

施工工艺技术是模板工程专项方案的核心内容，一般可分为工艺流程、施工方法、施工要点、技术参数和检查验收等几方面，其中工艺流程是模板施工具体单个工序的工艺流程，应针对每一个工序的特点和难点，选择最合适、经济的施工方法。

本项内容可结合现行《混凝土结构工程施工质量验收规范》GB 50204 和《建筑施工模板安全技术规范》JGJ 162，特殊模板还可参考编制依据中的其他规范进行编写。

5. 施工安全保证措施

本项内容一般包括组织保障、环境保护体系、技术措施、监测监控、应急预案等内容。其中，组织保障、环境保护体系、支模现场重大危险源等常常列表反映，一般重点阐述模板施工各阶段的安全要求和安全施工措施。

模板工程施工中具体包括模板支撑体系搭设及混凝土浇筑区域管理人员组织机构、施工技术措施、模板安装和拆除的安全技术措施、施工应急救援预案，模板支撑系统在搭设、钢筋安装、混凝土浇捣过程中及混凝土终凝前后模板支撑体系位移的监测监控措施等。

本项内容可结合现行《建筑施工易发事故防治安全标准》JGJ/T 429 和《建筑施工模板安全技术规范》JGJ 162，特殊模板还可参考编制依据中的其他规范进行编写。

6. 施工管理及作业人员配备和分工

本项内容一般包括施工管理人员、专职安全生产管理人员、特种作业人员和其他作业人员等。施工管理人员、专职安全生产管理人员需明确各组织机构组成、人员编制及责任分工。

如：王某某（项目经理）——组长，负责协调指挥工作

张某某（施工员）——组员，负责现场施工指挥，技术交底

李某某（安全员）——组员，负责现场安全检查工作

刘某某（架子工班长）——组员，负责现场具体施工

特种作业人员和其他作业人员所需劳动力安排常以列表的形式出现，简单明了，可参照表 3.5-5。

所需劳动力安排表

表 3.5-5

高支模开始时间		高支模工期(d)	
作息时间(上午)		作息时间(下午)	
混凝土工程量(m³)		高支模建筑面积(m²)	
木工(人)		钢筋工(人)	
混凝土工(人)		架子工(人)	
水电工(人)		其他工种(人)	

7. 验收要求

本项内容包括验收标准、验收程序、验收内容和验收人员等内容。本项内容可结合现行《混凝土结构工程施工质量验收规范》GB 50204，特殊模板还可参考编制依据中的其他规范进行编写。

8. 应急处置措施

一般以应急反应预案的形式出现，包括应急领导小组和职责、事故报告程序及处理、应急培训和演练等。

（1）应急领导小组和职责

危险性较大模板工程施工前应成立专门的应急领导小组，来确保发生意外事故时能有序地应急指挥。明确应急领导小组由组长、副组长、成员等构成。

遇到紧急情况要首先向项目部汇报。项目部利用电话或传真向上级部门汇报并采取相应救援措施。各施工班组应制定详细的应急反应计划，列明各营地及相关人员通信联系方式，并在施工现场、营地的显要位置张贴，以便紧急情况下使用。

应急领导小组职责：

1）领导各单位应急小组的培训和演习工作，提高其应变能力。

2）当施工现场发生突发事件时，负责救险的人员、器材、车辆、通信联络和组织指挥协调。

3）负责配备好各种应急物资和消防器材、救生设备和其他应急设备。

4）发生事故要及时赶到现场组织指挥，控制事故的扩大和连续发生，并迅速向上级机构报告。

5）负责组织抢险、疏散、救助及通信联络。

6）组织应急检查，保证现场道路畅通，对危险性大的施工项目应与当地医院取得联系，做好救护准备。

（2）事故报告程序及处理

事故发生后，作业人员、班组长、现场负责人、项目部安全主管领导应逐级上报，并联络报警，组织急救。

发生重大事故时，应立即向上级领导汇报，并在 24h 内向上级主管部门作出书面报告。

危险性较大模板工程施工过程中可能发生的事故主要有：机具伤人、火灾事故、雷击触电事故、高温中暑、中毒窒息、高空坠落、落物伤人等，需制定配套的应急事故处理。

（3）应急培训和演练

应急反应组织和预案确定后，施工单位应急组长组织所有应急人员进行应急培训。组长按照有关预案进行分项演练，对演练效果进行评价，根据评价结果进行完善。

在确认险情和事故处置妥当后，应急反应小组应进行现场拍照、绘图，收集证据，保留物证。经业主、监理单位同意后，清理现场恢复生产。

单位领导将应急情况向现场项目部报告，组织事故的调查处理。在事故处理后，将所有调查资料分别报送业主、监理单位和有关安全管理部门。

9. 计算书及相关图纸

模板计算书应完整，对于模板、支架验算应沿着传力路线一步步计算下来，验算项目、荷载不要遗漏，荷载标准值和荷载设计值不要混淆。

模板工程的验算项目及计算内容包括模板、模板支撑系统的主要结构强度和截面特征及各项荷载设计值及荷载组合，梁、板模板支撑系统的强度和刚度计算，梁板下立杆稳定性计算，立杆基础承载力验算，支撑系统支撑层承载力验算，转换层下支撑层承载力验算等。每项计算列出计算简图和截面构造大样图，注明材料尺寸、规格、纵横支撑间距。

相关图纸主要包括支模区域立杆、纵横水平杆平面布置图，支撑系统立面图、剖面图，水平剪刀撑布置平面图及竖向剪刀撑布置投影图，梁板支模大样图，支撑体系监测平面布置图及连墙件布设位置及节点大样图等。

 能力拓展

能力拓展-单元 3 任务 5

单元 4　BIM 施工项目管理实务模拟

单元 4 学生资源　　　　　　单元 4 教师资源

任务设计

BIM 施工项目管理实务模拟任务设计基于实际工程，根据建筑平面图、现场地形地貌、现有水源、电源、热源、道路、四周可以利用的房屋和空地、施工组织总设计、工程的施工方案与施工方法、施工进度计划及各临时设施的计算资料，运用 BIM 三维场布软件，绘制单位工程三维施工平面布置图。

该工程为一幢高层办公大楼，这幢建筑将作为后面施工项目管理的对象与依据。本幢建筑地上部分共十二层，总高 43.800m，包含展览厅、办公室、会客厅、会议室、档案室、休息室、质检用房、电梯、卫生间、楼梯等功能房间。办公大楼采用钢筋混凝土框架结构形式，基础主要采用柱下独立基础的形式。

本单元配套图纸可供学生学习借鉴，从而帮助学生更好地理解工程二维场布和三维设计之间的转换关系，体会 BIM 技术给施工现场布置带来的便捷和高效。

在本工程作为教学单元的实施过程中，需要掌握施工平面布置图设计的依据和原则、施工平面布置图设计的内容、施工平面布置图设计的方法等相关知识和技能。

BIM 施工项目管理实务模拟学习任务设计如表 4.0-1 所示。

BIM 施工项目管理实务模拟学习任务设计　　　　　　　　　　　表 4.0-1

序列	任务	任务简介
1	三维场布设置	了解相应的标准和规范；结合实际工程要求，能编辑工程概况信息，进行楼层设置，显示设置，构件参数模板设置
2	CAD 转化	能导入 CAD 图纸，转化原有/拟建建筑物，转化围墙，转化基坑与支撑梁
3	构件布置编辑	了解施工平面布置图设计的相关原则和方法，能进行建构筑物布置，生活设施布置，生产区设施布置，脚手架编辑，绿色安全文明施工编辑
4	施工模拟、成果输出	能进行三维漫游，机械路径漫游，施工动画模拟，能对三维场布进行方案输出成果输出

学习目标

通过本单元的学习，学生应该能够达到以下学习目标：

1. 掌握施工现场平面布置图的概念、布置原则；
2. 掌握施工现场平面布置图的布置内容和布置要求；
3. 正确地识读施工总平面图；
4. 熟悉 BIM 技术在三维场布设计中的设置方法；
5. 正确地使用 BIM 技术对二维场布图进行转化；
6. 正确地使用 BIM 技术对三维场布进行构件布置；
7. 使用 BIM 技术进行施工模拟；
8. 使用 BIM 技术完成三维场布成果输出。

学习评价

根据每个学习任务的完成情况进行本单元的评价，各学习任务的权重与本单元的评价见表 4.0-2。

BIM 施工项目管理实务模拟单元评价   表 4.0-2

学号	姓名	任务 1		任务 2		任务 3		任务 4		总评
		分值	比例(20%)	分值	比例(20%)	分值	比例(30%)	分值	比例(30%)	

任务 1　三维场布设置

能力目标

1. 能够通过 BIM 施工策划软件设置工程项目；
2. 能够通过软件进行楼层设置；
3. 能够通过软件进行各种构件参数模板设置。

任务书

对高层办公大楼采用品茗 BIM 三维施工策划软件，进行项目设置、楼层设、各种构件参数模板设置。

工作准备

1. 任务准备

（1）识读高层办公大楼施工总平面图，学习《建筑施工安全检查标准》JGJ 59—2011、《建设工程施工现场消防安全技术规范》GB 50720—2011、《建设工程安全生产管理条例》、《建筑施工高处作业安全技术规范》JGJ 80—2016、《建设工程施工现场环境与卫生标准》JGJ 146—2013、《施工现场临时用电安全技术规范》JGJ 46—2005。

（2）安装"品茗 BIM 三维施工策划软件"，本软件是基于 AutoCAD 平台开发的 3D 可视化软件。因此，安装本软件前，务必确保计算机已经安装 AutoCAD。（AutoCAD 2008 32/64bit、AutoCAD 2014 32/64bit，操作系统：Win7、Win8、Win10 32/64）。

2. 知识准备

引导问题 1：工程概况主要包括哪些内容？

_____

_____

小提示：

工程概况是指工程项目的基本情况。其主要内容包括：工程名称、规模、性质、用途、资金来源、投资额、开竣工日期、建设单位、设计单位、监理单位、施工单位、工程地点、工程总造价、施工条件、建筑面积、结构形式、图纸设计完成情况、承包合同等。

引导问题 2：品茗 BIM 三维施工策划软件的基本功能是什么？

_____

_____

小提示：

三维施工策划软件是基于 AutoCAD 研发的 BIM 软件，操作简单，符合目前技术人员常用的 CAD 软件绘制平面布置图的习惯。软件内置了大量的施工生产设施、临时板房、塔式起重机、施工电梯等构件的二维图例和三维模型，可快速通过建筑总平面图识别转化以及布置构件快速完成平面图绘制并同时根据需要生成多种平面布置图，同时可直接查看三维平面布置图，生成施工模拟动画。

1.1 工程概况信息编辑

新建工程向导的工程信息内容主要是用在最后生成平面图时自动生成的图框中，一般按实际工程概况来填写，填写时需要填写全称，不得简化。

工程设置

1. 在菜单栏新建工程概况信息，点击工程，选择工程设置。

2. 点击信息设置，按照工程图纸与合同对工程信息进行设置，见图 4.1-1（如果新建工程时没有设置相关内容，可以在后面通过菜单栏-工程-工程设置来重新设置）。

1.2 楼层设置

楼层阶段设置中楼层管理设置的是软件内各层的相关信息，这个主要是在导入 P-BIM 模型时使用的，软件内包括基坑、拟建建筑、地形等都是布置在一层的，所以建议不要去设置修改。

建议设置好自然地坪标高，这个参数是作为多数构件的默认标高参数使用的，标高 ±0.000 等于高程多少米，是设置地形使用的。

阶段设置中的阶段数量根据自己的需要设置，开始时间和结束时间可以在后面的进度关联里快速地设置部分构件的起始时间。

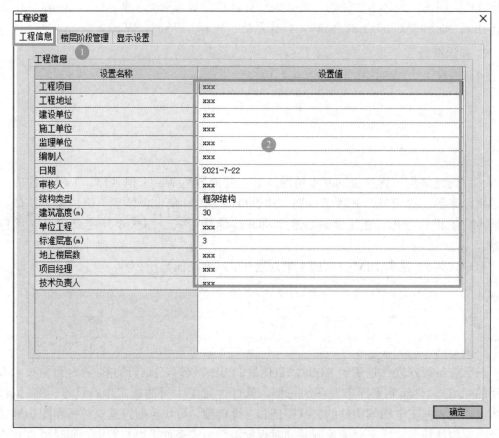

图 4.1-1 新建工程概况信息图

1. 在工程菜单栏中，点击工程设置，再点击楼层阶段管理设置。

2. 对土方、结构等阶段的楼层开始和结束时间、标高等进行设置。

1.3 显示设置

工程设置中除了工程信息设置和楼层阶段设置之外，还有一个显示设置。如果新建工程向导中的参数没有设置，或者设置好了又想修改，可以在工程设置中进行调整。

显示设置主要有地平面设置、驱动设置、构件字体设置、脚手架设置、天空球设置、材料统计设置六项。

1. 在菜单栏新建工程概况信息，点击工程，选择工程设置。

2. 点击显示设置，按照工程图纸与合同对工程信息进行设置，如图 4.1-2 所示。

（1）地平面设置：这里设置的地面厚度和地面外延长度，是在没有绘制地形和构件布置区时，三维显示时软件自动生成构件布置区所使用的。

（2）驱动设置是在三维显示时，如果显示的是一片白色，可以切换到其他驱动模式再尝试下，一般建议可以先设置为 opengl 尝试。

（3）构件字体包含字体名称与大小，是在二维时构件名称的字体和大小，一般不建议修改。

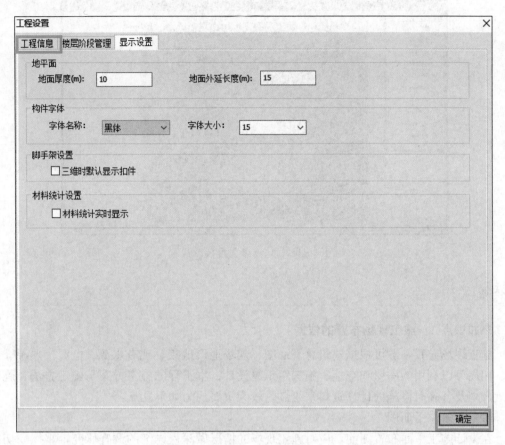

图 4.1-2 显示设置

（4）脚手架设置是选择三维显示时脚手架扣件显示与否。

（5）天空球设置是选择工程三维显示时的天空背景样式，如晴天或其他。

（6）材料统计设置是选择界面右上角的材料统计显示与否，该设置会影响电脑上软件对材料统计实时显示界面的显示与否。

1.4 构件参数模板设置

构件参数模板设置包括建筑及构筑物、生活设施、材料堆场、安全防护、绿色文明、消防设施、临电设备、机械设备、安全体验区、基础构件等参数的应用模板。

构件参数模板的作用是使设计人员在构件列表中新增构件的时候新增构件的材质是自己想要的，尺寸是常用的。

1. 在工程菜单栏中，点击工具设置，再点击构件参数模板设置。

2. 在构件参数模板对所有构件进行设置，并保存。

默认的模板是不可以编辑的，只有新增的才可以修改编辑，编辑完成后点击"确定"就会在工程里应用，"保存"和"另存为"都是把这个模板保存出来。构件参数模板设置见图 4.1-3。

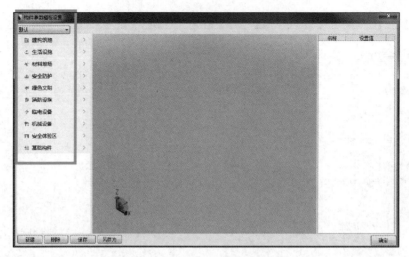

图 4.1-3　构件参数模板设置

 相关知识点

※**知识点 1：施工现场布置的依据**

施工现场布置一般可根据建筑总平面图、现场地形地貌、现有水源、电源、热源、道路、四周可以利用的房屋和空地、施工组织总设计、本工程的施工方案与施工方法、施工进度计划及各临时设施的计算资料来绘制。较为重要的为如下几点：

（1）建筑总平面图

在设计施工平面布置图前，应对施工现场的情况做深入详细的调查研究，掌握一切拟建及已建的房屋和地下管道的位置。如果对施工有影响，则需考虑提前拆除或者迁移。

（2）单位工程施工图

要掌握结构类型和特点，建筑物的平面形状、高度，材料做法等。

（3）已拟订好的施工方法和施工进度计划

了解单位工程施工的进度及主要施工方法，以便布置各阶段的施工现场。

（4）施工现场的现有条件

掌握施工现场的水源、电源、排水管沟、弃土地点以及现场四周可利用的空地；了解建设单位能提供的原有可利用的房屋及其他生活设施（如食堂、锅炉房、浴室等）的条件。

※**知识点 2：施工现场布置的原则**

（1）布置紧凑，占地要省，不占或少占农田

在满足施工条件下，要尽可能地减少施工用地。少占施工用地除了在解决城市场地拥挤和少占农田方面有重要意义外，对于建筑施工而言也减少了场内运输工作量和临时水电管网，既便于管理又减少了施工成本。为了减少占用施工场地，常可采取一些技术措施予以解决。例如，合理地计算各种材料现场的储备量，以减少堆场面积，对于预制构件可采用叠浇方式，尽量采用商品混凝土、采用多层装配式活动房屋作临时建筑等。

（2）尽量降低运输费用，保证运输方便，减少二次搬运

最大限度地减少场内材料运输，特别是减少场内二次搬运。为了缩短运距，各种材料

尽可能按计划分期、分批进场，充分利用场地。合理安排生产流程，施工机械的位置及材料、半成品等的堆场应根据使用时间的要求，尽量靠近使用地点。要合理地选择运输方式和铺设工地的运输道路，以保证各种建筑材料和其他资源的运距及转运次数为最少。在同等条件下，应优先减少楼面上的水平运输工作。

（3）在保证工程顺利进行的前提下，力争减少临时设施的工程量，降低临时设施费用

为了降低临时工程的施工费用，最有效的办法是尽量利用已有或拟建的房屋和各种管线为施工服务。另外，对必须建造的临时设施，应尽量采用装拆式或临时固定式。尽可能利用施工现场附近的原有建筑物作为施工临时设施等。临时道路的选择方案应使土方量最小，临时水电系统的选择应使管网线路的长度为最短等。

（4）要满足安全、消防、环境保护和劳动保护的要求，符合国家有关规定和法规

为了保证施工的顺利进行，要求场内道路畅通，机械设备所用的缆绳、电线及有关排水沟、供水管等不得妨碍场内交通。易燃设施（如木工房、油漆材料仓库等）和有碍人体健康的设施（如熬柏油、化石灰等）应满足消防要求，并布置在空旷和下风处。主要的消防设施（如灭火器等）应布置在易燃场所的显眼处并设有必要的标志。

（5）要便于工人生产与生活

正确合理地布置行政管理和文化生活福利临时用房的相对位置，使工人因往返而消耗的时间最少。

※**知识点 3：施工现场布置的内容**

施工平面图中规定的内容要因时间、需要，结合实际情况来决定。工程施工平面图一般应表明以下内容：

（1）建筑总平面图上已建和拟建地上、地下的一切建筑物、构筑物和管线位置或尺寸；

（2）测量放线标桩、杂土及垃圾堆放场地；

（3）垂直运输设备的平面位置，脚手架、防护棚位置；

（4）材料、加工成品、半成品、施工机具设备的堆放场地；

（5）生产、生活用临时设施（包括搅拌站、钢筋棚、木工棚、仓库、办公室、临时供水、供电、供暖线路和现场道路等）并附一览表，一览表中应分别列出名称、规格、数量及面积大小；

（6）安全、防火设施；

（7）必要的图例、比例尺，方向及风向标记。

在工程实际中施工平面图，可根据工程规模、施工条件和生产需要适当增减。例如，当现场采用商品混凝土时，混凝土的制作往往在场外进行，这样施工现场的临时堆场就简单多了，但现场的临时道路要求相对高一些。

📖 能力拓展

能力拓展-单元 4 任务 1

任务2 CAD 转化

能力目标

1. 能够转化或导入 CAD 图纸；
2. 能够通过软件转化拟建房屋、围墙、基坑、支撑梁等构件。

任务书

利用 BIM 施工策划软件导入 CAD 图纸，对 CAD 图纸中的原有建筑、拟建建筑、围墙、基坑内进行转化。

工作准备

1. 任务准备

采用 AutoCAD 软件完成二维施工平面布置图设计。

2. 知识准备

引导问题：何谓建构筑物?

> 小提示：
>
> 建筑物通称建筑，一般指供人居住、工作、学习、生产、经营、娱乐、储藏物品以及进行其他社会活动的工程建筑。例如，工业建筑、民用建筑、农业建筑和园林建筑等。构建物指房屋以外的工程建筑，如围墙、道路、水坝、水井、隧道、水塔、桥梁和烟囱等。

2.1 导入 CAD 图纸

图纸导入

利用 BIM 三维施工策划新建工程后，就可以将施工现场总平面图（施工平面图 CAD 草图）进行复制（快捷命令 Ctrl＋C）和粘贴（快捷命令 Ctrl＋V）。建议在 CAD 中使用右键中的带基点复制命令来复制图纸，然后在策划软件的原点附近粘贴图纸。

　　1. 复制施工现场总平面图到 BIM 三维施工策划软件的绘图区。

2. 利用尺寸标注命令测量 CAD 图纸比例是否正确。

3. 利用 CAD 的缩放命令（快捷命令 SC）来缩放图纸，见图 4.2-1。

导入 CAD 图纸时应注意以下几点：

（1）软件的 CAD 平台和打开的图纸 CAD 版本要相同，同时安装了多个 CAD 需要特别注意。建议先打开图纸，再打开软件，如果已打开软件，不要直接双击图纸文件来打开图纸，可以通过软件的打开命令打开图纸，或者直接拖拉图纸到 CAD 的命令行中。

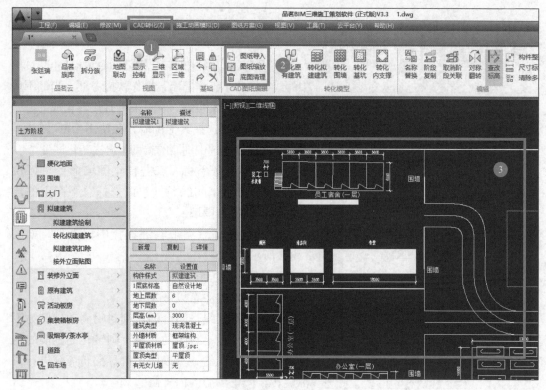

图 4.2-1 CAD 转化

（2）如果图纸无法复制，请使用菜单栏→CAD 转化→导入 CAD 图纸命令，尝试下是否能够导入图纸。

（3）图纸复制到软件后可以用缩放施工图命令，把图纸缩放到按毫米单位的 1∶1 的比例。同样可以在软件或 CAD 中使用 CAD 的缩放命令（快捷命令 SC）来缩放图纸，在 CAD 中缩放请在复制前进行。

2.2 转化原有/拟建建筑物

通过运用施工策划软件对施工图纸上的构件（原有建筑、拟建建筑、围墙、基坑内、支撑梁）进行快速转化，可以有效地解决建模的问题，且此类模型不仅可以提供三维可视的效果，而且还能大幅度地提高施工方案的编制效率，同时还能对成本进行有效的控制。

1. 在常用命令栏，点击原有/拟建建筑物命令，选择绘图区的建筑的线条，快速把 CAD 图块和封闭线条转化成建筑。

2. 转化后对原有/拟建建筑物属性进行编辑。

转化原有/拟建建筑物应注意以下几点：

（1）如果一个看起来封闭的样条线转化拟建建筑或者原有建筑失败，则可以通过 CAD 的特性查看下这个样条线是不是闭合的，不闭合的无法转化。

（2）同时转化的多个拟建（原有）建筑的属性是一样的，转化的构件的参数都是按默认参数生成的，转化完成后需要再进行编辑，默认参数可以通过菜单栏→工具→构件参数模板设置进行设置调整。

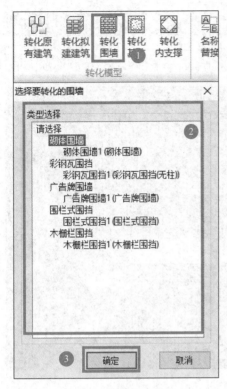

图 4.2-2　围墙类型选择

2.3　转化围墙

使用 CAD 转化中的转化围墙命令可以使 CAD 图中的线条转化出砌体围墙，操作快捷方便，当然围墙也可以使用构件来绘制。一般来讲直接转化成的是砖砌额围墙，如想选择其他围墙，在使用 CAD 转化围墙命令之前，先选中围墙的类型，再去转化即可。

1. 在常用命令栏，点击转化围墙命令可以快速把 CAD 图纸中的线条（建议选择总平图上的建筑红线）转化为围墙。

2. 转化围墙后点击右键选择围墙类型，如图 4.2-2 所示。

3. 对围墙的属性进行编辑。

转化围墙应注意以下几点：

（1）如果红线是闭合的，则封闭圈的外侧为围墙外侧，如果是不封闭的线条，则转化的围墙的内外侧可能是错误的，可以使用对称翻转命令进行对称旋转，修正围墙的内外侧。

（2）同时转化的多道围墙的属性是一样的，转化的构件的参数都是按默认参数生成的，转化完成后需要再进行编辑，默认参数可以通过菜单栏→工具→构件参数模板设置进行设置调整。

2.4　转化基坑与支撑梁

使用 CAD 转化中的转化基坑与支撑梁命令可以使 CAD 图中的线条快速转化基坑与支撑梁，再对土方的绝对标高、放坡系数、放坡的方式、基底材质、垂直基坑壁、放坡基坑壁进行选择或者编辑操作。

1. 转化基坑

（1）使用转化基坑命令可以快速把 CAD 中的封闭线条转化成基坑（建议转化围护中的冠梁中线）。

（2）转化基坑后点击右键进行基坑编辑。

转化基坑应注意以下几点：

（1）如果一个看起来封闭的样条线转化基坑失败，则可以通过 CAD 的特性查看下这个样条线是不是闭合的，不闭合的无法转化。

（2）同时转化的多个基坑的属性是一样的，转化的构件的参数都是按默认参数生成的，转化完成后需要再进行编辑，默认参数可以通过菜单栏→工具→构件参数模板设置进行设置调整。建议"坑中坑"转化的时候可以分开来转化，便于后期对底标高进行修改。

2. 转化支撑梁

（1）使用转化内支撑命令可以打开下面的支撑梁识别界面，转化时设置好支撑梁道数和顶标高，提取支撑梁所在的图层，点击转化就可以快速把 CAD 图纸中的梁边线转化成支撑梁，同时自动在支撑梁交点位置生成支撑柱。

（2）对转化后的支撑梁进行识别，如图 4.2-3 所示。

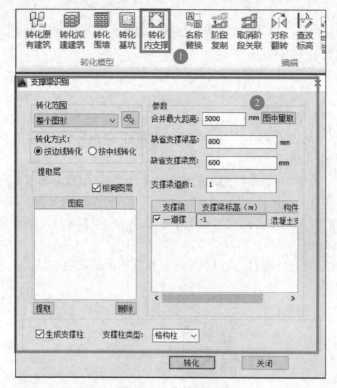

支撑梁支撑
柱布置

基础构件

基坑绘制
及编辑

图 4.2-3　支撑梁识别

转化支撑梁应注意以下几点：

（1）支撑梁转化时一定要选取图层，不然默认是会把复制或者导入的图形中所有图层都识别一遍的。

（2）如果需要转化多道不同的支撑，建议按最上面的一道支撑进行转化，其他道的支撑梁需要手动编辑，不要反复地转化支撑梁。支撑梁加腋需要手动绘制。

（3）多道支撑可以通过点击绘图区左上角按钮在下拉菜单中切换不同的道数的支撑梁来分别编辑。

 相关知识点

※知识点：建筑外围布置

《建筑施工安全检查标准》JGJ 59—2011 第 3.2.3 条规定文明施工保证项目的检查评定应符合下列规定：

工地必须沿四周连续设置封闭围挡，围挡材料应选用砌体、彩钢板等硬性材料，并做到坚固、稳定整洁和美观。

（1）市区主要路段的工地应设置高度不小于 2.5m 的封闭围挡。

（2）在软土地基上、深基坑影响范围内，城市主干道、流动人员较密集地区及高度超

过 2m 的围挡应选用彩钢板。

（3）一般路段的工地应设置不小于 1.8m 的封闭围挡。

（4）施工现场的主要道路及材料加工区地面应进行硬化处理。

1）彩钢板围挡

① 当彩钢板围挡高度超过 1.5m 时，宜设置斜撑，斜撑与水平地面的夹角以 45°为宜；

② 立柱的间距不宜大于 3.6m；

③ 横梁与立柱之间应采用螺栓可靠连接。

2）砌体围挡

① 砌体围挡不应采用空斗墙砌筑方式；

② 砌体围挡厚度不宜小于 200mm，并应在两端设置壁柱，壁柱尺寸不宜小于 400mm×400mm，壁柱间距不应大于 5.0m；

③ 砌体围挡高度不应大于 2m，单片围墙长度大于 30m 时宜设置变形缝，变形缝两侧均应设置端柱；

④ 围挡应设置钢筋混凝土压顶，截面尺寸不小于 200mm×120mm，纵向钢筋不应少于 $2\phi12$，箍筋为 $\phi6@250mm$；

⑤ 砌体围挡采用其他结构形式时，其构造应符合相应标准的规定。

 能力拓展

能力拓展-单元 4 任务 2

任务 3   构件布置

 能力目标

1. 能够布置建、构筑物；
2. 能够布置生产区设施、生活设施；
3. 能布置和编辑脚手架、安全文明施工设施。

 任务书

对高层办公大楼项目用品茗 BIM 三维施工策划软件进行构件布置。

工作准备

1. 任务准备

对高层办公大楼项目，采用品茗 BIM 三维施工策划软件，完成项目设置、楼层设置、各种构件参数模板设置，完成二维施工平面布置图的各种构件布置。

2. 知识准备

引导问题：施工现场构件布置主要包括哪些内容？

_____

_____

_____

小提示：

施工现场构件布置主要包括：建、构建筑物，生活区设施，生产区设施，脚手架，绿色文明施工设施等的布置。

3.1 建、构筑物布置

建、构筑物构件是指 BIM 施工策划软件中包含的拟建房屋、临时房屋等构件，技术人员进行施工策划时根据实际施工方案需求来选择。

1. 拟建建筑布置

（1）点击施工策划软件构件布置区拟建建筑构件，选择拟建建筑绘制，也可以在软件上常用命令栏选择转化拟建建筑来完成。

自定义构件

（2）设置拟建建筑属性，包括层数、层高、标高、结构形式等。

（3）双击构件大样图栏拟建建筑，在三维模式下完成拟建建筑的构件编辑。拟建建筑的构件编辑如图 4.3-1 所示。

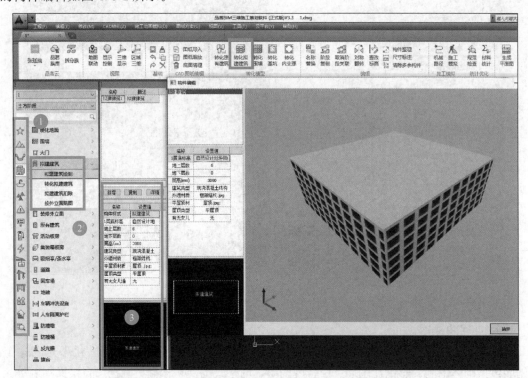

图 4.3-1　拟建建筑构件编辑

2. 临时房屋布置

临时房屋也就是施工现场活动板房，施工现场活动板房可以作为办公室、工人宿舍、食堂、浴室、厕所、门卫、仓库等临时设施。临时房屋的在施工场区的布置一般选择建构筑物的活动板房来绘制。

（1）点击左侧构件活动板房，在绘图区选择合理的位置布置活动板房。活动板房的布置如图 4.3-2 所示。

（2）双击构件大样图栏设置活动板房属性，包括构件样式、房屋的标高、房间个数、屋顶的高度、扶手的样式、外墙材质等。

（3）双击左下角活动板房大样图，在三维模式下完成拟建建筑的构件编辑。

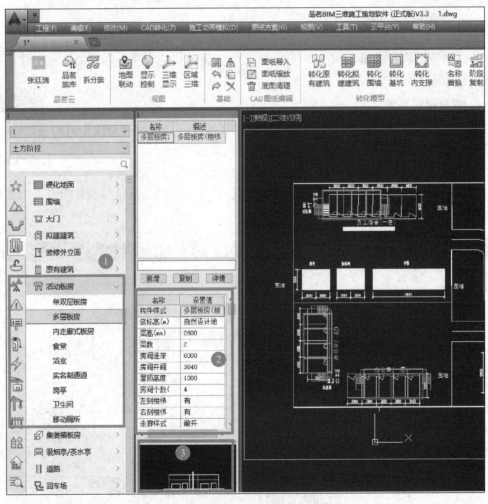

图 4.3-2　活动板房的布置

3. 围墙布置

围墙属于线性构件，选择不同的围墙类型直接绘制，也可以利用围墙转化来完成操作，围墙包括砌体围墙、彩钢瓦围墙、广告牌围墙、围栏式围挡、木栅栏围挡、自定义围墙等。

（1）点击左侧构件围墙，在绘图区选择合理的位置进行布置。

（2）设置围墙属性。包括构件样式、底标高、墙厚、围墙贴面、柱材质、外墙材质等。

（3）双击构件大样图栏活动板房，在三维模式下完成拟建建筑的构件编辑。

（4）利用对称翻转可以使围墙内外翻转。围墙布置如图4.3-3所示。

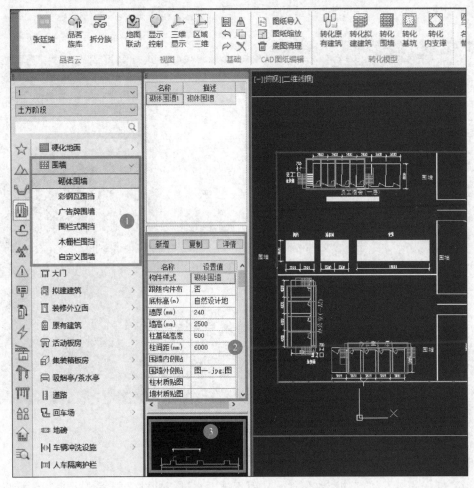

图4.3-3　围墙布置

地形分区

出土道路绘制及编辑

土方分段绘制及编辑

土方回填绘制及编辑

4. 道路布置

施工策划软件中道路包括场区施工道路、城市道路、面域道路、路口绘制、路面标记等。

（1）点击左构件栏建构筑物，选择道路中的道路类型。

（2）在属性栏对参数进行设置，双击构件大样图栏中道路断面图，在三维模式下对道路构件进行编辑。道路布置如图4.3-4所示。

（3）在绘图操作区进行绘制，在道路的圆弧部位要点击圆弧点。

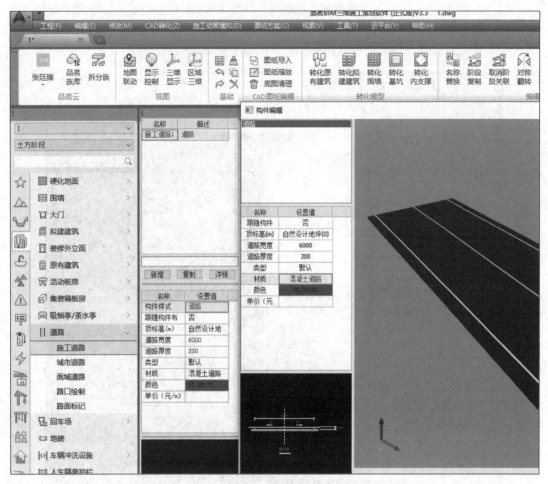

图 4.3-4　道路布置

5. 硬化地面

为了现场施工有较好的道路条件，从而不被雨水进行冲蚀又能满足运输、文明施工需求，在场区布置时，对现场一些道路、地面使用混凝土或者是沥青来进行满铺。

（1）点击硬化地面，选择绘制方法，编辑属性参数，参数包括地面的标高、厚度、材质、颜色等，如图 4.3-5 所示。

（2）双击构件大样图栏中地面断面图，对地面构件进行编辑。

3.2　生活区设施布置

生活设施的布置

生活设施在软件中主要体现在给排水、雨水、洗漱台、垃圾处理等构件，构件布置如图 4.3-6 所示。

（1）点击生活设施，选择生活设施构件，如水管，在软件绘图区选择合理位置进行布置。

（2）双击绘制区布置的生活构件，对生活设施进行编辑。

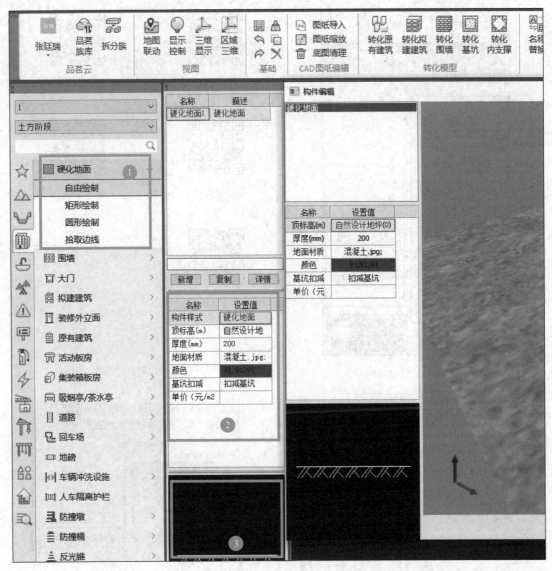

图 4.3-5 硬化地面

3.3 生产区设施布置

生产区包括加工区、材料堆场区、机械设备、仓库、安全防护等设施。这是施工中首先要考虑的内容，只有合理地布置，才能满足方案的科学性、经济性、合理性，从而为施工创造很好的施工条件。

（1）点击材料堆场、防护设施、临电设备、机械设备，选择生产设施构件，如钢筋原材料堆场、防护棚/加工棚、总配电箱、塔式起重机在软件绘图区选择合理位置进行布置。

（2）双击绘制区布置生产设施，对生产设施进行三维模式下的构件属性编辑。

材料堆场构件如图 4.3-7 所示。安全防护构件如图 4.3-8 所示。临时用电设备如图 4.3-9 所示。机械设备构件如图 4.3-10 所示。

图 4.3-6　生活设施构件

材料堆场

消防及临电设施的布置

安全防护

安全体验区

机械设备

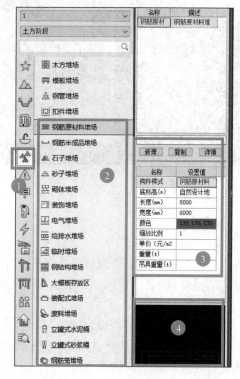

图 4.3-7　材料堆场构件

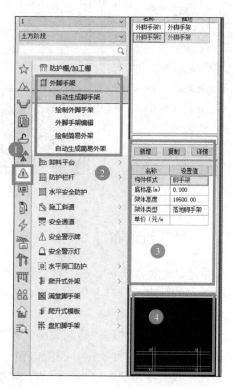

图 4.3-8　安全防护构件

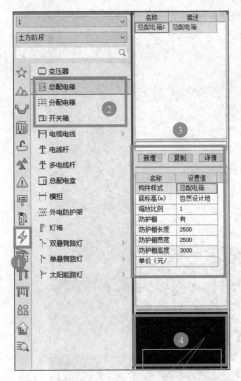

图 4.3-9　临时用电设备

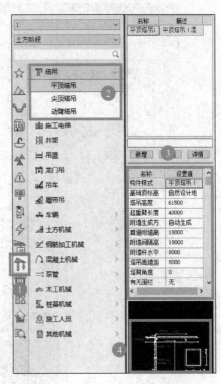

图 4.3-10　机械设备构件

3.4　脚手架布置

在施工策划软件中是以外脚手架进行布置编辑的，同时也包含满堂脚手架的布置。外脚手架包括自动生成脚手架、绘制脚手架、外脚手架编辑等。

（1）点击外脚手架构件中自动生成脚手架，鼠标左键选择绘图区拟建房屋，设置脚手架偏移建筑物外墙距离，右键点击拟建房屋，脚手架自动生成。

脚手架的
绘制及编辑

（2）在脚手架属性栏对脚手架的样式、架体高度、架体类型进行编辑选择。

（3）如果需要对脚手架进行编辑，选择外脚手架编辑。

3.5　绿色文明设施布置

绿色文明设施包含安全防护、消防设施、绿色文明、临电设施、安全体验区，在进行三维施工策划时根据实际工程需要来布置。

绿色文明设施布置如图 4.3-11 所示。

绿色文明

（1）点击软件左侧构件安全防护、消防设施、绿色文明等，选择所要布置的构件，在绘图区选择合理的位置进行布置。

（2）点击图 4.3-11 中间区域属性栏，设置安全文明设施参数。

（3）双击构件在三维模式下进行构件的编辑。

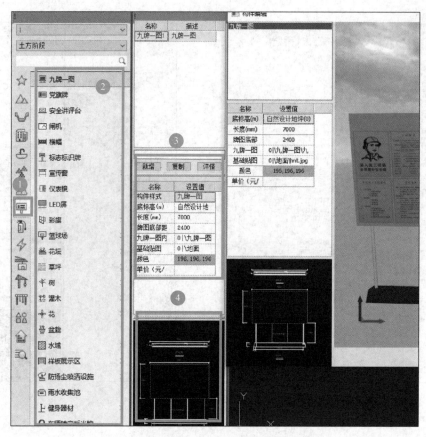

图 4.3-11　绿色文明设施布置

相关知识点

※知识点 1：起重垂直运输机械的布置

（1）塔式起重机（俗称塔吊）的布置

塔式起重机是集起重、垂直提升、水平输送三种功能于一身的机械设备。垂直和水平运输长、大、重的物料，塔式起重机为首选机械。其位置尺寸取决于建筑物的平面形状、尺寸、构件重量、塔式起重机的性能及四周施工场地的条件等。

塔式起重机一般应在场地较宽的一面沿建筑物长向布置，其优点是回转半径较短，并有较宽敞的场地堆放材料和构件。

塔式起重机的平面布置确定后，应当复核其主要工作参数是否满足建筑物吊装技术要求。主要参数包括回转半径、起重高度、起重量。

回转半径为塔式起重机回转中心至吊钩中心的水平距离。

起重高度不应小于建筑物总高度加上构件（如吊斗、料笼）、吊索（吊物顶面至吊钩）和安全操作高度（一般为 2~3m）。当塔式起重机需要超越建筑物顶面的脚手架、井架或其他障碍物时，其超越高度一般不应小于 1m。

起重量包括吊物、吊具和索具等作用于塔式起重机起重吊钩上的全部重量。

参数确定之后，要绘出塔式起重机服务范围，以塔式起重机基础为圆心，以最大回转半径为半径画出一个圆形，即为塔式起重机服务范围。

塔式起重机布置的最佳状况应使建筑物平面均在塔式起重机服务范围以内，以保证各种材料和构件直接调运到建筑物的施工部位上，尽量避免"死角"，也就是避免建筑物处在塔式起重机服务范围以外的部分。如果难以避免，也应使"死角"越小越好，或使最重、最大、最高的构件不出现在"死角"内。并且在确定吊装方案时，应有具体的技术和安全措施，以保证死角的构件顺利安装。

此外，在塔式起重机服务范围内应考虑有较宽的施工场地，以便安排构件堆放，搅拌设备出料斗能直接挂钩后起吊，主要施工道路也宜布置在塔式起重机服务范围内。

（2）井架的布置

井架属固定式垂直运输机械，它的稳定性好、运输量大，是施工中常用的，也是最为简便的垂直运输机械，采用附着式可搭设超过100m的高度。

井架的布置，主要根据机械性能、建筑物的平面形状和尺寸、施工段划分情况、建筑物高低层分界位置、材料来向和已有运输道路情况而定。布置的原则是：充分发挥垂直运输的能力，并使地面和路面的水平运距最短。布置时应考虑以下因素：

当建筑物呈长条形，层数、高度相同时，一般布置在施工段的分界处；当建筑物各部位高度不同时，应布置在建筑物高低分界线较高部位一侧；井架的布置位置以窗口为宜，以避免砌墙留槎和减少井架拆除后的修补工作；井架应布置在现场较宽的一面，因为这一面便于堆放材料和构件，以达到缩短运距的要求；井架设置的数量根据垂直运输量的大小、工程进度、台班工作效率及组织流水施工要求等因素计算决定，其台班吊装次数一般为80～100次；卷扬机应设置安全作业棚，其位置不应距起重机械过近，以便操作人员的视线能看到整个升降过程，一般要求此距离大于建筑物高度，水平层外脚手架3m以上；井架应立在外脚手架之外，并有一定距离为宜，一般为5～6m；缆风设置，高度在15m以下时设一道，15m以上每增高10m增设一道，宜用钢丝绳，并与地面夹角成45°，当附着于建筑物时可不设缆风。

（3）自行无轨式起重机械

自行无轨式起重机械分履带式、汽车式和轮胎式三种，它移动方便灵活，能为整个工地服务，一般不用作水平运输和垂直运输，专用作构件的装卸和起吊。适用于装配式钢筋混凝土单层工业厂房主体结构的吊装，也可用于混合结构如大梁等较重构件的吊装方案等。一般只要考虑其行驶路线，行驶路线根据吊装顺序、构件重量、堆放场地、吊装方法及建筑物的平面形状和高度等因素确定。

（4）建筑施工电梯的布置

建筑施工电梯是高层建筑施工中运输施工人员及建筑器材的主要垂直运输设施，它附着在建筑物外墙或其他结构部位上。确定建筑施工电梯的位置时，应考虑便于施工人员上下和物料集散；由电梯口至各施工处的平均距离应最短；便于安装附墙装置；接近电源，有良好的夜间照明。

※知识点2：搅拌站、材料构件的堆场或仓库、加工厂的布置

搅拌站、材料构件的堆场和仓库、加工厂的位置应尽量靠近使用地点或在塔式起重机的服务范围内，并考虑运输和装卸料的方便。

（1）搅拌站的布置

搅拌站主要指混凝土及砂浆搅拌机，需要的型号、规格及数量在施工方案选择时确定。其布置要求可按下述因素考虑。

1）为了减少混凝土及砂浆运距，应尽可能布置在起重及垂直运输机械附近。当选择为塔式起重机方案时，其出料斗（车）应在塔式起重机的服务半径之内，以直接挂钩起吊为最佳。

2）搅拌机的布置位置应考虑运输方便，所以附近应布置道路（或布置在道路附近为好），以便砂石进场及拌合物的运输。

3）搅拌机布置位置应考虑后台有上料的场地，搅拌站所用材料：水泥、砂、石以及水泥库（罐）等都应布置在搅拌机后台附近。

4）有特大体积混凝土施工时，其搅拌机尽可能靠近使用地点。如浇筑大型混凝土基础时，可将混凝土搅拌站直接设在基础边缘，待基础混凝土浇完后再转移，以减少混凝土的运输距离。

5）混凝土搅拌机每台所需面积约 $25m^2$，冬期施工时，考虑保温与供热设施等面积为 $50m^2$ 左右。砂浆搅拌机每台所需面积约 $15m^2$，冬期施工时面积为 $30m^2$ 左右。

6）搅拌站四周应有排水沟，以便清洗机械的污水排走，避免现场积水。

（2）加工厂的布置

1）木材、钢筋、水电卫安装等加工棚宜设置在建筑物四周稍远处，并有相应的材料及成品堆场。

2）石灰及淋灰池可根据情况布置在砂浆搅拌机附近。

3）沥青灶应选择较空的场地，远离易燃易爆品仓库和堆场，并布置在施工现场的下风向。

（3）材料、构件的堆场或仓库的布置

各种材料、构件的堆场及仓库应先计算所需的面积，然后根据其施工进度、材料供应情况等，确定分批分期进场。同一场地可供多种材料或构件堆放，如先堆主体施工阶段的模板、后堆装饰装修施工阶段的各种面砖，先堆砖、后堆门窗等。其布置要求可按下述因素考虑。

1）仓库的布置。水泥仓库应选择地势较高、排水方便、靠近搅拌机的地方。各种易燃、易爆物品或有毒物品的仓库，如各种油漆、油料、亚硝酸钠、装饰材料等，应与其他物品隔开存放，室内应有良好的通风条件，存储量不宜太多，应根据施工进度有计划地进出。仓库内禁止火种进入并配有灭火设备。木材、钢筋、水电卫器材等仓库，应与加工棚结合布置，以便就近取材加工。

2）预制构件的布置。预制构件的堆放位置应根据吊装方案，考虑吊装顺序。先吊的放在上面，后吊的放在下面。预制构件应布置在起重机械服务范围之内，堆放数量应根据施工进度、运输能力和条件等因素而定，实行分期分批配套进场，以节省堆放面积。预制构件的进场时间应与吊装就位密切结合，力求直接卸到就位位置，避免二次搬运。

3）材料堆场的布置。各种材料堆场的面积应根据其用量的大小、使用时间的长短、供应与运输情况等计算确定。材料堆放应尽量靠近使用地点，减少或避免二次搬运，并考虑运输及卸料方便。如砂、石尽可能布置在搅拌机后台附近，按砂、石不同粒径规格应分别堆放。

基础施工时所用的各种材料可堆放在基础四周，但不宜距基坑边缘太近，材料与基坑边的安全距离一般不小于 0.5m，并做基坑边坡稳定性验算，防止塌方事故；围墙边堆放砂、石、石灰等散装材料时，应作高度限制，防止挤倒围墙造成意外伤害；楼层堆物，应规定其数量、位置，防止压断楼板造成坠落事故。

※**知识点 3：运输道路的布置**

运输道路的布置主要解决运输和消防两个问题。现场运输道路应按材料和构件运输的要求，沿着仓库和堆场进行布置。道路应尽可能利用永久性道路，或先建好永久性道路的路基，在土建工程结束之前再铺路面，以节约费用。现场道路布置时要注意保证行驶畅通，使运输工具有回转的可能性。因此，运输路线最好围绕建筑物布置成一条环行道路。道路两侧一般应结合地形设置排水沟，沟深不小于 0.4m，底宽不小于 0.3m。道路宽度要符合规定，一般不小于 3.5m。

※**知识点 4：行政管理、文化生活、福利用临时设施的布置**

这些临时设施一般是工地办公室、会议室、娱乐室、宿舍、工人休息室、门卫室、食堂、开水房、浴室、厕所等临时建筑物。确定它们的位置时，应考虑使用方便，不妨碍施工，并符合防火、安全的要求。要尽量利用已有设施和已建工程，必须修建时要进行计算，合理确定面积，努力节约临时设施费用。应尽可能采用活动式结构和就地取材设置。通常，办公室应靠近施工现场，且宜设在工地出入口处；工人休息室应设在工人作业区；宿舍应布置在安全的上风向；门卫及收发室应布置在工地入口处。

※**知识点 5：水、电管网的布置**

(1) 施工给水管网的布置

1) 施工给水管网首先要经过设计计算，然后进行布置，包括水源选择、用水量计算（包括生产用水、生活用水、消防用水）、取水设施、储水设施、配水布置、管径确定等。

2) 施工用的临时给水源一般由建设单位负责申请办理，由专业公司进行施工，施工现场范围内的施工用水由施工单位负责，布置时力求管网总长度最短。管径的大小和水龙头数目的设置需视工程规模大小通过计算确定。管道可埋于地下，也可铺设在地面上，视当地的气候条件和使用期限的长短而定。其布置形式有环形、支形、混合式三种。

3) 给水管网应按防火要求设置消火栓，消火栓应沿道路布置，距离路边不大于 2m，距离建筑物不小于 5m，也不大于 25m，消火栓的间距不应超过 120m，且应设有明显的标志，周围 3m 以内不应堆放建筑材料。条件允许时，可利用城市或建设单位的永久消防设施。

4) 高层建筑施工给水系统应设置蓄水池和加压泵，以满足高空用水的要求。

(2) 施工排水管网的布置

1) 为便于排除地面水和地下水，要及时修通永久性下水道，并结合现场地形在建筑物四周设置排泄地面水和地下水的沟渠，如排入城市污水系统，还应设置沉淀池。

2) 在山坡地施工时，应设置拦截山水下泄的沟渠和排泄通道，防止冲毁在建工程和各种设施。

(3) 用水量的计算

生产用水包括工程施工用水、施工机械用水。生活用水包括施工现场生活用水和生活区生活用水。

(4) 施工供电的布置

1）施工用电的设计应包括用电量计算、电源选择、电力系统选择和配置。用电量包括动力用电和照明电量。如果是独立的工程施工，要先计算出施工用电总量，并选择相应变压器，然后计算导线截面积并确定供电网形式；如果是扩建工程，可计算出施工用电总量供建设单位解决，不另设变压器。

2）现场线路应尽量架设在道路的一侧，并尽量保持线路水平。低压线路中，电杆间距应为 25～40m，分支线及引入线均应由电杆处接出，不得在两杆之间接出。

3）线路应布置在起重机的回转半径之外，否则应搭设防护栏，其高度要超过线路 2m。机械运转时还应采取相应措施，以确保安全。现场机械较多时，可采用埋地电缆，以减少互相干扰。

4）施工现场用电量大体上可分为动力用电量和照明用电量两类。

 能力拓展

能力拓展-单元 4 任务 3

任务 4　施工模拟

 能力目标

1. 能够进行三维漫游操作；
2. 能够进行机械路径设置；
3. 能够进行构件施工模拟动画设置；
4. 能够进行成果输出。

任务书

对高层办公大楼项目用品茗 BIM 三维施工策划软件进行施工模拟。

工作准备

1. 任务准备

对高层办公大楼项目，采用品茗 BIM 三维施工策划软件，完成施工平面布置图的各种构件布置。

2. 知识准备

引导问题：品茗 BIM 三维施工策划软件能够实现哪些三维漫游功能？

小提示：

品茗 BIM 三维施工策划软件能够实现三维观察、三维编辑、自由漫游、路径漫游、航拍漫游、三维全景等，三维漫游是指在由全景图像构建的全景空间里进行切换，达到浏览各个不同场景的目的。

4.1 三维漫游

1. 三维显示与编辑

（1）点击常用命令栏三维显示，选择三维观察或三维编辑。

（2）选择下方按钮分别进行自由旋转、剖切观察、拍照、导出为 skp 操作。

（3）对相机进行设置，可以从不同视角进行高清渲染拍照。

（4）选择右上角构件显示控制，显示或隐藏场布中的各种构件。三维显示与编辑如图 4.4-1 所示。

图 4.4-1　三维显示与编辑

2. 路径漫游

（1）点击常用命令栏三维显示，选择路径漫游。

（2）点击新建输入路径名称。

（3）绘制漫游路径，第一点开始用鼠标左键到下一点，依次绘制，再调整路径高度。

（4）点击导出或选择录制，形成视频成果。路径漫游如图 4.4-2 所示。

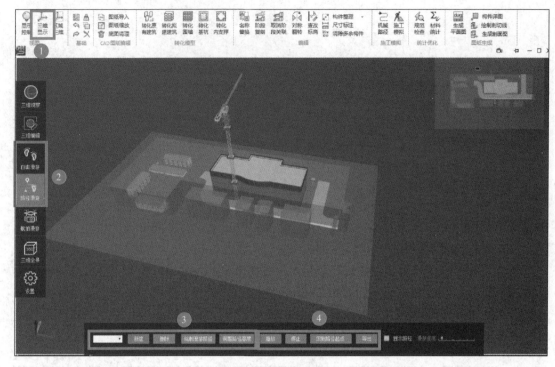

图 4.4-2 路径漫游

4.2 机械路径

施工过程中机械构件可设置机械路径，施工模拟中可根据机械路径跑动。

1. 点击常用命令栏机械设备，选择要模拟的施工机械如挖机或履带吊车等，在合适的绘图区位置进行绘制。

2. 点击常用命令栏机械路径，对每种机械路径进行设置，并在绘图区绘制构件路径图。

3. 在命令栏点击施工模拟，进行动画编辑，点击生成模拟动画，确定后即可生成模拟动画，如图 4.4-3 所示。

4. 点击生成后模拟动画播放，同时进行视频录制。

图 4.4-3 动画编辑

4.3 施工模拟动画

1. 拟建建筑子动画

可设置拟建建筑建造动画，也可以设置拆除动画，多层工期相同的可一键设置。

（1）点击绘制好的拟建建筑，对拟建建筑参数进行设置，包括拟建建筑的标高、层数、层高、建筑类型（混凝土或装配式）等参数属性。

（2）点击命令栏中施工模拟，点击"加载三维模型"生成三维显示。

（3）动画设置→点击拟建建筑动画样式→设置开始时间、结束时间、每层工期，保存子动画，动画样式设置如图 4.4-4 所示。

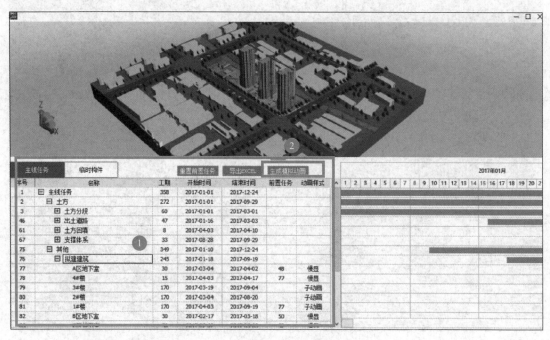

图 4.4-4　动画样式设置

（4）点击生成模拟动画，点击播放，同时录制视频。

2. 外脚手架动画

脚手架一般有落地式的脚手架、爬架，包括脚手架的安装、爬升与拆除。

（1）在布置好的场布点击中点击施工模拟，生成三维场布。

（2）动画设置→外脚手架动画样式→点击子动画→设置脚手架安装和拆除的参数→保存设置，脚手架动画设置如图 4.4-5 所示。

（3）点击生成模拟动画，点击播放，同时录制视频。

同样方法可以进行脚手架动画拆除设置。

3. 塔吊动画

（1）点击塔吊布置，选择合适的塔吊类型，按照实际工程要求设置好塔吊各参数。点击施工模拟，生成塔吊三维场布。

（2）动画设置→塔吊画样式→点击子动画设置→设置塔吊安装完、拆除、附墙的参数→保存设置。

（3）点击生成模拟动画，点击播放，同时录制视频，如图 4.4-6 所示。

4.4　成果输出

成果输出是把 BIM 施工策划设计通过生成平面图、剖面图、材料统计等方式展示出来，形成便于指导施工的成果。

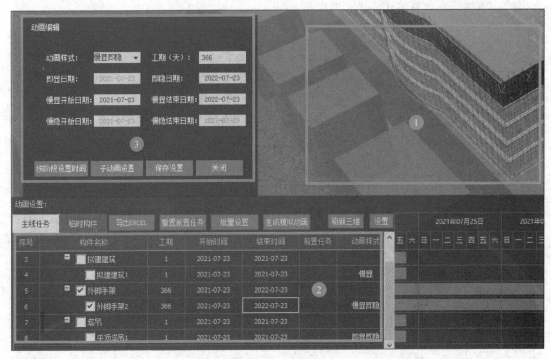

图 4.4-5 脚手架动画设置

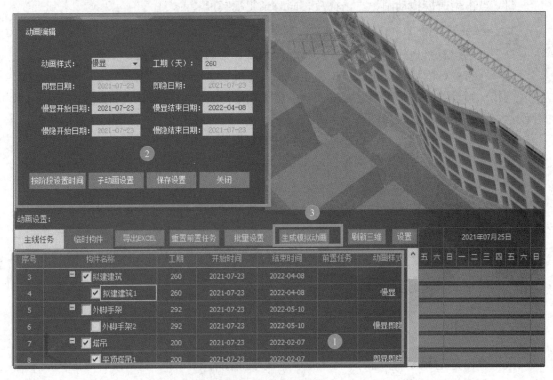

图 4.4-6 塔吊动画

1. 生成平面图

（1）点击"生成平面图"，编辑导出样式和导出构件列表，见图 4.4-7。

图 4.4-7　生成平面图

（2）按列表对导出样式施工阶段、开始和结束时间进行设置。

（3）点击"确定"，生成平面图，点击右上角关闭，生成图片并保存。

在生成平面图面板中我们可以看到导出样式、导出构件列表、生成图例例表。

在导出样式中我们可以按时间或者施工阶段来生成不同阶段的平面布置图，比如土方阶段平面布置图、地下室阶段平面布置图等。

在生成平面图同时，我们在导出构件列表进行构件的整理，就可以导出生成消防平面布置图、临时用电平面布置图，临时用水平面布置图等。

在生成图例列表中勾选的构件都会在生成的平面图中同步生成相应的图例。软件默认都是勾选的，一般不建议调整。

2. 生成构件详图

（1）为使操作人员具有临时设施施工的依据，点击"构件详图"，在绘图区选择构件，点击右键生成构件详图。

（2）点击右上角关闭，生成图片并保存，见图 4.4-8。

（3）关闭大样图，关闭的时候会提示需不需要保存这个大样图，可根据自己的需要选择。

3. 生成剖面图

（1）先绘制剖切线，选择剖切方向，点击"生成剖面图"（土方开挖阶段才有剖面）。

（2）点击右上角关闭，生成图片并保存。

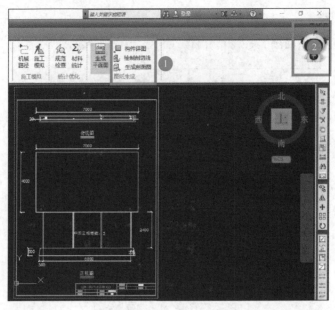

图 4.4-8　生成构件详图

相关知识点

※知识点 1：三维观察

三维观察是对构建好的三维场布模型进行自由旋转、剖切观察、拍照、导出 skp 等操作，也可以利用"构件显示控制"隐藏或者显示部分场布的构件。

※知识点 2：路径漫游

三维显示是在构建好的施工策划场布图中设置路径，绘制漫游路径，调整路径高度，进行播放，同时可以录制。

※知识点 3：施工动画

在 BIM 施工策划完成所有构件布置并进行动画设置后，我们就可以在三维视口里预览施工模拟动画，如果有不满意的地方可以点击"返回动画编辑"重新进行设置调整。

※知识点 4：施工动画模拟的意义

BIM 工程动画是通过虚拟仿真技术提前模拟施工过程，并将项目实施过程中的重要数据指标伴随施工进度动态显示的动画模式，能够充分展示项目实施各个阶段的技术水平及 BIM 应用深度，直观地展示施工部署、施工方案、施工进度、资源管理等内容。

能力拓展

能力拓展-单元 4 任务 4

单元5　智慧工地建造实务模拟

单元5学生资源

单元5教师资源

 任务设计

智慧工地建造实务模拟基于实际工程，该工程为杭州某小学校区，作为后面智慧工地建造模拟的对象和依据。

本项目建设内容主要包括教学及教学辅助用房、幼儿活动及辅助用房、办公及辅助用房、生活用房、室外活动场地、景观绿化围墙工程、地下学校停车库（含社会公共停车库）等。总用地面积为 37471m²，总建筑面积为 53309m²。项目估算总投资 58085万元。

本单元配套一系列完整的工程资料可供学生学习借鉴，从而帮助学生更好地理解项目管理要点，体会智慧工地新技术给工程项目管理诸多方面带来的便捷和高效。

在智慧工地建造教学单元的实施过程中，需要掌握施工组织设计识读、智慧工地及技术应用的理解、智慧工地建造在项目管理中的综合应用等相关知识和技能。

智慧工地建造实务模拟学习任务设计如表 5.0-1 所示。

智慧工地建造实务模拟学习任务设计　　　　　　　　　　表 5.0-1

序列	任务	任务简介
1	平台搭建	了解智慧工地概念及各关键技术应用；结合实际工程资料，能正确搭建智慧工地管理平台
2	质量管理	了解现场质量管理主要内容；能依据现场场景发起检查并整改；掌握实测实量仪器的使用；了解监测的基本原理
3	进度管理	掌握模型、进度数据交互与进度编辑的方法；掌握进度关联的操作方法；能利用 5D 端进行模拟建造视频的制作
4	成本管理	掌握成本数据的交互与编辑方法；掌握成本关联的操作方法；能熟练应用 5D 端进行工程提量、工程款申报等操作
5	职业健康安全与环境管理	了解现场安全管理主要内容；掌握危大工程监测与环境监测的规范、原理与方法；了解实名制录入的操作方法
6	机械管理	了解塔机监测的基本原理与方法；了解机械台账管理流程与主要内容

学习目标

通过本单元的学习，学生应该能够达到以下学习目标：

1. 了解智慧工地的概念与基本框架；
2. 了解智慧工地关键技术及其原理；
3. 正确地识读施工组织设计等方案；
4. 正确地使用智慧工地管理平台进行平台搭建；
5. 使用移动端进行质量检查与整改；
6. 使用 BIM 技术完成模型数据交互与编辑；
7. 使用 BIM 技术完成进度与成本数据关联；
8. 正确输出模拟建造视频、工程量及资源量、工程款申报等成果；
9. 理解监测、传感的基本原理与方法；
10. 正确地使用智慧工地管理平台进行人员实名制信息管理；
11. 使用云平台进行机械设备管理。

学习评价

根据每个学习任务的完成情况进行本单元的评价，各学习任务的权重与本单元的评价见表 5.0-2。

BIM 模板工程实务模拟单元评价　　　　　　表 5.0-2

学号	姓名	任务 1		任务 2		任务 3		任务 4		任务 5		任务 6		总评
		分值	比例(15%)	分值	比例(15%)	分值	比例(20%)	分值	比例(20%)	分值	比例(15%)	分值	比例(15%)	

任务 1　平台搭建

能力目标

1. 掌握智慧工地的基本概念；
2. 了解智慧工地关键技术；
3. 掌握智慧工地管理平台的搭建方法。

任务书

通过图书资料、网络媒体、参观考察等渠道，搜集智慧工地相关资料，学习智慧工地的基本知识、智慧工地关键技术、智慧工地的功能应用。

应用品茗智慧工地云平台进行管理平台搭建。

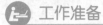

1. 任务准备

（1）识读某小学项目施工组织设计方案，了解项目概况信息、各方参建单位及组织架构。

（2）注册"桩桩"云平台登录账号。该平台采用云端服务器，通过网络将智慧工地管理子模块的数据上传云端。企业/项目管理人员通过登录电脑网页或手机移动端实现对工地大脑的使用和前端各子系统的控制。

2. 知识准备

引导问题1：智慧工地的基本概念是什么？

_____

_____

小提示：

智慧工地（smart construction site），是采用数字化技术，对建设工程项目的工地人员、材料物资、机械设备、场地环境和施工过程实施智能化管理的工地，其核心是以智慧化新技术来改进项目管理方法，以提高管理效率。

引导问题2：智慧工地新技术有哪些？

_____

_____

小提示：

智慧工地通过集成互联网、大数据、物联网、云计算、人工智能、BIM、5G、VR/AR等新技术，实现施工现场的数据采集、智能分析、信息的高效传输、存储及计算、智能决策，赋能传统产业的转型升级。

引导问题3："三控三管一协调"包含哪些内容？

_____

_____

小提示：

施工项目管理的重点工作就是有效开展项目的"三控三管一协调"工作，包括成本控制、进度控制、质量控制、职业健康安全与环境管理、合同管理、信息管理和组织协调。在实际工程项目管理中，在实际工程项目管理中，"三控三管一协调"的各项工作应该是一个整体，应当作为一个整体进行推进，全面开展各项管理工作，彼此之间是不可分割的整体，相辅相成。

1.1 实施流程

云平台实施主要包含平台配置、前期数据准备、过程记录与管理、过程分析与管控等流程环节，如图 5.1-1 所示。

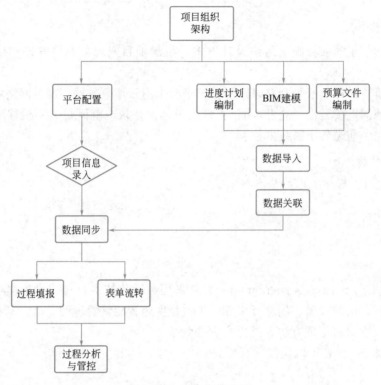

图 5.1-1　平台实施流程

1. 平台配置：根据项目"三控三管一协调"的管理目标与任务，由平台管理员选配管理模块，包括应用模块、大屏展示内容等。

2. 前期数据准备：云平台实施前，需进行数据录入，如 BIM 模型创建、进度计划编制、预算文件编制。

3. 过程记录与管理：包括实际数据填报、表单流程、现场记录与整改、进度协调与优化等。

4. 过程分析与管控：根据后台数据分析，辅助项目管理与决策。

1.2　平台及项目设置

项目施工前，需进行平台搭建、项目信息设置及组织框架搭建。根据项目管理目标，进行模块的选配，完成平台配置。打开网页端，如图 5.1-2 所示，通过项目管理员账号登录平台。

1. 运营中心设置

点击平台右上角的"运营中心"，进入平台/项目配置界面，如图 5.1-3 所示。运营中心主要用于平台架构配置及项目设置，可由平台管理员进行操作。该界面包括"数智企业管理"及"系统管理"两部分，包含规则及参数配置、组织管理、用户权限管理、应用管理、登录页设置、宣传栏设置、操作日志等子项。

图 5.1-2　网页端登录界面

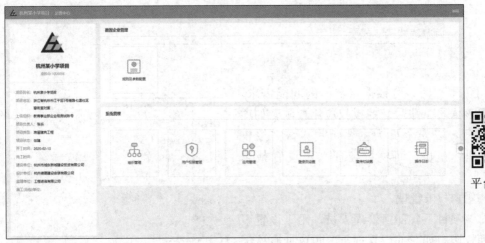

平台及项目
设置

图 5.1-3　平台/项目配置界面

（1）规则及参数配置

工程项目中材料一般种类及规格型号众多，平台中已默认配置了部分常用材料信息，如钢筋、混凝土、钢材、水泥等材料。同时"规则及参数配置"子项支持新增/编辑项目材料、计量单位等信息，可根据项目情况自定义设置。

（2）组织管理

组织管理主要用于项目信息（即组织架构）的设置，包含"项目信息"及"组织架构"两部分。

点击组织管理下"▥"图标，根据项目施工图等资料，可进行项目信息设置，如图5.1-4所示。组织信息包含项目概况、工程信息、项目介绍及区域划分，按实依次填写。其中带"＊"的为必填项。

点击组织管理下"▦"图标，弹出"新增组织"界面，如图5.1-5所示。根据项目管理需求，可设置该项目建设单位、设计单位、建立单位、施工单位及其下各分包单位等。

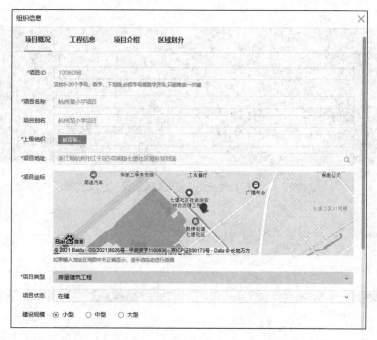

图 5.1-4　组织信息设置

设置部门负责人时，可根据该部门的职能需求，同时设置该人员（账号）的授权应用权限。如项目安全部门，以安全员为主要负责人，需授权"安全管理"模块，而项目经理则可设置最高权限。

（3）用户权限管理

针对该项目下各部门管理人员，用于设置不同的管理权限。如"部门管理员"角色拥有该部门所有的管理权限，如图 5.1-6 所示，而"普通员工"则主要拥有各应用界面的浏览权限及部分基础使用权限。

（4）应用管理

根据项目管理目标及 BIM 应用主要任务，可在"应用管理"下选配主界面的模块，如工地出勤、看板数据、文档管理等子项。应用管理界面包括"已开通应用"与"应用分组"两部分，根据项目需求选择需要开通的应用模块，如图 5.1-7 所示。

如部分应用无使用需求，则可以选择"停用"。鼠标移动至应用模块上，可自动显示"停用/编辑"按钮，如图 5.1-8 所示。

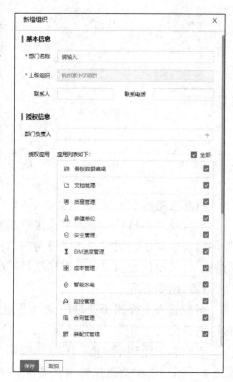

图 5.1-5　新增组织设置

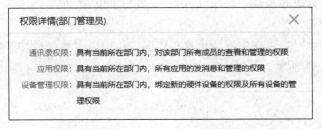

图 5.1-6　权限详情（部门管理员）

图 5.1-7　应用管理

当然模块的选配主要取决于项目管理需求及各个模块的使用频率。针对不同项目，管理员可自定义网页端与移动端的应用分组与收纳，如图 5.1-9 所示。

图 5.1-8　停用/编辑应用模块　　　　　图 5.1-9　应用分组

点击应用分组，选择"添加分组"，根据需求设置分组及组下的应用模块，如图 5.1-10 所示。

小提示：

同一项目移动端的管理模块由网页端统一设置，如需将设置同步至移动端，需打开"同步到 APP 端"选项。

（5）登录页设置

项目登录时页面一般会转到主界面。根据模块的使用频率与管理人员的使用习惯，可将项目设置为登录即跳转至某一模块/应用，一般可不设置。

（6）宣传栏设置

在进行看板展示时，可在主界面设置宣传窗口，用以展示项目动态信息、本阶段重要工作等，如图 5.1-11 所示。

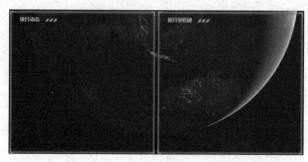

图 5.1-10　自定义分组　　　　　　　　　　　　图 5.1-11　项目看板宣传栏

点击宣传栏设置模块下的"新增"，自定义宣传栏内容，如图 5.1-12 所示。新增后的信息可直接在本项目看板中展示。

图 5.1-12　宣传栏设置

（7）操作日志

该界面可实时记录各部门人员的所有操作行为，可支持批量导出，方便部门管理人员进行下属人员及分包班组的行为管理。

2. 数据看板设置

完成项目基础及 BIM 应用设置后，可点击主界面"数据中心"，进入看板管理。项目新建时，平台已默认提供一种看板方案，管理员根据展示需求可对默认看板进行编辑，也可新增看板。

选择"数据中心"下的"大屏管理"，点击"新增"，如图 5.1-13 所示。目前看板类型包括智慧工地云平台 4.0 及 5.0 两种，可自行选择；屏幕分辨率可根据展示屏幕的实际尺寸进行设置。

新增的看板默认无展示信息，需自行配置。选择新增的"案例"看板，点击"管理"，进入看板编辑界面。

对看板的展示模块进行设计。点击"新增页面",添加展示模块,如图 5.1-14 所示。页面名称、标题及菜单 logo 等可自定义添加。

图 5.1-13 自定义看板类型

图 5.1-14 对看板的展示模块进行设计

完成模块新增后,在指定模块下可自行添加展示内容,即新增面板。点击"新增面板",在左侧选择应用子项,完成内容添加,如图 5.1-15 所示。

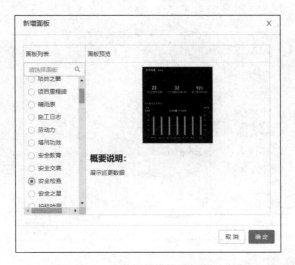

图 5.1-15 对看板的模块添加展示内容

模块内容添加时,内容的展示大小尺寸等信息默认。如需进行调整,可点击展示内容,选择"编辑",更改相关设置,如图 5.1-16 所示。

完成设置后,管理员可对界面风格进行整体优化调整。点击界面右上角的"整体风格",可设置看板的显示参数,如图 5.1-17 所示。完成看板编辑后,可通过"预览看板"查看展示效果。

小提示:

同一项目下可新增多个类型看板,便于企业、项目指挥部、大屏展示等多种场景使用。

图 5.1-16　面板编辑

图 5.1-17　整体风格设置

 相关知识点

※知识点 1：智慧工地基本框架

第一个层面是终端层，充分利用物联网技术和移动应用提高现场管控能力。通过 RFID、传感器、摄像头、手机等终端设备，实现对项目建设过程的实时监控、智能感知、数据采集和高效协同，提高作业现场的管理能力。

第二个层面是平台层。各系统中处理的复杂业务，产生的大模型和大数据如何提高处理效率？这对服务器提供高性能的计算能力和低成本的海量数据存储能力产生了巨大需求。通过云平台进行高效计算、存储及提供服务。让项目参建各方更便捷地访问数据，协同工作，使得建造过程更加集约、灵活和高效。

第三个层面是应用层，应用层核心内容应始终围绕以提升工程项目管理这一关键业务为核心，因此 PM 项目管理系统是工地现场管理的关键系统之一。BIM 的可视化、参数化、数据化的特性让建筑项目的管理和交付更加高效和精益，是实现项目现场精益管理的有效手段（图 5.1-18）。

图 5.1-18　智慧工地应用场景

BIM 和 PM 系统为项目的生产与管理提供了大量的可供深加工和再利用的数据信息，是信息产生者，这些海量信息和大数据如何有效管理与利用，需要 DM 数据管理系统的支撑，以充分发挥数据的价值。因此应用层的是以 PM、BIM 和 DM 的紧密结合，相互支撑实现工地现场的智慧化管理。

※知识点 2：BIM 技术在智慧工地建造中的应用

在建筑物使用寿命期间可以应用 BIM 技术有效地进行运营维护管理，BIM 技术具有空间定位和记录数据的能力，将其应用于运营维护管理系统，可以快速准确定位建筑设备组件。对材料进行可接入性分析，选择可持续性材料，进行预防性维护，制定行之有效的维护计划。BIM 与 RFID 技术结合，将建筑信息导入资产管理系统，可以有效地进行建筑物的资产管理。另外，BIM 技术还可进行空间管理，合理高效使用建筑物空间。

※知识点 3：品茗智慧工地云平台简介

品茗智慧工地云平台作为云端管理平台，包括 PC 端、网页端及移动端，分别应对管理过程中不同层级的数据处理、不同场景的任务管理。平台通过账号体系进行集中管理，用户账号（如安全员）加入项目后，可由平台管理员对其进行角色配置，以确定该用户在项目内对各项功能的使用权限。

（1）PC 端

PC 端主要用于 BIM 模型及数据交互，包括 BIM 模型、进度计划、预算文件等数据导入，模型与数据间的挂接关联，数据编辑与填报，部分成果的页面展示等。PC端大多为项目BIM应用开展的前期工作，主要进行模型相关的数据处理及轻量化的模型展示。

（2）网页端

项目施工过程管理作为最主要的管理行为，则主要通过网页端实现。PC端中的模型工程量、进度及成本等相互关联之后，以数据形式同步至云端（即网页端），在云端实现各方协同管理。

网页端包括"BIM应用"与"数据中心"两部分，包含进度管理、质量管理、成本管理、安全管理、文档管理、监控管理、流程管理等一系列模块，如图5.1-19所示。

图 5.1-19　网页端架构图

1）BIM应用

"BIM应用"作为云端的数据管理平台，主要用于项目管理任务的操作，如实际数据填报、物料管理、线上表单流转与流程审批、模拟建造等。项目管理人员可在网页端的BIM应用板块下，进行每日/每周/每月的物料、机械台班、人工的消耗量及实际进度的填报，实时记录过程进度与成本发生情况。

平台可搭建项目协同管理体系，各方参建人员包括甲方、设计方、监理方、施工方之间，以及总包方（项目部）内部，均可在同一平台中协同管理，如设计方与施工方之间的工程联系单收发；总包单位与分包单位的质量安全整改发起，知会相关人员并进行流转，如图5.1-20所示。同时"BIM应用"板块可进行文档资料存储，如电子合同、施工图、

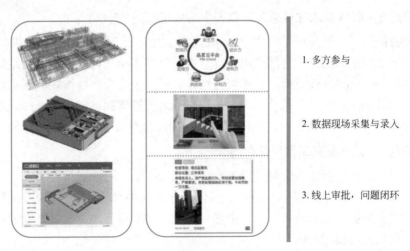

图 5.1-20　多方协同管理

设计变更、项目质量验收资料等。

2）数据中心

"数据中心"即项目看板，可展示项目概况、效果图、模型、进度、任务、问题、检查、公告以及延期情况统计等，可以使管理者更方便地获取项目进展情况。其优势在于支持全屏展示，方便通过大屏幕进行投影，信息展示包含汇总数据及分段数据。此外，支持看板格式调整，用户可以自定义展示内容。

作为云端的展示平台，数据中心可展示每日的进度进展、物资消耗情况，现场监控视频，危大工程监测等；根据项目的实际需求，也可自行选择大屏展示内容，自行搭建管理平台模块。

数据中心适用于各层级管理主体，也可作为企业或监管部门的平台看板，实时监控其下面各个工程项目的施工作业情况。如监管部门可选配危大工程监测、现场监控、实名制管理等模块，掌握施工现场安全文明标准化作业情况。

（3）移动端

在项目管理现场，多数情况下因现场管理的特殊性，管理人员往往不便于使用网页端操作，如安全员现场巡检时发现安全隐患，需安排作业人员整改。移动端可以很好地进行现场整改发起、流程审批、管理人员日常巡检等工作，使用更加便捷，更适应现场的作业管理现状及其他突发情况。

移动端即手机端的轻量化管理平台，包含除数据分析以外的所有模块，支持员工出勤、现场监测监控查看、过程记录、协同交互等。为保证使用便捷，移动端同时支持轻量化模型、图片、文档以及视频等各类文件在线预览查看功能。

项目内的成员包括各方参建单位、项目部管理人员、各分包单位管理人员等，可以随时随地进行工程动态发起，例如施工员施工过程中可以将每天的工作情况、进度以及标准优秀做法等通过拍照或录视频等方式发送到工程动态，分享给整个项目的成员。

🗒 能力拓展

能力拓展-单元 5 任务 1

任务 2　质量管理

🖋 能力目标

1. 掌握质量管理主要内容；
2. 能熟练运用移动端 APP 进行质量检查与整改；
3. 掌握实测实量系统的操作方法；

4. 掌握施工现场质量检测方法。

 任务书

通过图书资料、网络媒体、参观考察等渠道，了解项目质量管理要点，了解质量管理智能化手段。

依据现场照片，提出质量检查并完成整改；对样板建筑进行实测实量并输出测量记录表。

工作准备

1. 任务准备

（1）识读本项目施工组织设计方案，了解项目质量管理目标、质量控制要点及控制方法、质量保障措施等内容。

（2）启动实测实量设备并连接至移动设备。连接前需保证移动设备已开启蓝牙与定位。

2. 知识准备

引导问题1：工程项目质量具体含义是什么？

_____

_____

小提示：

工程项目质量是指通过项目实施形成的工程实体的质量，反映工程满足相关标准规定或合同约定的要求，包括其在安全、使用功能及其在耐久性能、环境保护等方面所有明显和隐含能力的特性总和。其质量特性主要体现在适用性、耐久性、安全性、可靠性、经济性及与环境的协调性六个方面。

引导问题2：工程质量的影响因素有哪些？

_____

_____

小提示：

影响工程质量的因素很多，而且不同工程的影响因素会有所不同，各种因素对不同工程的质量影响的程度也有所差异。但无论任何工程，也无论在工程的任何阶段，影响工程质量的因素归纳起来主要有五个方面，即人（Man）、机械（Machine）、材料（Material）、方法（Method）和环境（Environment），简称"4M1E因素"。

2.1 质量检查与整改

1. 打开"桩桩"APP，登录并选择本教材"杭州某小学项目"案例，点击"质量检查"按钮，如图5.2-1所示，进入检查页面。

2. 点击"质量检查"页面下的添加按钮，添加质量检查项目，进入"新增检查"页面，如图5.2-2所示。

质量检查与整改

图 5.2-1 "桩桩"主页面

图 5.2-2 添加质量检查

3. 根据本项目"现场质量检查图片"的内容，进行检查信息设置。设置信息包括检查类别、检查项目、整改人、整改期限等内容。其中检查项目根据分部分项，包含地基与基础、主体结构、装饰装修等项目，如图 5.2-3 所示。

4. 整改人可从本项目组织架构中选择，并指定到人。

5. 被指定整改对象可在移动端直接回复。点击"质量检查"页面下的"待我整改"，可查看检查记录，如图 5.2-4 所示。点击"整改回复"按钮，可回复整改情况，如是否如期整改，并可附上整改后的现场照片。

图 5.2-3　检查项目

图 5.2-4　检查整改

2.2　实测实量

1. 打开"桩桩"小程序，选择案例项目。点击页面正下方的"工作台"，如图 5.2-5 所示。该页面包含"智能监测""质量管理""安全管理"等内容。

2. 点击质量管理下的"实测实量 ENT"，该页面包含测量合格率、测量任务、任务状态分部等，其中"智能设备"下已连接设备亮显，如图 5.2-6 所示，激光测距仪与角尺显示已连接。

实测实量

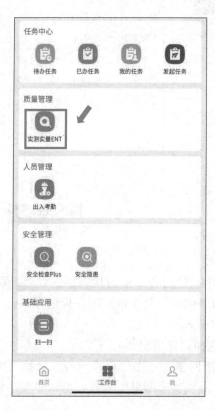

图 5.2-5　工作台页面

图 5.2-6　实测实量页面

3. 点击"指派待测任务"，可查看并选择已下发的任务。

4. 启动实测实量设备，以角尺为例，启动对样板建筑进行测量，完成一组数据测量后，点击设备上的"发送"键，如图 5.2-7 所示，将数据同步到实测实量任务下。

图 5.2-7　测量设备

小提示：

测量前，需确保移动设备的蓝牙与定位已开启，保证测量设备正常连接至移动设备。

 相关知识点

※知识点：BIM 质量管理目标与任务

质量管理即为保障建设项目的质量特性满足要求而进行的计划、组织、协调、控制等的活动。质量控制是建设工程项目中最为重要的工作，是工程建设项目 3 个目标控制的中心目标。

施工属于工程项目建设的实施过程，也是保证最终产品得以生成的阶段，关系到最终成品质量。"百年大计，质量第一"是最基本的原则，构建起相对完善且可靠的质量管理体系，促使相应的合同和设计文件要求及时满足。同时工程质量受控，也是保证工程项目施工进度、成本目标顺利实现的前提。

BIM 质量控制的目标在于基于平台搭建完善的质量管理体系，加强过程控制，促进各方协同作业。

（1）项目前期利用 BIM 图纸会审，提前审查发现图纸错漏，提前沟通设计方补充/变更，避免后期影响施工进度、造成质量问题。

（2）搭建各方协同管理平台，提高沟通效率，加强管理力度。

（3）确定质量巡检点、明确日常巡检路线，应用扫描二维码实时反馈日检情况；应用移动端加强日常质量检查力度。

能力拓展

能力拓展-单元 5 任务 2

任务 3　进度管理

能力目标

1. 掌握进度管理的主要内容；
2. 掌握流水施工组织方法；
3. 能熟练运用 BIM5D 平台进行进度数据的交互、关联与编辑；
4. 能完成模拟建造与视频制作，能依据施工模拟完成进度分析。

任务书

依据工程资料完成模型、进度计划等数据的导入，完成数据关联；根据 BIM 模型完成模拟预建造。

工作准备

1. 任务准备

审查本项目 BIM 模型及进度文件，掌握项目分部分项工程信息及计划进度安排。

2. 知识准备

引导问题 1：BIM 在进度管理中有什么价值？

小提示：

基于 BIM 的进度管理的总体目标是在保证目标工期、施工质量和不增加施工实际成本的条件下，应用 BIM 技术加强过程管控力度及进度优化，实现缩短工期的目的。

引导问题 2：BIM5D 的进度关联目的是什么？

小提示：

进度关联，即明确每一构件的建造时间，以实现计划进度的预建造。需注意，任一进度条目同时包含了计划进度、实际进度、工期、进度完成状态等信息，其中计划进度可预先采用 Excel、Project 编制，或通过品茗智绘进度计划软件绘制的网络图转换成 mpp、xlsx 格式，再进行导入；实际进度可在数据关联完成后实时填报。

3.1 数据导入与编辑

1. 模型数据导入

(1) 打开 BIM5D 软件,新建工程,如图 5.3-1 所示。其中工程信息根据项目信息设置;计价模板与本项目预算文件模板选择一致即可。

(2) 完成工程新建后,点击左侧功能面板下的"模型导入",选择名称下的"工程 1",如图 5.3-2 所示。点击"本地导入",选择已导出的 P-BIM 文件,完成模型导入。

小提示:

必须选择"工程 1"后再进行模型导入。如项目含多个单体,则可在"工程 1"下新增单位工程,并依次导入项目各个单体。

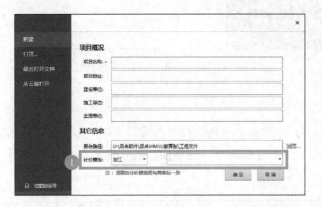

图 5.3-1 工程设置

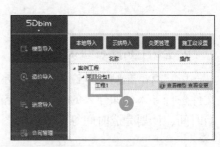

图 5.3-2 模型导入

(3) 工程信息编辑:点击"工程 1"右键,弹出编辑工程界面,根据项目图纸信息对工程信息进行设置,如图 5.3-3 所示。

图 5.3-3 工程编辑

数据导入与编辑

(4) 完成模型导入后,可在该界面下进行模型审查。界面正上方包含"单位工程""专业""楼层""构件""施工段"等条件筛选框,帮助快速筛选构件,如图 5.3-4 所示。

整体审查后,也可以对某一构件进行信息核查。点击任一构件并右键,选择"属性",弹出构件属性窗口,如图 5.3-5 所示。在该界面下,可查看构件信息、所属楼层、工程量信息、进度信息等,其中进度信息需在关联进度后方可查看。

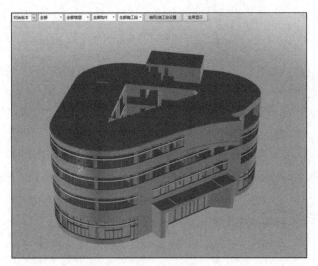

图 5.3-4　模型审查

图 5.3-5　构件属性查看

2. Excel/Project 进度文件导入

（1）点击左侧菜单栏的"进度导入"，在界面左上角选择"进度导入"，选择进度计划文件进行导入。如导入的是 Excel 格式文件，需确认导入的字段，包括任务名称、计划开始时间、计划完成时间等信息，如图 5.3-6 所示。

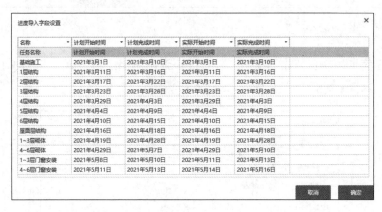

图 5.3-6　Excel 进度导入字段设置

（2）导入进度后，弹出时间设置界面，根据项目实际情况，设置工程开工及完成时间，如图 5.3-7 所示。

小提示：

开工及完成时间仅用于判断进度的状态，如提前、延误、正常等，不会影响计划进度本身的时间节点。如后期需要更改，可在右上角重新点击"开工/完成时间"进行设置。

图 5.3-7　开工及完成时间设置

3.2 施工段划分

1. 点击模型导入界面下的"施工段设置",弹出对应窗口,如图 5.3-8 所示,点击施工段界面右上角"新增"按钮,根据项目图纸新增施工段。

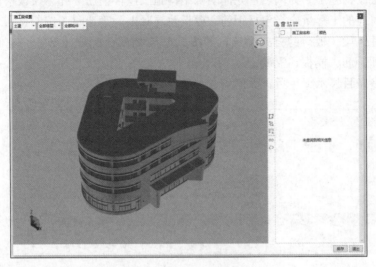

图 5.3-8 施工段设置

2. 新增的施工段会以颜色自动区分,双击施工段名称可进行名称设置,如图 5.3-9 所示。

3. 点击界面中间"▢"或"~"按钮选择"矩形绘制"或"自由绘制",根据项目图纸信息进行施工段绘制。完成施工段绘制后,模型构件/工程量信息即可直接通过施工段条件进行筛选。

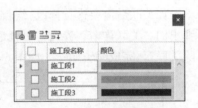

图 5.3-9 新增施工段

小提示:

施工段仅会区分各个构件归类,不会打断单个构件,如一根完整的梁,不会被打断为两段。

3.3 进度关联

点击 BIM5D 管理平台主界面下的"进度关联",进入进度关联界面,如图 5.3-10 所示,其中进度关联包含列表方式与模型方式两种。

图 5.3-10 进度关联界面

进度关联

（1）列表方式

列表方式下，模型中所有的清单/定额工程量信息直接展示在列表中，关联时可在左侧直接选取对应进度条目的工程量信息。列表方式支持"单位工程""专业""楼层""构件"等筛选条件。

以"一层结构施工"为例，首先需明确结构施工包含钢筋绑扎、模板搭设、混凝土浇筑等子项，对应的工程量应当包括钢筋、模板及混凝土。筛选时，按照楼层（一层）——构件（结构柱、梁、板）的方式筛选，如图 5.3-11 所示。完成筛选后，左侧全选所有清单工程量（即钢筋、模板、混凝土），右侧选择"一层结构施工"，点击"🔗"按钮进行关联，待进度条目显示绿色后，即已完成关联。

图 5.3-11　条件筛选

如关联后需要进行修改/编辑，选中相应的进度条目点击右键，选择"关联详情"。在弹出的"关联详情"界面，可视情况选择需要移除的工程量条目，点击界面右上角的"移除关联"，完成编辑操作，如图 5.3-12 所示。

图 5.3-12　关联详情

小提示：

当模型构件中同时包含清单、定额工程量时，仅需选择其中一项，一般以清单工程量关联为主。关联前需明确关联主体，如结构关联时，二次结构如圈梁、过梁、构造柱等构件无需选择，如项目有剪力墙，需同时筛选剪力墙构件。

(2) 模型方式

模型方式即在模型界面关联，按楼层（一层）——构件（结构柱、梁、板）的顺序筛选。完成筛选后，模型界面框选模型（Ctrl+左键框选)，右侧选中“一层结构施工”，点击关联按钮。此时弹出“请关联所选构件的子项”窗口，如图 5.3-13 所示。在该界面下，可筛选工程量信息。相较于列表方式，模型方式在关联时更加直观，构件筛选不易出错。

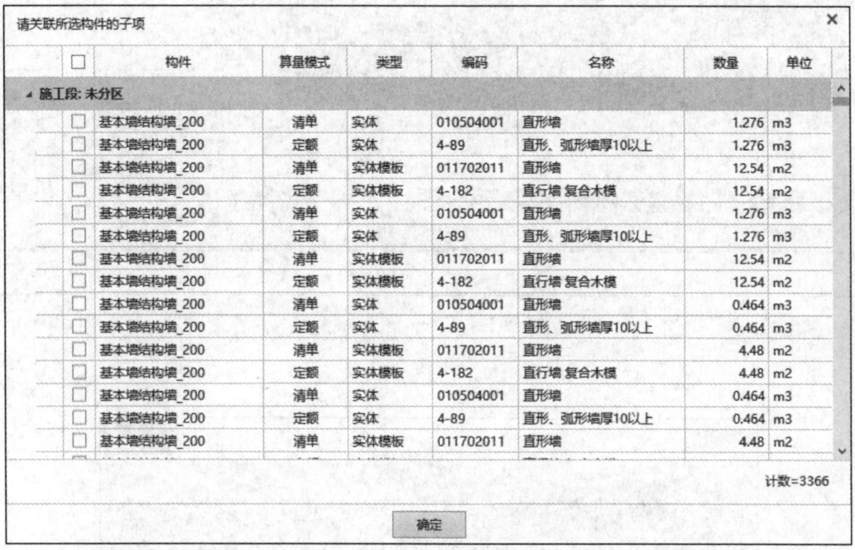
请关联所选构件的子项

构件	算量模式	类型	编码	名称	数量	单位
施工段: 未分区						
基本墙结构墙_200	清单	实体	010504001	直形墙	1.276	m3
基本墙结构墙_200	定额	实体	4-89	直形、弧形墙厚10以上	1.276	m3
基本墙结构墙_200	清单	实体模板	011702011	直形墙	12.54	m2
基本墙结构墙_200	定额	实体模板	4-182	直行墙 复合木模	12.54	m2
基本墙结构墙_200	清单	实体	010504001	直形墙	1.276	m3
基本墙结构墙_200	定额	实体	4-89	直形、弧形墙厚10以上	1.276	m3
基本墙结构墙_200	清单	实体模板	011702011	直形墙	12.54	m2
基本墙结构墙_200	定额	实体模板	4-182	直行墙 复合木模	12.54	m2
基本墙结构墙_200	清单	实体	010504001	直形墙	0.464	m3
基本墙结构墙_200	定额	实体	4-89	直形、弧形墙厚10以上	0.464	m3
基本墙结构墙_200	清单	实体模板	011702011	直形墙	4.48	m2
基本墙结构墙_200	定额	实体模板	4-182	直行墙 复合木模	4.48	m2
基本墙结构墙_200	清单	实体	010504001	直形墙	0.464	m3
基本墙结构墙_200	定额	实体	4-89	直形、弧形墙厚10以上	0.464	m3
基本墙结构墙_200	清单	实体模板	011702011	直形墙	4.48	m2

计数=3366

确定

图 5.3-13　关联所选构件的子项

小提示：

(1) 列表方式重新选择楼层会刷新构件；模型方式可保留选择的构件，模型方式关联时可切换楼层继续关联；

(2) 筛选构件必须依据进度任务确定，如进度计划中明确“模板搭设”“钢筋绑扎”“混凝土浇筑”，则需要筛选出指定工程量并进行关联；

(3) 同一工程量只能被关联至唯一任务，列表方式区分“已关联”与“未关联”，操作时不存在重复关联的情况；模型方式因需要重新选择构件子项，关联时存在重复选择，筛选条件时需特别注意。

3.4　模拟预建造

1. 点击 BIM5D 客户端菜单栏下的“模拟建造”，选择单位工程，选择“计划-实际对比模拟建造”，如图 5.3-14 所示。

2. 点击播放按钮，查看计划与实际对比的模拟建造视频，了解整个项目的施工过程。

3. 点击该界面下的录屏按钮，可录制模拟建造视频，如图 5.3-15 所示。

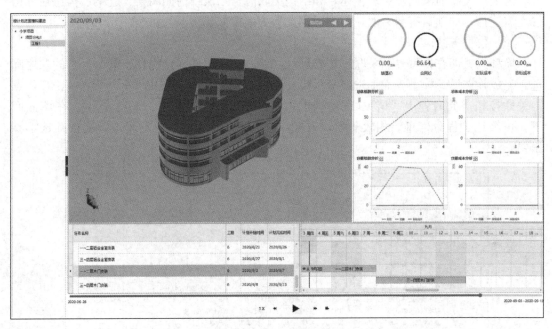

图 5.3-14　5D 施工模拟

图 5.3-15　视频录制界面

📈 相关知识点

※知识点：BIM 在进度管理中的应用

（1）预建造分析

BIM4D 具备进度可视化的特性，应用管理平台可提前进行项目全过程的模拟预建造。施工总承包单位可以利用 BIM4D 对各分包单位进行进度管理，有效地反映各专业施工进度是否存在穿插关系，各专业之间工序是否有矛盾，工作面是否有冲突，以此分析计划进度的总体合理性。

（2）进度偏差分析

在工程项目管理过程中，实际进度容易与计划进度产生偏差，而进度过程跟踪可以及时地发现实际进度与计划之间存在的差异，从而及时调整。应用平台进行过程记录，结合物料、人工、机械等信息及其他施工作业条件，分析实际进度产生偏差的原因，调整、修改计划进行纠偏后再实施，如此循环，直到工程项目竣工验收交付使用。

能力拓展-单元 5 任务 3

任务 4　成本管理

能力目标

1. 掌握 BIM 成本管理的主要内容；
2. 能熟练运用 BIM5D 平台进行成本数据的交互、关联与录入；
3. 能熟练运用 BIM5D 进行工程量提取；
4. 了解工程款含义，掌握 BIM5D 平台进行工程款申报的方法。

任务书

依据工程资料完成预算文件的导入与实际成本的编制，并完成数据关联；根据 BIM 模型完成模拟预建造，并完成工程量提取与工程款申报。

工作准备

1. 任务准备

审查本项目工程量清单表及计价文件，掌握项目分部分项工程信息及造价组成。

2. 知识准备

引导问题 1：BIM 在成本管理中有什么价值？

_____

_____

小提示：

基于 BIM 的项目管理可以通过施工前的预建造，提前发现成本控制风险点，实现对关键节点的控制。同时掌握项目各阶段人材机等资源的消耗情况，为项目分包提供依据。

BIM＋造价的管理形态，更利于开展内部成本管控和分包管理工作。以 BIM 模型为载体，充分考虑图纸问题、优化、变更等情况，控制细粒度更细，同时通过成本、合同的造价对比分析，可以实现对主要差异项进行风险管理。

利用 BIM5D 数据模型，随时输出每天/每周/每月的计划工作量及劳动力、物料及机械台班等资源信息情况；另一方面结合现场实际需求，记录每日实际消耗量，并同步反映至 BIM 模型中，让成本投入与消耗更加直观明了，实现项目成本的精细化管控。

应用 BIM5D 数据模型、结合实际进度，可实时输出现阶段完成的工作量，实时申报工程款项。

引导问题 2：BIM5D 中各项造价数据有哪些？分别是指什么？

_____

_____

_____

小提示：

造价数据一般包含预算价、实际成本、结算价等。

其中预算价包含合同预算与成本预算：合同预算是施工单位中标之后，和甲方签订合同后形成的合同价，主要是根据定额和人材机市场价明确各项清单的综合单价和各项其他费用。成本预算是中标之后的总包单位在进行内部实际成本核算时对内部的生产工人、材料供应商、机械租赁方支付的资金，包括实际材料价、人工价、机械价等。

实际成本即项目施工过程中实际产生的费用总和；结算价即任意时期已申报结算的费用。

4.1 成本数据导入

1. 打开本教材配套的"合同预算 .SSQ6"，点击菜单栏下的"数据"，下拉选择"导出 5D 数据接口"，如图 5.4-1 所示。根据软件提示，依次设置项目信息，另存为合同预算 .xml（成本预算 .xml）文件，完成数据导出。

图 5.4-1　xml 格式导出

2. 点击左侧菜单栏下的"造价导入"，在界面左上角点击"导入造价"，根据导入的预算文件类型选择"合同预算"或"成本预算"，根据提示选择本案例的预算文件，如图 5.4-2 所示。

造价导入与关联

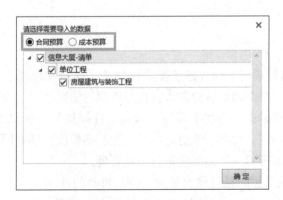

图 5.4-2　造价导入

3. 完成"造价导入"后，软件自动弹出"费率设置"界面；此处无需额外设置，已在预算文件编制时明确，如图 5.4-3 所示。

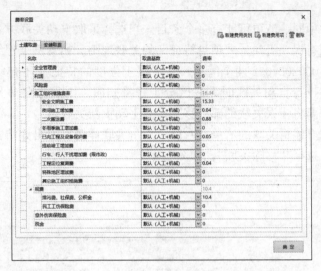

图 5.4-3　费率设置

4.2　造价关联

造价关联，即明确每一模型构件下清单工程量的综合单价，将每一构件的工程量信息关联至综合单价，以形成基于 BIM 的 5D 数据模型。相较于进度关联仅可使用手动关联操作，造价关联可根据清单选择自动关联或手动关联方式。

1. 自动关联

（1）开新建的案例工程，选择菜单面板下的"造价管理"。其中界面左侧为模型工程量信息，右侧为成本预算清单。点击界面中间的"🔗"按钮，弹出自动关联设置界面，如图 5.4-4 所示，软件可根据清单子目自动匹配关联。

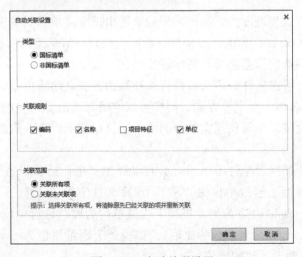

图 5.4-4　自动关联设置

其中国标清单即全国通用的标准清单计价规范。软件支持根据“编码”“名称”“项目特征”“单位”等条件进行关联，可根据项目自行选择关联规则。

小提示：

一般预算文件中同一清单可能有多个条目。当选择采取自动关联方式时，为避免因特征描述不同而关联有误，需勾选“项目特征”的关联规则。如案例工程结构柱，包含编码010502001001、010502001002两个清单，其混凝土强度的特征描述有所区别。如未勾选“项目特征”，软件进行自动关联时无法区分工程量归属，则默认自动关联至序号“001”的清单下，此时需要将错误关联的部分移除，并手动重新关联。

（2）键选中需要编辑关联的清单并右键，点击关联详情。弹出详情界面后，勾选需要取消关联的构件，选择“移除关联”，如图5.4-5所示。

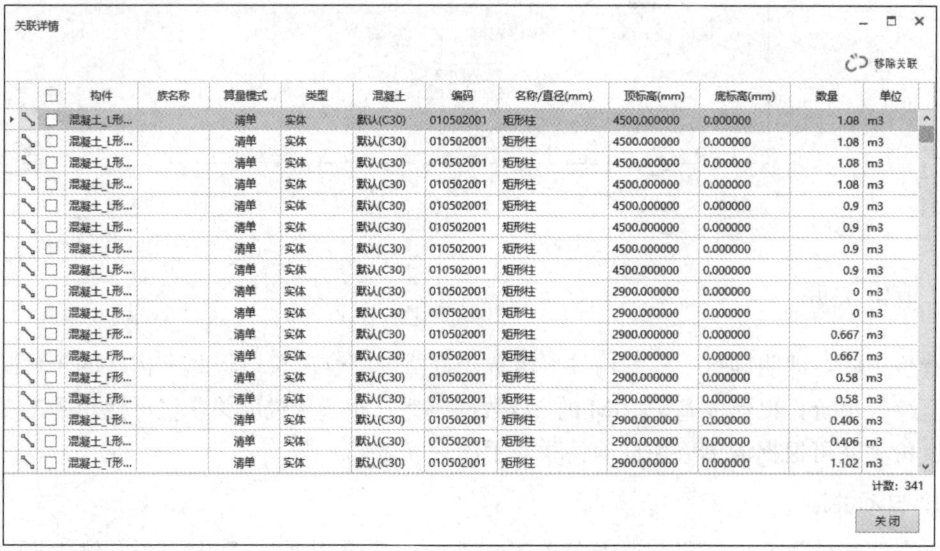

构件	族名称	算量模式	类型	混凝土	编码	名称/直径(mm)	顶标高(mm)	底标高(mm)	数量	单位
混凝土_L形...		清单	实体	默认(C30)	010502001	矩形柱	4500.000000	0.000000	1.08	m3
混凝土_L形...		清单	实体	默认(C30)	010502001	矩形柱	4500.000000	0.000000	1.08	m3
混凝土_L形...		清单	实体	默认(C30)	010502001	矩形柱	4500.000000	0.000000	1.08	m3
混凝土_L形...		清单	实体	默认(C30)	010502001	矩形柱	4500.000000	0.000000	1.08	m3
混凝土_L形...		清单	实体	默认(C30)	010502001	矩形柱	4500.000000	0.000000	0.9	m3
混凝土_L形...		清单	实体	默认(C30)	010502001	矩形柱	4500.000000	0.000000	0.9	m3
混凝土_L形...		清单	实体	默认(C30)	010502001	矩形柱	4500.000000	0.000000	0.9	m3
混凝土_L形...		清单	实体	默认(C30)	010502001	矩形柱	4500.000000	0.000000	0.9	m3
混凝土_L形...		清单	实体	默认(C30)	010502001	矩形柱	2900.000000	0.000000	0	m3
混凝土_L形...		清单	实体	默认(C30)	010502001	矩形柱	2900.000000	0.000000	0	m3
混凝土_F形...		清单	实体	默认(C30)	010502001	矩形柱	2900.000000	0.000000	0.667	m3
混凝土_F形...		清单	实体	默认(C30)	010502001	矩形柱	2900.000000	0.000000	0.667	m3
混凝土_F形...		清单	实体	默认(C30)	010502001	矩形柱	2900.000000	0.000000	0.58	m3
混凝土_F形...		清单	实体	默认(C30)	010502001	矩形柱	2900.000000	0.000000	0.58	m3
混凝土_L形...		清单	实体	默认(C30)	010502001	矩形柱	2900.000000	0.000000	0.406	m3
混凝土_L形...		清单	实体	默认(C30)	010502001	矩形柱	2900.000000	0.000000	0.406	m3
混凝土_T形...		清单	实体	默认(C30)	010502001	矩形柱	2900.000000	0.000000	1.102	m3

图5.4-5 造价关联详情

2. 手动关联

（1）手动关联方式与进度关联类似，手动筛选出指定清单子目的工程量并关联。以清单010502001001（矩形柱）为例，按构件（混凝土柱）—清单编码—类别（默认C30）的方式进行筛选，所筛选的信息必须与清单特征描述一致。

筛选工程量时，可选条件较多，可自行选择筛选方法，除清单编码+类别方式筛选以外，也可采用单位/名称+类别等方式，同样可以准确筛选出C30柱的混凝土工程量。

（2）当模型工程量清单与预算文件中的清单子目存在单位不一致的情况时，需进行单位换算。

点击关联键后，如两者单位不一致，会自动弹出“单位折算设置”窗口，如图5.4-6所示。如门窗工程模型工程量单位为“樘”，预算文件中为“m^2”，则在手动关联时需对单位进行系数设置，以M1020为例，模型工程量单位为樘，计价单位为m^2，则折算系数为0.5（1樘=2m^2，计算两者系数的比值）；如模型工程量单位为t，计价单位为kg，则折算系数为0.001（两者系数的比值）。

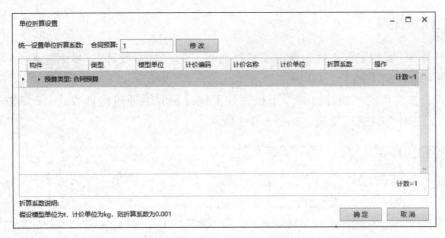

图 5.4-6　单位折算设置

小提示：

造价关联时，当重新选择"构件"后，会保留上一构件的筛选条件，如上一次选择"混凝土柱"—"010502001"—"C30"，选择梁构件后，依旧保留上一次条件，此时可依次取消勾选"构件""编码""类别"信息，再重新进行筛选；多数情况下，模型单位与计价单位应是完全一致，如操作时弹出"单位折算设置"窗口，必须检查筛选的工程量正确与否。

4.3　5D 模拟建造

完成造价关联后，生成 5D 模拟建造视频。点击菜单栏面板下的"模拟建造"，选择"按计划进度模拟建造"，随着时间进行模拟建造时，界面右侧可同步显示预算成本消耗情况，如图 5.4-7 所示，有助于掌握计划进度下成本的消耗曲线，进行成本预测。

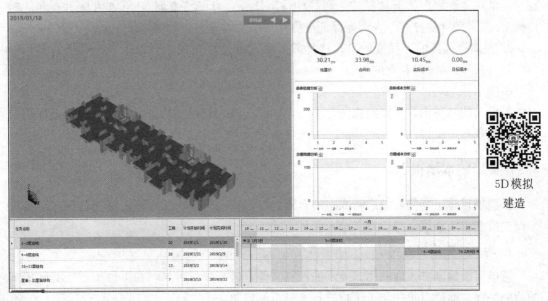

5D 模拟
建造

图 5.4-7　模拟建造

4.4 工程量提取

1. 打开 5D 案例工程文件，点击菜单栏面板下的"材料统计"，界面左侧为模型工程量，右侧为材料统计表。

2. 点击左上角的"构件方式"下拉框，工程提量时可通过构件方式、时间方式、进度计划方式三种方式进行筛选，如图 5.4-8 所示。

工程量提取

图 5.4-8　构件筛选方式

（1）构件方式

构件方式即直接筛选需要提取的指定构件，通过"楼层""构件""施工段"等筛选条件进行筛选。以一层结构柱施工为例，点击"楼层"下拉选择"一层"，点击"构件"下拉选择"混凝土柱"。完成条件设置后，下方可显示查询的构件模型。"构件方式"查询无需任何前置条件，导入模型后可直接查询工程量信息。

（2）时间方式

选择"构件方式"下拉并切换至"时间方式"，以一层结构柱施工为例，选择该构件对应的实际施工时间，点击查询。"时间方式"的查询结果为实际进度情况下的工程量/人材机资源量，查询前必须保证进度计划已关联完整且实际进度已编制。

（3）进度计划方式

选择"构件方式"下拉框并切换至"进度计划方式"，同样以一层结构柱施工为例，在"全部进度计划"框下选择"一层结构柱"任务，点击"查询"，下方可显示查询的构件模型。"进度计划方式"查询需保证进度计划已关联完整。

3. 根据查询到的工程量信息，选择需要查询的工程量或人材机报表，点击右上角的"导出"按钮，可输出查询的报表。

小提示：

提量时的三种查询方式前提条件不一，如无法查询到模型构件信息，可检查进度编制及进度关联等情况。

4.5 实际成本填报

工程项目施工期间，为进行成本的有效管控，需进行成本实际消耗量的填报。BIM5D平台支持清单定额编制与自定义录入两种方式。

1. 清单定额编制方式

清单定额编制方式即利用已导入的预算文件，进行项目追加，在平台中进行实际成本的清单编制，而后对每一清单子目进行人材机的调整。

（1）点击"实际成本编制"，选择"计算方式"为"清单定额编制"，如图 5.4-9 所示，其中界面左侧为已导入的合同预算及成本预算清单列表；右侧为需要编制的实际成本清单列表，下方为人材机明细。

图 5.4-9　清单定额编制界面

（2）展开预算清单并选择清单子目，点击"⊞"按钮进行追加。选择追加后，弹出"添加分类目录"方式窗口，如图 5.4-10 所示。分类目录可与预算清单一致，按分部与分项工程进行目录编制。

图 5.4-10　添加分类目录

（3）完成清单子目添加后，需对清单中的人材机明细进行调整。点击实际成本下的清单，界面下方即可出现此清单的人材机明细，如图 5.4-11 所示。

	类型	编码	名称	规格型号	单位	含量	合价
☐	机械	9913033	混凝土振捣器	插入式	台班	0.09	0.41
☐	材料	3115001	水		m3	1.1	5.02
☐	人工	0000011	二类人工		工日	0.911	74.7
☐	材料	0233041	草袋		m2	0.15	0.75
☐	材料	0433024	泵送商品混凝土	C30	m3	1.015	615.09

图 5.4-11　人材机明细

（4）根据实际消耗费用进行人材机合价的调整。

如在预算清单的基础上，需进行额外补充，可点击"▣"按钮，选择新增。根据清单内容，自行录入该清单所属的目录、名称、清单编码、项目特征、单位等信息，如图 5.4-12 所示。

2. 自定义录入方式

自定义录入方式即记录每日消耗的人工、材料、机械台班等，相较于清单定额编制，更贴合现场管理。

图 5.4-12 清单新增

（1）选择"计算方式"为"自定义录入"，如图 5.4-13 所示，该界面包含"列表方式"与"模型方式"，两者区别在于是否关联模型信息。

图 5.4-13 自定义录入界面

（2）以"列表方式"为例，选择"人工"，点击"⬚⊕"按钮，新增人工项，如图 5.4-14 所示。根据实际信息，按实填写时间、分部分项、类别、名称、所属班组、工程量等相关信息。

图 5.4-14 新增人工

项目现场同一工种可能有多个分包单位，需在"班组"下进行区别，"备注栏"可进行备注信息的填写。完成所有信息设置后，点击"确定"，完成成本录入。材料与机械台班的操作方式同理。

小提示：

相关信息如工种，第一次需手动录入，后续录入可进行下拉选择。

"新增人工"界面下，"工程量"即实际消耗的人工，"工日"为工人数。如某日现场有 15 名钢筋工进行施工作业，因夜间加班等情况，实际消耗的人工为 20，则"工日"可填写 15，"工程量"可填写 20。

完成实际成本编制后，需重新进行成本数据与模型的关联。

工程款申报

4.6 工程款申报

1. 申报方式默认为按自然月的方式申报，如需调整，可点击"进度导入"页面下的"进度款支付方式"，下拉可选择自然月与施工节点两种方式，如图 5.4-15 所示。

2. 如选择施工节点方式，需自行添加。点击"施工节点设置"，输入节点名称，同时在进度列表中选择该施工节点对应的进度条目，点击"设置"。如添加"结构结顶"，则可选择"屋面、出屋面结构"作为该节点的最后一项工作，如图 5.4-16 所示。

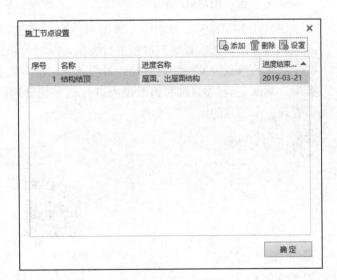

图 5.4-15　工程款申报方式　　　　　　　图 5.4-16　施工节点设置

3. 点击左侧菜单栏下的"工程款申报"，进入工程款申报界面，正上方可设置申报的时间，点击申报按钮，可完成工程款申报，如图 5.4-17 所示。

小提示：

申报列表下一般包含"上报工程量""模型余量""合同余量"等信息，其中上报工程量，指根据申报时间段下的实际进度所关联的工程量数据而来，无需额外设置；模型余量，指未申报的模型工程量；合同余量，指合同工程量扣除已申报部分的余量，导入的合

工程名称	编码	名称	项目特征	单位	上报工...	模型余量	合同余量	综合单...	综合合...
工程1	010401004001	多孔砖墙	1.墙体厚度、砌筑材料:墙体厚度:240mm厚 材料:烧结页岩多孔砖 2.墙体类型:剪力墙	m3	843.784	1160.998	1223.0269	414.92	350102
	3-61	砌烧结多孔砖墙 厚...		10m3	84.378			4149.15	350096
工程1	010502001001	矩形柱	1.混凝土种类:预拌 2.混凝土强度等级:C30	m3	58.733	58.733	38.689	709.98	41699.
	4-79	现浇商品(泵送)砼...		m3	58.733			709.98	41699.
工程1	010503002001	矩形梁	1.混凝土种类:现浇 2.混凝土强度等级:C30	m3	219.154	219.154	253.686	674.25	147764

图 5.4-17　工程款申报

同预算文件由计价软件编制而来,其中已包含工程量数据。

如上报工程量数据超出模型余量或合同余量,则显示红色,两者工程量不一致可能由编制错误、工程变更等原因产生。

工程款申报数据是依据合同预算及实际进度的关联情况而来,因此申报工程款之前,必须保证合同预算和实际进度已完成录入并完成关联。

相关知识点

※知识点:BIM5D 简介

BIM5D 以 3D 模型为载体、数据为核心,通过 BIM 模型集成进度、预算、资源、施工组织等关键信息,对施工过程进行模拟,及时为施工过程中的技术、生产、商务等环节提供准确的形象进度、物资消耗、过程计量、成本核算等核心数据,提高沟通和管理决策效率,帮助企业/项目部对施工过程进行数字化管理,从而达到节约时间和成本,提升项目管理效率的目的。

能力拓展

能力拓展-单元 5 任务 4

任务5　职业健康安全与环境管理

能力目标

1. 掌握职业健康安全与环境管理主要内容;
2. 能熟练运用平台进行人员信息管理;

3. 掌握施工现场危大工程监测规范、原理与方法。

 任务书

通过图书资料、网络媒体、参观考察等渠道，了解项目安全管理要点，了解安全管理智慧化手段。

依据现场照片，提出安全检查并完成整改；对危大工程进行监测并分析。

工作准备

1. 任务准备

（1）识读杭州某小学项目施工组织设计方案，了解项目安全管理、职业健康管理与安全管理要点。

（2）识读本项目深基坑专项施工方案，了解基坑监测主要项目、方法及要点。

2. 知识准备

引导问题1：基坑主要包含哪些监测项目？

_____

_____

小提示：

依据《建筑基坑工程监测技术标准》GB 50497—2019 表 4.2.1 规定，根据基坑安全等级划分，监测项目一般包括围护墙（边坡）顶部水平及竖向位移、深层水平位移、立柱竖向位移、地下水位、支撑轴力等。

引导问题2：劳务实名制管理主要运用到哪些技术？

_____

_____

小提示：

劳务实名制系统基于物联网（Internet of Things，简称 IoT）开发，运用人脸识别、RFID、IC 卡等技术，获取项目工地人员身份信息，配合云平台实现实名制、考勤、工资、教育等人员信息化管理工作，有效避免劳务纠纷，规范人员行为，落实工地教育，保障封闭施工。

引导问题3：人员定位对现场人员管理有哪些价值？

_____

_____

小提示：

人员定位系统由 GPS 定位终端、GPRS 无线传输系统和工地智能定位服务器等部分构成，将高灵敏度 GPS 模块及 GPRS 模块内置于安全帽中，通过运营商 GPRS 信道传输 GPS 数据至工地智能定位服务器。系统采用卫星全球定位系统、结合 GIS 地理信息系统和 GPRS 移动通信网络，实现 GPS 实时定位和监控人员，加强了对人员的管理，提高人员管理的效率，并能提高人员的安全性和处理突发事件的能力。

5.1 危大工程监测

1. 高支模监测

高支模监测主要包括架体水平位移、模板沉降、立杆轴力、立杆倾角四 危大工程监测
类大项。

（1）模板支架顶部安装传感器，如图 5.5-1 所示，实时监测模板支架的钢管承受的压力、架体的竖向位移和倾斜度等内容。

图 5.5-1　监测传感器

（2）通过无线通信模板将传感器数据发送至设备信号接收和分析终端。

（3）数据接收终端在收到数据后对数据进行分析，在将数据传递给远程监测系统的同时，对数据的安全性进行计算。

（4）将支模架的危险状态通过声光报警、短信发送和向平台实时传信的模式传递出去，如图 5.5-2 所示。

监测数据可通过云平台实时展示，如图 5.5-3 所示。

图 5.5-2　声光报警器

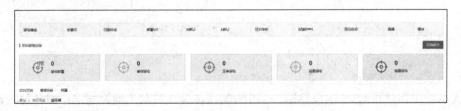

图 5.5-3　云平台高支模监测实时数据

2. 深基坑监测子系统

（1）基坑周边围护墙、深层土体、支撑等部位，安装土压力盒、锚杆应力计、孔隙水压计等智能传感设备，如图 5.5-4 所示，实时监测在基坑开挖阶段、支护施工阶段、地下建筑施工阶段及竣工后周边相邻建筑物、附属设施的稳定情况。

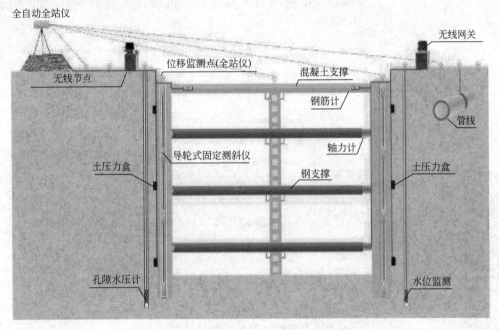

图 5.5-4　深基坑监测子系统示意图

（2）通过物联传感进行数据采集、复核、汇总、整理、分析与数据传送。

（3）监测数据可通过云平台实时展示，如图 5.5-5 所示。

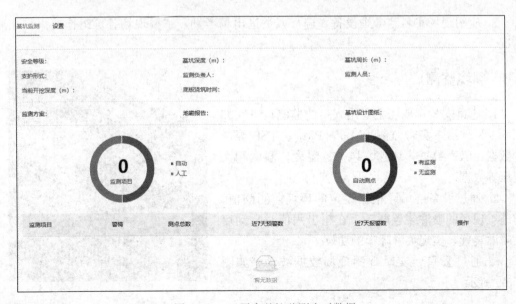

图 5.5-5　云平台基坑监测实时数据

5.2 实名制管理

1. 打开智慧工地云平台，选择"数据中心"下的"参建单位"，如图 5.5-6 所示，其中包含"在场人员""退场人员""特种作业人员""黑名单人员"等分类。

2. 点击"新增人员"按钮，依据项目人员数据，依次录入人员数据，如图 5.5-7 所示。

实名制管理

图 5.5-6 参建单位设置

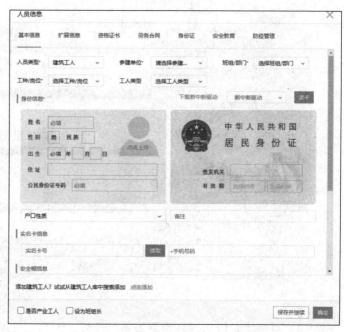

图 5.5-7 人员录入

3. 应用现场实名制考勤设备，进行人员进出场考勤，掌握现场各班组作业人员出勤情况。

5.3 环境监测

1. 通过安装在现场主要出入口的监测设备，如图 5.5-8 所示，实时监测 $PM_{2.5}$、PM_{10}、TSP 等扬尘数据，噪声数据，风速、风向、温度、湿度和大气压等数据。

2. 通过设备终端、根据设定的环境监测阈值，与施工现场的喷淋装置联动，在超出阈值时自动启动喷淋装置，实现喷淋降噪的功效。

3. 通过云平台实时观测现场数据波动，如图 5.5-9 所示。

图 5.5-8 扬尘噪声监控设备

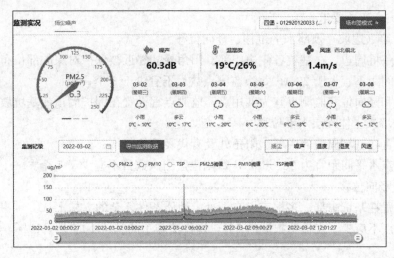

图 5.5-9　云平台扬尘噪声监测实时数据

相关知识点

※知识点 1：

项目职业健康安全与环境管理是指为达到工程项目安全生产与环境保护的目的而采取各种措施的系统化管理活动，包括制定、实施、评审和保持安全与环境方针所需的组织机构、计划活动、职责、惯例、程序、过程和资源。

（1）建设工程职业健康安全管理的目的：保护产品生产者和使用者的健康与安全；控制影响工作场所内员工、临时工作人员、合同方人员、访问者和其他有关部门人员健康和安全的条件和因素；考虑和避免因使用不当对使用者造成的健康和安全的危害。

（2）环境管理的目的：保护生态环境，使社会经济发展与人类的生存环境相协调；控制作业现场的各种粉尘、废水、废气、固体废弃物以及噪声、振动对环境的污染和危害，考虑能源节约和避免资源的浪费。

※知识点 2：

依据《建筑基坑工程监测技术标准》GB 50497—2019 规定，基坑监测项目包含表 5.5-1 所示内容。

基坑监测项目　　　　　　　　　　　　　　　　　　　　　　　　　　　表 5.5-1

本项目主要监测项目	基坑安全等级		
	一级	二级	三级
围护墙(边坡)顶部水平位移	应测	应测	应测
围护墙(边坡)顶部竖向位移	应测	应测	应测
深层水平位移	应测	应测	宜测
立柱竖向位移	应测	应测	宜测
支撑轴力	应测	应测	宜测
地下水位	应测	应测	应测

（1）监测点布置要求

1）围护墙（边坡）顶部水平位移、竖向位移

① 应沿基坑周边，在基坑各侧边中部、阳角处、邻近被保护对象的部位布置；

② 水平间距不宜大于 20m，每边监测点数目不宜少于 3 个；

③ 水平和竖向位移监测点宜为共用点，监测点宜设置在围护墙顶或基坑坡顶。

2）围护墙或土体深层水平位移

① 宜布置在基坑周边的中部、阳角处及有代表性的部位；

② 监测点水平间距宜为 20～60m，每侧边监测点数目不应少于 1 个。

3）立柱竖向位移

① 宜布置在基坑中部、多根支撑交汇处、地质条件复杂的立柱上；

② 监测点不应少于立柱总根数的 5%，逆作法施工的基坑不应少于 10%，且均不应少于 3 根。

4）支撑轴力

① 监测断面的平面位置宜设置在支撑设计计算内力较大、基坑阳角处或在整个支撑系统中起控制作用的杆件上；

② 每层支撑的轴力监测点不应少于 3 个，各层支撑的监测点位置宜在竖向保持一致。

5）地下水位

① 基坑内监测点：采用深井降水时，宜布置在基坑中央和两相邻降水井的中间部位；采用轻型井点、喷射井点降水时，宜布置在基坑中央和周边拐角处，监测点数量应视具体情况确定；

② 基坑外监测点：应沿基坑、被保护对象的周边或在基坑与被保护对象之间布置，监测点间距宜为 20～50m，相邻建筑、重要的管线或管线密集处应布置水位监测点，当有止水帷幕时，宜布置在截水帷幕的外侧约 2m 处。

（2）监测方法

1）围护墙（边坡）顶部水平位移

① 特定方向水平位移：采用视准线活动觇牌法、视准线小角法、激光准直法等；

② 任意方向水平位移：极坐标法、交会法、自由设站法等。

2）围护墙（边坡）顶部竖向位移、立柱竖向位移

宜采用几何水准测量（水准仪），也可采用三角高程测量（全站仪）或静力水准测量（静力水准仪监测系统）等方法。

3）深层水平位移

宜采用在围护墙体或土体中预埋测斜管，通过测斜仪观测各深度处水平位移的方法。

4）支撑轴力

宜采用安装在结构内部或表面的应力、应变传感器进行量测。

5）地下水位

宜采用钻孔内设置水位管或设置观测井，通过水位计进行量测。

能力拓展-单元5任务5

任务6　机械设备管理

能力目标

1. 了解机械监测的主要内容，了解监测的基本原理；
2. 了解机械台账管理的基本方法。

任务书

通过图书资料、网络媒体、参观考察等渠道，了解机械管理要点，了解机械设备台账主要内容；熟悉机械监测的主要内容及其基本原理。

了解机管大师的主要内容，应用移动端 APP 添加塔机设备，并依据机械模型对其进行专项检查与评分。

工作准备

1. 任务准备

识读杭州某小学项目施工组织设计方案，了解项目机械管理主要内容与要点；识读相关资料了解设备监测的主要内容。

2. 知识准备

引导问题1：施工现场的机械设备台账一般包括哪些明细？

_____

_____

_____

小提示：

施工现场的机械设备台账明细包括进场和退场记录、安装验收、使用登记、维修保养、安拆记录等内容。

引导问题2：塔式起重机在进行日常检查的时候需要检查哪些内容？

_____

_____

_____

塔式起重机在进行日常检查的内容如下：

（1）各部位（基础、起重臂、回转支承、平衡臂拉杆等）的紧固连接螺栓销轴；

（2）减速器、滑轮、轴承座及钢丝绳等的润滑；

（3）各种限位器和保险装置的检查；

（4）塔身清洁、防腐等情况，以及各电缆线是否破损漏电现象等。

引导问题 3：塔式起重机有哪些项需要监测呢？

塔式起重机的监测项目内容如下：

吊重、小车半径、吊钩高度、倾角、力矩、回转、防碰撞、限行区及作业环境风速。

引导问题 4：施工升降机在施工现场会遇到哪些安全事故？

因施工现场存在施工升降机非专业人员操控、吊笼超载和安全装置易失效发生冲顶等不当行为，使施工升降机发生坠落事故。在升降机安装安全监控系统，可实现对施工升降机的高度、速度、载重、急停、防坠、倾角、内外门、上下限位等多项运行数据进行实时监测，精准反映升降机运行状态。

6.1 机械设备添加

1. 打开智慧工地云平台，选择"机械管理"下的"塔式起重机"，其中包含"实时监控""监控统计""设备管理"等内容，如图5.6-1所示。

2. 选择"设备管理"下的"在场设备"，点击添加按钮，弹出如图5.6-2所示页面。

3. 阅读塔式起重机专项方案与塔机使用说明书，并进行信息查询，依次输入塔式起重机的"基本信息""设备档案""阈值设置"等信息。

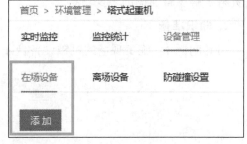

图 5.6-1 塔式起重机管理页面

自编号可自行定义，或依据塔式起重机专项施工方案确定；产权备案号即该设备的凭证，可从塔式起重机使用说明书上查询。

4. 上传设备性能表、使用登记证、场布图等资料，点击"确定"，完成塔机设备的添加，如图5.6-3所示。

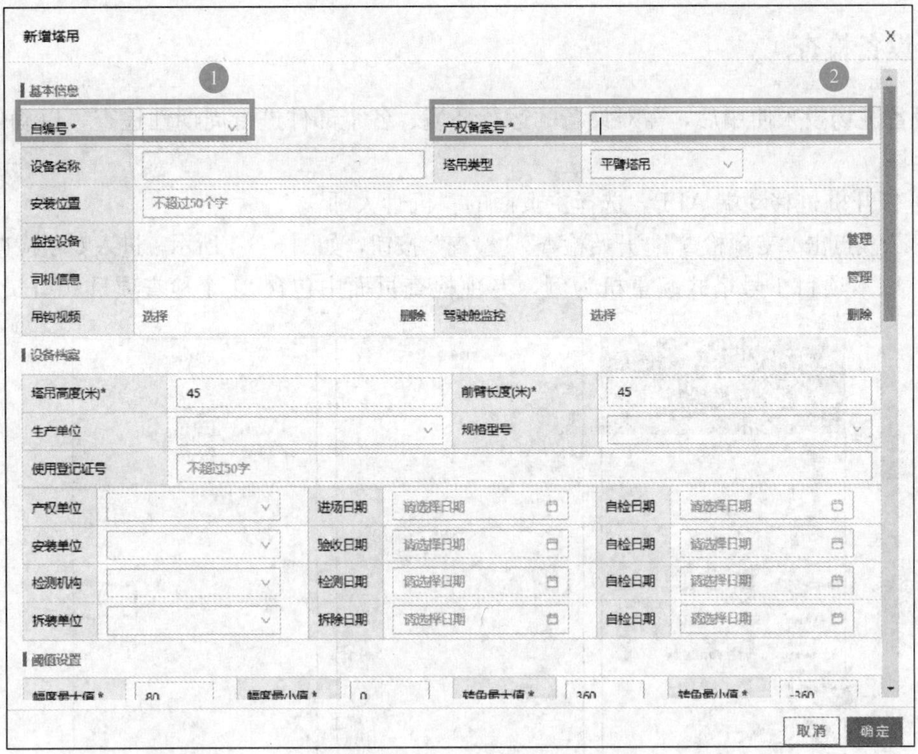

图 5.6-2 新增塔吊（1）

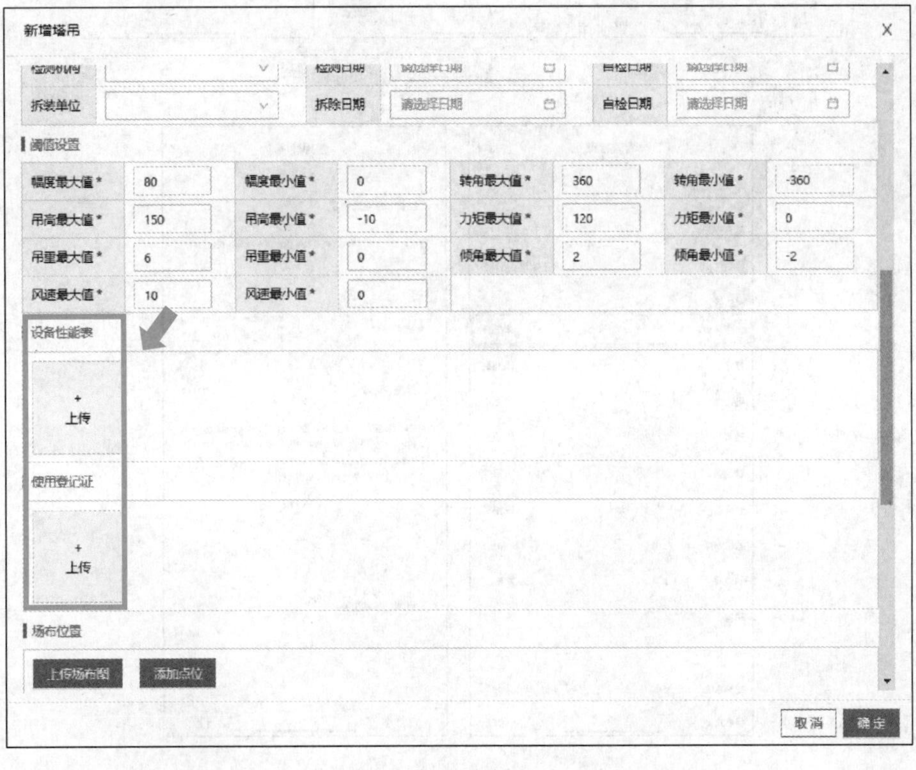

图 5.6-3 新增塔吊（2）

6.2　设备检查

设备进场投入使用后，需对设备的运行环境、各个部件进行周期性检查，以确保其使用安全性。

1. 打开桩桩移动端 APP，选择主页面的"机管大师"。

2. 依次点击"专项检查""开始检查""检查"按钮，如图 5.6-4 所示，进入专项检查页面。

3. 以本项目 1 号塔式起重机为例，专项检查页面中包含 21 个检查项目（图 5.6-5），

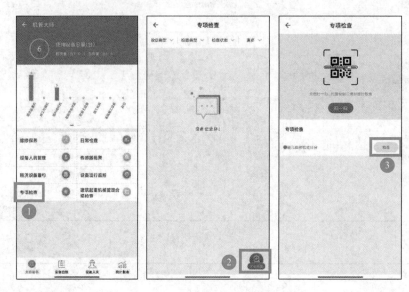

图 5.6-4　设备检查——专项检查

图 5.6-5　实体检查评分

点击检查项目可进入该项目的评价页面，判定结果打"√"即为合格，否则即为不合格。

4. 打开桩桩网页端，选择"数据中心"下的"数字工地"（图 5.6-6），打开指定 BIM 模型进行模型审查，针对步骤 3 中所要求项目，进行逐条检查并完成打分。

图 5.6-6　模型审查

大型设备监测

6.3　机械设备监测

1. 通过安装在机械设备上的传感器，对其不同状态下的各项参数进行实时监测，并由主机进行状态控制。

以塔机为例，其配备的传感器包括高度传感器、力矩传感器、回转传感器、幅度传感器、风速仪等，如图 5.6-7 所示。

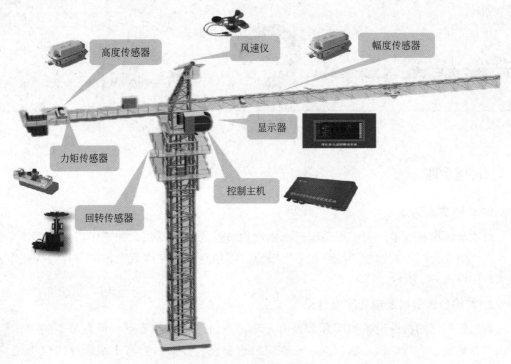

图 5.6-7　塔机监测示意图

小提示：

1）起重量：即吊钩所能吊起的重量；

2）起重力矩：起重量与相应的幅度的乘积；

3）起升高度：地面至提升物体最高位置的距离；

4）幅度：塔式起重机从回转中心轴线至吊物中心线之间的水平距离；

5）工作速度：包括起升速度、回转速度、俯仰变幅速度、小车运行速度等。

2. 通过设备终端、根据添加设备时设定的监控阈值，对塔机进行实时监管、必要时可紧急制动。

3. 通过云平台实时观测现场数据波动，如图 5.6-8 所示。

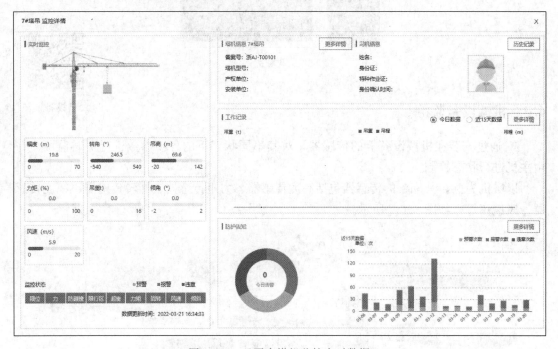

图 5.6-8 云平台塔机监控实时数据

6.4 机械台账

1. 新增节点记录

对添加的机械设备（可根据情况选择需增加节点的机械设备，如选中塔式起重机中的"4#"）建立台账，如增加"维修保养"节点，将信息填写完成后点击"保存"完成节点添加，如图 5.6-9 所示。

2. 维护台账资料及查看检查意见

若施工现场的机械设备的实际节点有变动，点击已增加的节点，可在节点的"详情"界面对台账记录进行编辑，保存即可；在"检查意见"界面可查看上级领导的检查记录，并可对该意见进行回复。如图 5.6-10 所示。

图 5.6-9　新增设备节点记录界面

图 5.6-10　节点详情及检查意见界面

相关知识点

※知识点 1：塔式起重机安全监控系统

塔机安全监控系统功能依托于安装在塔机身上的系统主机、显示器和各传感器得以实现。不同作用的传感器安装在塔机对应的位置上采集相应数据，主要有：变幅传感器、重量传感器、风速传感器、高度传感器、回转传感器、倾角传感器等，传感器将采集的塔机起吊荷载、回转角度、倾角、环境风速等信息转变为电信号。安装在驾驶室内的主控器连接各个传感器，把传感器的电信号转化为数字信号进行处理，通过采集分析塔机运行数据，实现塔机安全运行实时监控。塔机驾驶室内的显示器，实时显示塔机运行的吊重荷载、吊钩高度和小车半径等监测数据以及塔机的运行状态，引导司机准确做出正确的判断和操作。驾驶室内人脸识别实现塔机专人操作、离线检测功能让人员管控更智能化。

塔机配备安全监控系统后，当吊重荷载、小车半径、吊钩高度、倾角及作业环境风速等超过额定限值时，系统会自动报警并切断危险方向操作，防止超重起吊、塔机倾覆、危险作业等安全事故的发生。除此之外该系统可360°识别禁行区域，当塔机大臂与建筑物将要碰撞时、塔机大臂即将悬过马路或住宅等人群密集地时，系统会自动报警并切断危险方向操作，防止塔机大臂旋转进入禁行区域。对于大型工程项目施工现场而言，当塔机群同时作业时，塔机之间容易发生碰撞，造成塔机断臂或倒塌等安全事故。塔机安全监控系统可以规避塔机群作业碰撞问题，当塔机之间将发生碰撞时系统同样会自动报警并切断危险方向操作。

系统利用电脑和手机 APP 可远程反馈塔机实时情况以及历史运行数据和报警信息，形成图表统计，量化分析塔机工作量、工作效率，为项目管理提供数据支持。塔机安全监控系统的运用不仅降低了塔机作业时安全风险，也让塔机管理更加便捷和高效。

※知识点 2：施工升降机安全监控系统

通过在施工升降机上配置高度传感器、在驾驶室内安装监控系统的主机、人脸-显示一体机、在吊笼内安装人数识别摄像头，以及载重传感器、倾角传感器、上下限位、门限位传感器等各类传感器，利用传感器实时采集升降机载重荷载、高度、上下限位状态、开关门状态等多项工况数据，采集的数据通过升降机监控系统主机处理后，用显示器以图形数值方式来显示升降机实时工作参数。实现了对施工升降机的高度、速度、载重、急停、防坠、倾角、内外门、上下限位等多项运行数据进行实时监测，精准反映升降机运行状态。

当升降机高度、速度、载重、倾角等超过预设值时，升降机门未关紧时，急停装置和防坠装置以及各传感器异常时，吊笼内超过额定载人总数时，系统会自动预警和报警，并截断升降机运行，防止升降机冲顶和坠落等安全事故发生。

人脸显示一体机显示器可对升降机操作人员进行人脸识别，只有专业驾驶员通过人脸识别后才能对升降机进行驾驶，防止因非专业驾驶员操作造成的施工升降机安全事故发生。显示器显示升降机的载重、人员数量、内外门开关状态、所在楼层、高度、倾角等实时监测数据，当数据异常时显示器会以醒目的颜色显示，提醒驾驶员操作，让运行状态看得见，危险信号可预知，辅助驾驶员安全驾驶。

施工升降机安全监控系统利用互联网技术，将升降机监测的实时数据动态同步上传至电脑 Web 端和手机 APP 中，形成图表统计，量化分析升降机工作状态、报警信息，让升降机每日操作痕迹可溯可查，让管理者时刻远程掌握施工升降机工作、维修情况和健康状况。

 能力拓展

能力拓展-单元 5 任务 6

单元 6　HiBIM 土建算量

单元 6 学生资源　　　　单元 6 教师资源

任务设计

　　HiBIM 土建算量实务模拟任务设计基于实际工程，该工程位于某工业园区内，为某中药材深加工项目中的一幢厂房（以下简称"3 号厂房"），地上部分共三层，总高 15.600m，包含物流门厅、净选、中药切制、压制、蒸煮、中间仓、干燥过筛间、卫生间、电梯间、楼梯间、包装车间、预留车间等功能房间。建筑物为丙类生产厂房，采用钢筋混凝土框架结构，基础形式为柱下独立基础，室内外高差为 0.3m。

　　本单元配套有一系列完整的图纸可供学习者学习借鉴，从而帮助学习者更好地理解图纸、模型转化（翻模）、土建工程算量，体会 BIM 技术给设计、设计建模、深化设计、工程算量等方面带来的诸多便捷和高效。

　　在本工程作为教学单元的实施过程中，需要掌握施工图识读、土建工程的施工工艺、构件的工程做法、国标清单及当地定额的计算规则、土建工程设计等相关知识和技能。

　　HiBIM 土建算量学习任务设计如表 6.0-1 所示。

HiBIM 土建算量学习任务设计　　　　　　　　　　　　表 6.0-1

序列	任务	任务简介
1	BIM 土建算量	了解算量模式的选择、结构特征及构件属性定义，掌握构件类型、计算规则、计算方式进行计算
2	报表输出与打印	掌握汇总计算后的报表输出、工程量反查、报表编辑等操作

学习目标

通过本单元的学习，学生应该能够达到以下学习目标：

1. 正确地识读结构施工图、建筑施工图；
2. 熟悉土建工程清单、定额工程量计算规则；
3. 熟悉 BIM 技术在土建工程工程量计算中的设置方法；
4. 正确地使用 BIM 技术对土建工程进行工程量计算；
5. 使用 BIM 技术进行清单定额套取；
6. 使用 BIM 技术完成清单工程量输出。

根据每个学习任务的完成情况进行本教学单元的评价，各学习任务的权重与本教学单元的评价见表 6.0-2。

BIM 土建算量工程实务模拟教学单元评价

表 6.0-2

学号	姓名	任务 1		任务 2		总评
		分值	比例(60%)	分值	比例(40%)	

任务 1　BIM 土建算量

能力目标

1. 能读取施工图纸相关信息和查找相应工程规范；

2. 能正确设置实际工程的各项参数；

3. 熟练掌握楼层选择、构件类型映射、土建算量属性归类、构件特征与构件属性定义等的方法和技巧。

任务书

对 3 号厂房用 HiBIM 软件创建工程，要求识读施工图纸和相应工程规范，完成各项参数的设置，了解算量模式的选择、结构特征及构件属性定义，掌握构件类型、计算规则、计算方式并进行计算。

工作准备

1. 任务准备

（1）识读 3 号厂房施工图纸，学习《房屋建筑制图统一标准》GB/T 50001—2017、《混凝土结构施工图平面整体表示方法制图规则和构造详图（现浇混凝土框架、剪力墙、梁、板）》16G101-1 中图纸识读专业知识；收集《浙江省房屋建筑与装饰工程预算定额》（2018 版）、《建设工程工程量清单计价规范》GB 50500—2013 中房建工程的有关清单定额知识。

软件前期设置

（2）安装 Revit 软件、品茗 HiBIM 软件。品茗 HiBIM 软件是基于 Revit 平台研发的，集设计建模、模型转化（翻模）、深化设计、计算工程算量于一体的 BIM 应用软件（达到最佳显示效果建议安装 Revit 2016 64bit、2018 64bit、2020 64bit）。对电脑配置要求如表 6.1-1 所示。

	电脑配置要求	表 6.1-1

硬件与软件	最低要求	推荐配置
CPU	i5 以上	i7 以上
内存	8GB 以上	16GB 以上
硬盘	剩余空间 10G 以上	剩余空间 10G 以上
操作系统	Win7、Win8、Win10 64 版本	Win7、Win8、Win10 64 版本
图形平台	Revit2016	Revit2020

2. 知识准备

引导问题 1：试述构件建模的先后顺序。

_____

_____

小提示：

建模的先后顺序理应同实际的施工顺序操作，软件可在需要扣减搭接的部分一键扣减。所以建模的先后顺序也同我们实际的施工顺序一样。

引导问题 2：图纸中基本的结构和建筑构件有哪些？

_____

_____

小提示：

建模准备工作之前需要了解图纸情况，依据图纸去进行楼层标高的建立，后续根据不同的楼层构件图去按照施工顺序开展绘制。

引导问题 3：品茗 HiBIM 软件的基本功能是什么？其中 HiBIM 土建算量模块能解决什么问题？

_____

_____

小提示：

品茗 HiBIM 软件是一款集设计建模、模型转化（翻模）、深化设计、工程算量于一体的 BIM 应用软件。

软件采用 CAD 植入方式，利用 SPM 技术与数据库进行大规模对比，可以在 Revit 平台上进行快速翻模。

软件可对设计原图不合理的地方进行查找并提供修改方案，并且支持将结果导出成各种形式的文档。

HiBIM 土建算量模块结合了国内清单及各地定额的计算规则，能快速、准确地计算工程量。

1.1 工程参数设置

1. 新建工程

如图 6.1-1～图 6.1-3 所示，完成新工程的建立（这里创建的文件类型为"rvt"格式，但会自动创建同名文件夹，文件夹内的所有内容才是工程文件）。

如已新建好拟建工程，则可直接点击"打开工程"找出对应工程即可。

（1）启动品茗 HiBIM 软件，弹出如图 6.1-1 所示对话框。

图 6.1-1 开启界面

（2）点击对话框中的"新建工程"，在弹出的对话框中选择样板文件（图 6.1-2），并点击"下一步"。

图 6.1-2 样板选择

（3）在图 6.1-3 所示对话框中，指定工程的文件夹在计算机中的位置，并输入文件名。点击"保存"按钮，完成工程创建。

图 6.1-3　保存界面

工程参数设置

计算规则设置

2. 工程整体参数设置

根据 3 号厂房的相关信息，结合本工程的工程类别、结构类型和实际工程要求，对工程进行整体参数的设置。选择对应的清单定额规范，这是进行工程出量的关键，所有清单工程量都将建立在相应的国标清单和地区定额之上。

（1）如图 6.1-4 所示工程设置，填写工程的具体信息。

（2）楼层信息：设置楼层信息，如图 6.1-5 所示。

小提示：

【添加楼层】

根据标高要求设置楼层的名称前缀、起始序号、名称后缀、楼层名称、标头样式、楼层高度、楼层数量。

【顶部添加】

点击命令按钮，程序按用户所设置的名称前缀、起始序号、名称后缀、楼层名称、楼层高度、标头样式、楼层数量在顶部添加相应楼层标高。

【底部添加】

点击命令按钮，程序按用户所设置的名称前缀、起始序号、名称后缀、楼层名称、楼层高度、标头样式、楼层数量在底部添加相应楼层标高。

【单层复制】

以选中楼层为依据，在上一层复制插入相同设置的楼层标高，如楼层高度、标头样式都一致，默认生成的楼层名称以当前的最大序号＋1。

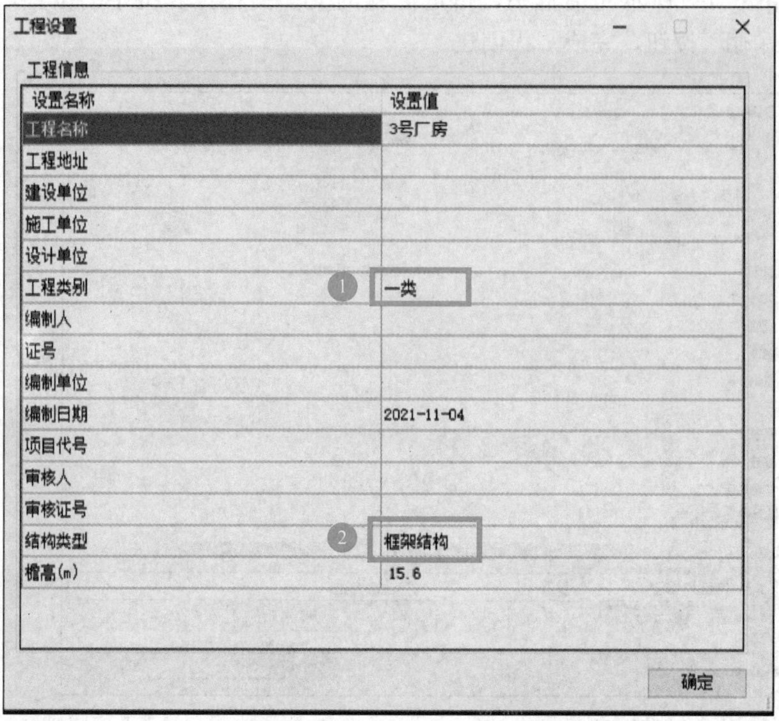

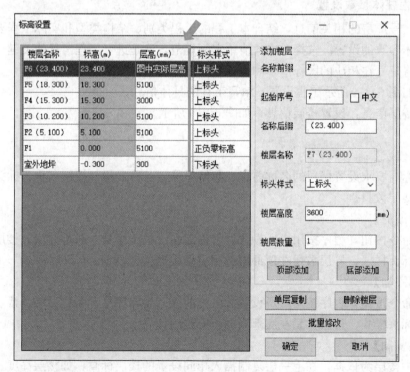

图 6.1-4 工程设置

图 6.1-5 工程信息

【删除楼层】

点击删除命令可删除不需要楼层行。

【批量修改】

可以对多个标高选中并批量修改楼层的名称前缀、起始序号、名称后缀、楼层名称、楼层高度、标头样式、楼层高度。如图 6.1-6 所示。

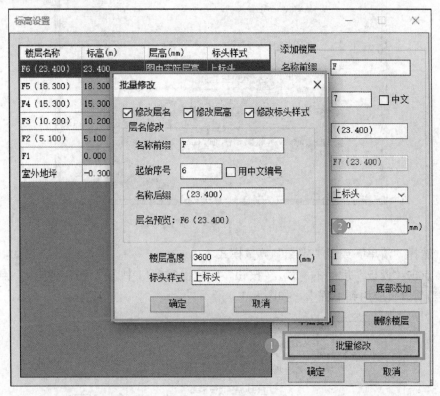

图 6.1-6　工程特征

3. 选择清单和定额计算规则

点击"土建算量（品茗）"，见图 6.1-7。对算量模式中的清单计算规则和定额计算规则进行选择，本工程中选择"2013 清单库"和"浙江 2018 定额库"进行相应的规则计算。

图 6.1-7　算量模式

具体做法：

（1）点击菜单栏中的"算量模式"图标，弹出如图 6.1-8 所示界面。

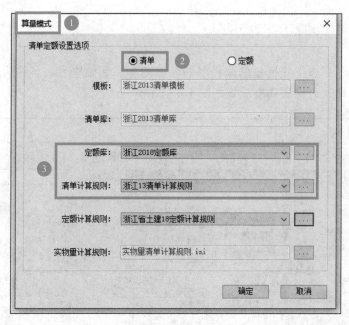

图 6.1-8　算量模式选择

（2）选择"清单"或者"定额"算量模式。

（3）点击"模板"后面的"..."按钮，在弹出的窗口中选择所需的模板，点击"确定"，将当前设置应用到工程中，如图 6.1-9 所示。

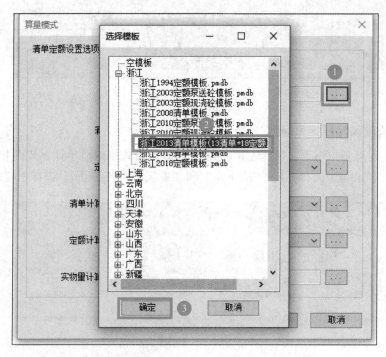

图 6.1-9　模板修改

（4）点击"确定"，将当前设置应用到工程中。

小提示：

【清单模式】在该模式下，所有构件在每个计算项目下都有用于套取清单的清单行和套取定额的定额行，可同时计算清单量和定额量，如图 6.1-10 所示。

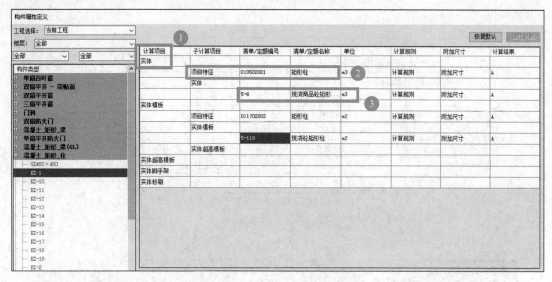

图 6.1-10　清单模式

【定额模式】在该模式下，所有构件仅有套取定额的定额行，没有用于套取清单的清单行，不能计算清单量，如图 6.1-11 所示。

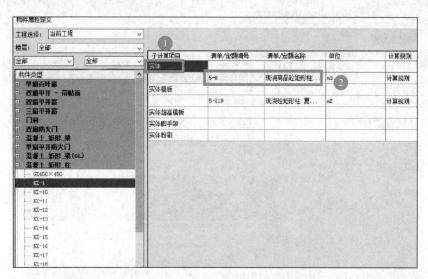

图 6.1-11　定额模式

1.2　楼层管理

依据 3 号厂房的结构施工图，将工程楼体的楼层、标高、层高及梁板、

楼层管理

柱墙混凝土强度信息汇总，根据相应信息进行楼层搭建。

1. 算量楼层划分

根据结构施工图里的楼层信息（图 6.1-12），在"通用功能（品茗）"菜单栏下进行算量楼层划分（图 6.1-13），并对楼层室内外地坪高差进行定义，修改层高最小限制至 300mm 以内。

层号	标高(m)	层高(m)	墙柱混凝土	梁板混凝土
电梯屋面层	20.4			
楼梯LT-301屋面层	23.4			
楼梯LT-304屋面层	18.3			
屋面层	15.300			
三层	10.200	5.100	C30	C30
二层	5.100	5.100	C30	C30
一层	±0.000	5.100	C30	C30

结构层标高表

上部结构嵌固部位：基础顶

图 6.1-12 结构层标高

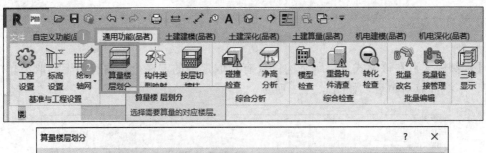

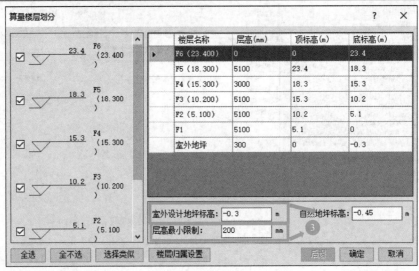

图 6.1-13 算量楼层划分

2. 结构特征设置

结构特征设置是统一设置每个算量楼层各类构件的混凝土强度、砖等级、砂浆等级、混凝土浇捣方法等，见图 6.1-14。

（1）点击菜单栏中"结构特征"图标，弹出如图 6.1-14 所示界面。

构件名称	砼强度	砖等级	砂浆等级	浇捣方法
基础	C30	MU10	M10水泥砂浆	泵送
墙	C30	MU15	M10水泥砂浆	泵送
柱	C30	MU10	M10水泥砂浆	泵送
梁	C30	MU10	M10水泥砂浆	泵送
次梁	C30	MU10	M10水泥砂浆	泵送
板	C30	MU10	M10水泥砂浆	泵送
构造柱	C20	MU10	M10水泥砂浆	非泵送
圈梁	C20	MU10	M10水泥砂浆	非泵送
其他	C20	MU10	M10水泥砂浆	非泵送
垫层	C30			非泵送

图 6.1-14　结构特征设置

（2）在左侧选择算量楼层，在右侧设置构件的混凝土强度等信息。

（3）点击"确定"将设置结果应用到工程中。

【复制楼层信息】点击"复制楼层信息"，弹出如图 6.1-15 所示界面，选定源楼层并勾选要复制的构件，再勾选目标楼层，点击"确定"即可将源楼层中的信息复制到目标楼层中。

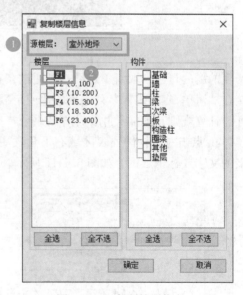

图 6.1-15　复制楼层信息

1.3　构件属性定义

为各个算量楼层的构件套取清单定额、设置计算规则、附加尺寸、算量属性等。此功能设置的对象是族类型，可对同一个族类型在不同的算量楼层进行不同的设置。例如，族类型 KZ1 在 1 层和 2 层都存在实例，那么在 1 层和 2 层中可以分别对该族类型套取不同的清单定额、设置不同的计算规则、附加尺寸、算量属性等。其他构件套取清单定额方式同框柱，这里以框柱为例。

1. 点击菜单栏的"构件属性定义"图标，弹出如图 6.1-16 所示界面。

2. 左上角选择当前工程或链接工程、算量楼层、构件类别等；在左侧树状列表中选择构件族类型。

3. 在中间清单定额区域，选择计算项目（或子计算项目）所在行，按下回车键，在

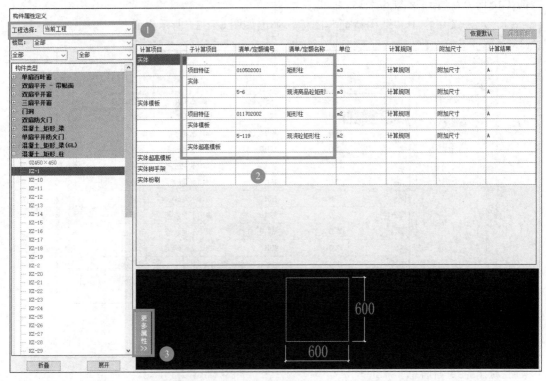

图 6.1-16　构件属性定义

产生的新的行中套取清单定额（可通过在右侧清单定额库中双击清单定额直接套取，或直接在"清单/定额编号"列输入清单或定额编号调取清单定额），修改清单定额行的项目特征、计算规则、附加尺寸、计算结果公式等。

4. 点击左侧构件列表区域右下角"更多属性"浮标按钮，修改算量属性、增加自定义的文字或标识数据，如图 6.1-17 所示。

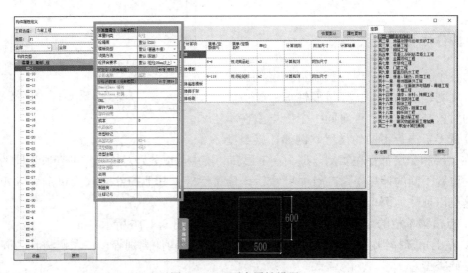

图 6.1-17　更多属性设置

5. 关闭"构件属性定义"窗口即可保存修改。

小提示：

【"全部"楼层】"全部"楼层显示的是整个工程映射成功的构件族类型。在"全部"楼层中所作的修改会影响所有楼层。但需注意的是，已经通过手动调整或者通过清单定额复制调整的楼层，相当于拥有了自己这一层的私有属性，将不再受"全部"楼层调整的影响。

【恢复默认】点击"恢复默认"按钮将使当前工程的构件属性定义中套取的清单定额、设置的项目特征、单位、计算规则、附加尺寸、计算结果公式、算量属性等恢复到当前"结构特征""计算规则"功能下的设置，但不改变"私有属性"功能中的设置。

【属性复制】将源楼层的构件属性复制到目标构件或目标楼层，目前支持算量属性和清单定额的复制。"全部"楼层暂不支持复制，如图 6.1-18 所示。

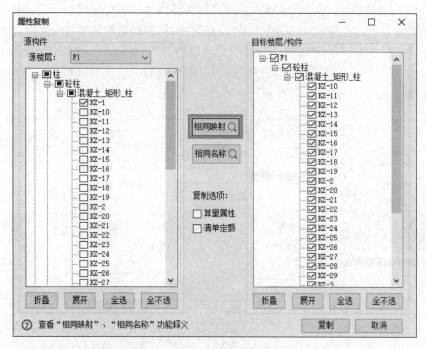

图 6.1-18　属性复制

【属性复制-相同映射】

在"目标楼层/构件"中将列出映射类型与源构件相同的构件。

使用"相同映射"功能进行属性复制时，可以在每个细分映射类型下面同时各选择一个源构件进行属性复制。例如，可同时勾选一个"砼柱"类型和一个"构造柱"类型。但不可同时勾选两个"砼柱"类型。

应用举例：KL1 被映射为框架梁，则可通过此功能将 KL1 的属性复制给同样映射为框架梁的 KL2、KL3，复制完成后其他相同的框架梁即可快速完成清单定额套取，无需一个个手动套取清单定额。

示意：KL1→KL2、KL3、KL4

【属性复制-相同名称】

在"目标楼层/构件"中将列出所有目标楼层。

若勾选了多个源构件，则属性将一一对应复制到目标楼层内映射类型、族名称、类型名称分别与源构件一致的构件中。

应用举例：将族名称为"梁-矩形"、类型名称为"250×600"的梁的属性复制给其他楼层族名称为"梁-矩形"且类型名称为"250×600"的构件。

示意：KL1→KL1，KL2→KL2，YP→YP，板1→板1

【更多属性】包括算量属性、文字、标识数据。在每个算量楼层中（"全部"楼层除外）修改算量属性时，仅影响当前算量楼层，但修改文字和标识数据时，影响的是所有的楼层。增加或删除文字及标识数据时，可以点击文字和标识数据表头的"新增"或"删除"按钮。

需要注意的是，删除子目时，所有与当前构件的Revit类别相同的构件，其私有属性中的该参数子目均会被删除。例如，当前构件的Revit类别为"结构框架"，那么删除时，所有其他Revit类别为"结构框架"的构件，其私有属性中的相同名称的参数子目均会被删除。

【项目特征】点击"子计算项目"列的"项目特征"单元格，会弹出"项目特征"对话框。点击"添加"按钮可以新增项目特征，双击下面的变量子目可以将变量应用到上方的项目特征列表中。如图6.1-19所示。

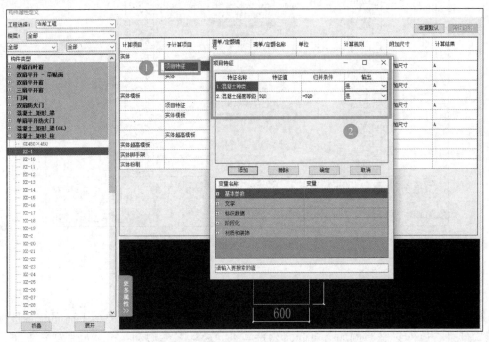

图6.1-19 项目特征设置

【计算项目】"计算项目"列显示了当前映射类别支持的清单计算内容，不同的映射类别有不同的计算项目，一个计算项目下面可以同时套多条清单。例如，将一个构件族类型映射成"砼柱"后，在左边构件列表点击这个构件族类型，可以看到"砼柱"的计算内容有"实体""实体模板""实体超高模板""实体脚手架""实体粉刷"。如图6.1-20所示。

【子计算项目】"子计算项目"列显示了当前映射类别支持的定额计算内容，不同的映射类别有不同的计算项目，一个计算项目下面可以同时套多条定额。如图6.1-21所示。

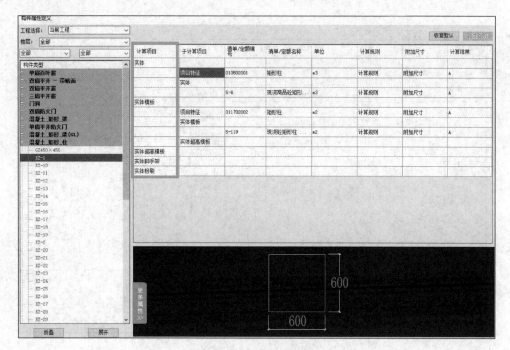

图 6.1-20 计算项目

计算项目	子计算项目	清单/定额编号	清单/定额名称	单位	计算规则	附加尺寸	计算结果
实体							
	项目特征	010502001	矩形柱	m3	计算规则	附加尺寸	A
	实体						
		5-6	现浇商品砼矩形	m3	计算规则	附加尺寸	A
实体模板							
	项目特征	011702002	矩形柱	m2	计算规则	附加尺寸	A
	实体模板						
		5-119	现浇砼矩形柱	m2	计算规则	附加尺寸	A
	实体超高模板						
实体超高模板							
实体脚手架							
实体粉刷							

图 6.1-21　子计算项目

【清单/定额编号】在项目特征行、"清单/定额编号"列，直接输入清单编号，会自动填充清单名称及单位等内容；在子计算项目的错位一行、"清单/定额编号"列，直接输入定额编号，会自动填充定额名称及单位等内容。

【单位】点击"单位"列的单元格，可以修改清单或定额的单位。有的清单定额在修改单位后，会影响该清单定额的计算方式，例如，单位为"m^3"时，按体积计算，单位为"个"时，按个数计算。具体以每个清单定额行中"计算规则"的计算描述中说明的支持的计算单位为准。

【计算规则】点击"计算规则"单元格，弹出如下窗口。以"楼板"的映射类别为例，"楼板"的"模板"计算项目的计算规则、计算方法如图 6.1-22 所示。

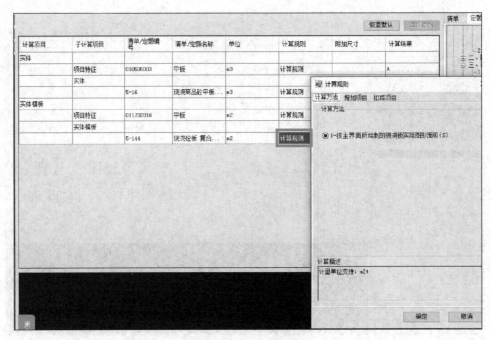

图 6.1-22　计算规则

描述中，说明计量单位支持"m²"，那么，如图所示的清单行单位选择"m²"时，该条清单定额会按面积计算，选择其余单位时，由于计算规则不支持，仍旧会按照面积进行计算。

另外，有的映射类别支持在计算规则中设置"增加项目"和"扣减项目"，需要增加或扣减的项目，通过箭头移动到如图 6.1-23 所示右边"选中项目"区域即可。在计算工程量时，HiBIM 将在构件本身的工程量基础上根据设置的增加或扣减项增减工程量。

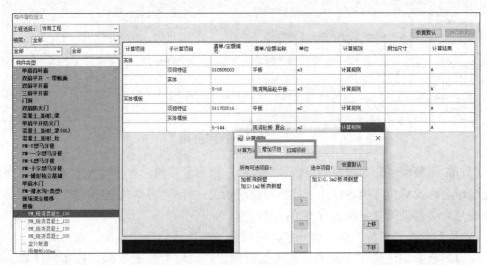

图 6.1-23　扣减项目

【计算结果】点击"计算结果"列的单元格，弹出"计算结果编辑"窗口（图 6.1-24），可在"运算表达式"区域输入计算公式，"中间变量列表"中提供了可用的计算参数。若运算表达式为"A"，则按照"计算规则"中选择的计算方法和增减规则计算。需要注意

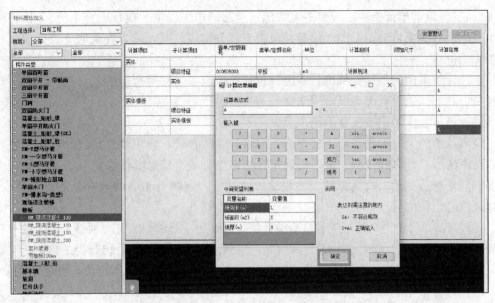

图 6.1-24　计算结果

的是，"计算结果"列是直接修改计算结果的功能，不考虑"计算规则"中设置的增减项，如需增减，需要手动输入增减值，例如，可输入"$W*D*H-0.5+2.6$"。

 相关知识点

※知识点 1：工程量清单计价和定额计价的定义

工程量清单计价是指投标人完成由招标人提供的工程量清单所需的全部费用，包括分部分项工程费、措施项目费、其他项目费、规费和税金。工程量清单计价方式，是在建设工程招投标中，招标人自行或委托具有资质的中介机构编制反映工程实体消耗和措施性消耗的工程量清单，并作为招标文件的一部分提供给投标人，由投标人依据工程量清单自主报价的计价方式。

定额计价是指根据招标文件，按照各国家建设行政主管部门发布的建设工程预算定额的"工程量计算规则"，同时参照省级建设行政主管部门发布的人工工日单价、机械台班单价、材料以及设备价格信息及同期市场价格，直接计算出直接工程费，再按规定的计算方法计算间接费、利润、税金，汇总确定建筑安装工程造价。

※知识点 2：工程量清单计价和定额计价的区别

（1）工程量的计算规则不同

清单项目工程量的计量原则是以实体安装就位的净尺寸计算的，不包括任何为工程施工安装所需的预留量。

定额工程量包括了人为规定的预留量。实际上，预留量的确定需要根据施工方法进行，方法不同，所需的预留量也不同。

（2）单价的构成方式不同

工程量清单计价采用的是综合单价，综合单价是指"完成一个规定清单项目所需的人工费、材料和工程设备费、施工机具使用费和企业管理费、利润，以及一定范围内的风险费用"。工程量清单计价由工程量清单费用（＝Σ清单工程量×项目综合单价）、措施项目清单费用、其他项目清单费用、规费、税金五部分构成，可以较为直观地反映完成某一分项工程的价格。

定额计价采用的是预算单价，一般只包括单位定额工程量所需的人材机费用，不包括管理费、利润，也没有考虑风险因素。

（3）计价程序和定价机制不同

定额计价的一般做法是：先根据施工图纸计算工程量，套用预算定额计算直接费，然后以费率的形式计算间接费，最后再确定优惠幅度，或直接对其他直接费费率、间接费费率、利润率进行浮动，从而得到最终报价。这其中，定额有明确的规定，不得随意变动，以体现政府定价的特点。

工程量清单计价则是通过工程量清单计价规范统一项目编码、统一项目名称、统一项目特征、统一计量单位、统一工程量计算规则，达到规范工程量清单计价行为的目的。工程量清单只规定量，不规定价，各企业可以根据自身技术水平和施工成本报价，增加了竞争性。

（4）计价依据不同

定额计价的依据是定额，国家或地区统一定价，企业竞争费率，难以展示企业的综合实力。而工程量清单计价模式下的工程造价是在国家有关部门的间接调控和监督下，由工程承发包双方根据工程市场供求关系变化自主确定工程价格，其价格的形成反映了企业的综合实力。

（5）工程竣工结算的方法不同

定额计价的结算方法是：按竣工图纸及设计变更计算工程量，按相关定额子目和投标报价确定的各项取费费率进行计算。

工程量清单计价的结算方法是设计变更或业主计算有误引起的工程量清单数量的增减，属合同约定幅度以内的，执行原合同确定的综合单价进行结算，综合单价不变；属合同约定幅度以外的，按合同约定调整合同单价。

能力拓展

能力拓展-单元6任务1

任务2　报表输出与打印

能力目标

1. 能选择恰当的模式进行土建算量；
2. 能结合具体的工程案例编辑报表；

3. 能正确输出打印报表。

对 3 号厂房用 HiBIM 软件创建完成的工程，利用软件进行土建算量（基础、柱、墙、梁、板、装饰等构件清单定额实物量）。

工作准备

1. 任务准备

检查工程参数是否正确；检查构件属性定义是否正确。

2. 知识准备

引导问题 1：试述现浇混凝土矩形柱的项目特征。

_____

_____

小提示：

柱高度、柱截面尺寸、混凝土强度等级、混凝土拌合料要求。

引导问题 2：试述现浇混凝土矩形梁的项目特征。

_____

_____

小提示：

梁底标高、梁截面、混凝土强度等级、混凝土拌合料要求。

引导问题 3：HiBIM 土建算量目前支持哪些构件的清单定额实物量计算？

_____

_____

小提示：

目前 HiBIM 支持基础、柱、墙、梁、板、装饰等构件的清单定额实物量计算。

3 号厂房整栋模型建立完成后，选择需要算量的工程、楼层、构件类型、计算方式进行计算，并在报表系统中查看工程量计算结果并打印。

1. 点击菜单栏中土建算量模块下的"全部计算"图标，弹出如图 6.2-1 所示对话框。

小提示：【计算工程选择】若需同时计算多个工程，可点击右上角"…"按钮，在弹出的对话框中选择需要计算的工程（图 6.2-2）。

计算完毕后，在报表系统中查看工程量计算结果并打印。

2. 点击菜单栏中土建算量模块下的"土建报表"图标，弹出报表系统，如图 6.2-3 所示。

3. 根据需要选择"反查模式""预览模式"或"实物量"选项卡（以实物量为例）。

4. 选择算量方式为"清单定额计算"或"实物量计算"，并选择需要算量的工程、楼层和构件类型。

5. 点击"确定"按钮开始计算。

6. 在左侧树状图中选择需要查看的报表，右侧报表预览区域就会显示该报表的内容。

7. 报表编辑。

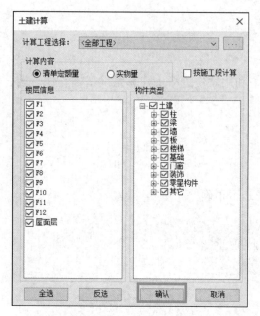

图 6.2-1　土建计算

图 6.2-2　选择计算工程

清单定额套取

实物量汇总计算

清单定额汇总计算

报表编辑

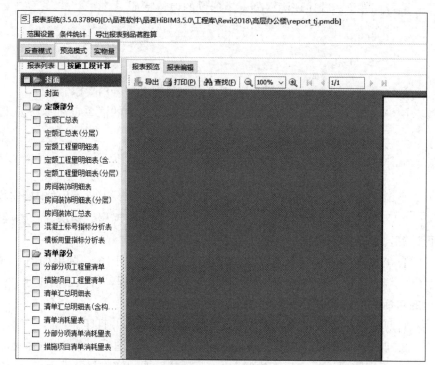

图 6.2-3　土建报表

报表输出

小提示：

【范围设置】点击报表系统左上角的"范围设置"按钮，如图 6.2-4 所示。选择需要在报表中显示的楼层和构件类型。其中，"编辑其他项目"指的是表格算量中的内容。

图 6.2-4　范围设置

【条件统计】点击报表系统左上角"条件统计"按钮，弹出如图 6.2-5 所示窗口，在这里我们可以通过设置的条件划分工程量。在右下角，若勾选了实体的"超高统计"，就会按设置的条件区分混凝土超高工程量；若勾选了模板的"超高统计"，就会按设置的条件区分模板超高工程量。

图 6.2-5　条件统计

　　例如，在"梁超高"的文本框中输入"3600；4600"，再勾选右下角模板的"超高统计"，点击"确定"，报表就会按照 3600mm、4600mm 的高度区分梁的模板工程量。如图 6.2-6 所示。

　　【反查模式】在反查模式下，可以分楼层查看每根构件的工程量信息，双击树状图的底层子目可以定位到工程中的构件所在位置。如图 6.2-7 所示。

报表数据反查

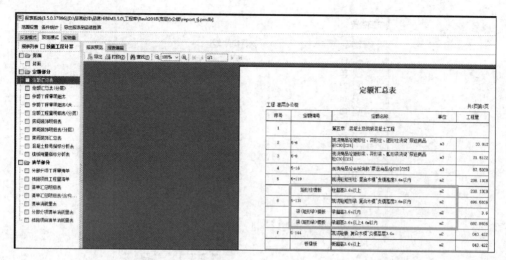

图 6.2-6　超高统计

图 6.2-7　报表反查

反查模式提供的报表类型：

定额工程量明细表：显示当前工程所有的定额工程量。

定额工程量明细表（工程量为零）：显示当前工程所有定额工程量为 0 的定额子目。

分层分房间类型汇总装饰：按照楼层和房间名称统计装饰工程量。

房间类型汇总装饰表：按照房间名称统计装饰工程量。

清单汇总明细表：显示当前工程所有的清单工程量。

清单汇总明细表（工程量为零）：显示当前工程所有的清单工程量为 0 的清单子目。

【预览模式】按打印模式查看工程量。在该模式下不能通过报表系统自动定位到工程中的具体构件。

点击预览区域左上角的"导出"按钮可将报表导出至 Excel、PDF 或 RTF 格式，点击"打印"按钮可打印报表，如图 6.2-8 所示。

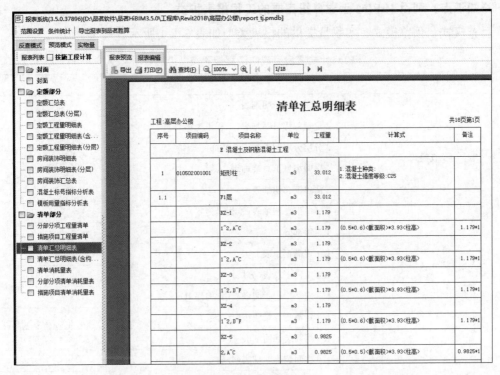

图 6.2-8 报表导出打印

【实物量】若在计算时，选择了计算实物量，那么应选择"实物量"面板查看报表。实物量暂不支持反查，如图 6.2-9 所示。

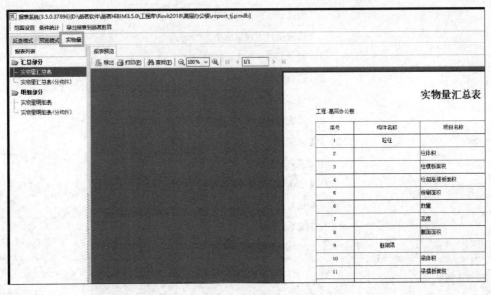

图 6.2-9 实物量汇总

※知识点：利用 HiBIM 土建算量完成的工程报表种类

反查模式、预览模式、实物量提供的报表类型如表 6.2-1 所示。

HiBIM 土建算量完成的工程报表类型汇总表 　　　　　　　　　表 6.2-1

模式	报表名称
反查模式	1 定额工程量明细表
	2 定额工程量明细表(工程量为零)
	3 分层分房间类型汇总装饰
	4 房间类型汇总装饰表
	5 清单汇总明细表
	6 清单汇总明细表(工程量为零)
预览模式	1 定额部分
	1.1 定额汇总表
	1.2 定额汇总表(分层)
	1.3 定额工程量明细表(含构件 ID)
	1.4 定额工程量明细表(分层)
	1.5 房间装饰明细表
	1.6 房间装饰明细表(分层)
	1.7 房间装饰汇总表
	1.8 混凝土强度等级指标分析表
	1.9 模板用量指标分析表
	2 清单部分
	2.1 分部分项工程量清单
	2.2 措施项目工程量清单
	2.3 清单汇总明细表(含构件 ID)
	2.4 清单消耗量表
	2.5 分部分项清单消耗量表
	2.5 措施项目清单消耗量表
实物量	1 汇总部分
	1.1 实物量汇总表
	1.2 实物量汇总表(分构件)
	2 明细部分
	2.1 实物量明细表
	2.2 实物量明细表(分构件)

BIM 施工综合实务

活　页

➢ 学生自评表

➢ 教师综合评价表

中国建筑工业出版社

单元 1　BIM 土建构件三维建造

任务 1　基础建模

学生自评表

班级：	姓名：	学号：		
评价项目	评价标准		分值	得分
施工图纸识读	能正确识读，能提取相关工程信息		10	
了解基础工程规范和标准	能收集基础工程设计有关规定和原则		10	
基础建模参数设置	能正确设置独立基础、条形基础建模的各项参数，定义各项参数		25	
基础布置	能根据图纸正确布置基础		15	
工作态度	态度端正，无无故缺勤、迟到、早退现象		10	
工作质量	能按要求实施，按计划完成工作任务		10	
协调能力	与小组成员、同学之间能合作交流，协调工作		5	
职业素质	能综合分析问题、解决问题；具有良好的职业道德；事业心强，有奉献精神；为人诚恳、正直、谦虚、谨慎		10	
创新意识	能主动思考专业知识，有独到的想法和技巧		5	
合计			100	

单元1　BIM土建构件三维建造

任务1　基础建模

教师综合评价表

班级：	姓名：	学号：		
评价项目		评价标准	分值	得分
考勤(10%)		无无故迟到、早退、旷课现象	10	
工作过程 （60%）	施工图纸识读	能正确识读，能提取相关工程信息	7	
	了解基础工程 规范和标准	能收集基础工程设计有关规定和原则	8	
	基础建模 参数设置	能正确设置独立基础、条形基础建模的各项参数	8	
	基础布置	能根据图纸正确布置基础	15	
	工作态度	态度端正，勤于思考，工作积极	6	
	工作质量	能按要求实施，按计划完成工作任务	6	
	协调能力	与小组成员、同学之间能合作交流，协调工作	4	
	职业素质	能综合分析问题、解决问题；具有良好的职业道德；事业心强，有奉献精神；为人诚恳、正直、谦虚、谨慎	6	
项目成果 （30%）	工作完整	能按时完成任务	10	
	工作规范	能按要求完成结构基础建模	10	
	成果展示	能准备表达、汇报工作成果	10	
合计			100	
综合自评	自评 （30%）		教师评价 （70%）	综合得分

单元 1   BIM 土建构件三维建造

任务 2   结构柱与结构墙建模

学生自评表

班级：	姓名：	学号：		
评价项目	评价标准		分值	得分
施工图纸识读	能正确识读，能提取相关工程信息		10	
了解结构柱规范和标准	能收集结构柱和结构墙平法表达有关规定		10	
结构柱建模参数设置	能正确设置结构柱和结构墙的各项参数，定义各项参数		25	
结构柱布置	能根据图纸正确布置结构柱和结构墙		15	
工作态度	态度端正，无无故缺勤、迟到、早退现象		10	
工作质量	能按要求实施，按计划完成工作任务		10	
协调能力	与小组成员、同学之间能合作交流，协调工作		5	
职业素质	能综合分析问题、解决问题；具有良好的职业道德；事业心强，有奉献精神；为人诚恳、正直、谦虚、谨慎		10	
创新意识	能主动思考专业知识，有独到的想法和技巧		5	
合计			100	

单元1　BIM 土建构件三维建造

任务 2　结构柱与结构墙建模

教师综合评价表

班级：		姓名：		学号：	

评价项目		评价标准	分值	得分
考勤(10%)		无无故迟到、早退、旷课现象	10	
工作过程（60%）	施工图纸识读	能正确识读，能提取相关工程信息	7	
	了解结构柱规范和标准	能收集结构柱和结构墙平法表达有关规定	8	
	结构柱建模参数设置	能正确设置结构柱和结构墙的各项参数，定义各项参数	8	
	结构柱布置	能根据图纸正确布置结构柱	15	
	工作态度	态度端正，勤于思考，工作积极	6	
	工作质量	能按要求实施，按计划完成工作任务	6	
	协调能力	与小组成员、同学之间能合作交流，协调工作	4	
	职业素质	能综合分析问题、解决问题；具有良好的职业道德；事业心强，有奉献精神；为人诚恳、正直、谦虚、谨慎	6	
项目成果（30%）	工作完整	能按时完成任务	10	
	工作规范	能按要求完成结构柱和结构墙建模	10	
	成果展示	能准备表达、汇报工作成果	10	
合计			100	
综合自评	自评（30%）		教师评价（70%）	综合得分

单元 1　BIM 土建构件三维建造

任务 3　梁与板建模

学生自评表

| 班级： | 姓名： | 学号： | | |

评价项目	评价标准	分值	得分
施工图纸识读	能正确识读，能提取相关工程信息	10	
了解结构梁、板规范和标准	能收集结构梁、板的平法表达有关规定	10	
结构梁、板建模参数设置	能正确设置结构梁、板的各项参数，定义各项参数	25	
结构梁、板布置	能根据图纸正确布置结构梁、板	15	
工作态度	态度端正，无无故缺勤、迟到、早退现象	10	
工作质量	能按要求实施，按计划完成工作任务	10	
协调能力	与小组成员、同学之间能合作交流，协调工作	5	
职业素质	能综合分析问题、解决问题；具有良好的职业道德；事业心强，有奉献精神；为人诚恳、正直、谦虚、谨慎	10	
创新意识	能主动思考专业知识，有独到的想法和技巧	5	
合计		100	

单元 1 BIM 土建构件三维建造

任务 3 梁与板建模

教师综合评价表

班级：		姓名：	学号：	
评价项目		评价标准	分值	得分
考勤(10%)		无无故迟到、早退、旷课现象	10	
工作过程 （60%）	施工图纸识读	能正确识读，能提取相关工程信息	6	
	了解结构梁、板规范和标准	能收集结构梁、板平法表达有关规定	6	
	结构梁、板建模参数设置	能正确设置结构梁、板的各项参数,定义各项参数	6	
	结构梁、板布置	能根据图纸正确布置结构梁、板	12	
	工作态度	态度端正,勤于思考,工作积极	12	
	工作质量	能按要求实施,按计划完成工作任务	6	
	协调能力	与小组成员、同学之间能合作交流,协调工作	6	
	职业素质	能综合分析问题、解决问题;具有良好的职业道德;事业心强,有奉献精神;为人诚恳、正直、谦虚、谨慎	6	
项目成果 （30%）	工作完整	能按时完成任务	10	
	工作规范	能按要求完成结构梁、板建模	10	
	成果展示	能准备表达、汇报工作成果	10	
合计			100	
综合自评		自评 （30%）	教师评价 （70%）	综合得分

单元 1　BIM 土建构件三维建造

任务 4　钢筋布置

学生自评表

班级：　　　　　　　　　姓名：　　　　　　　　　学号：

评价项目	评价标准	分值	得分
施工图纸识读	能正确识读，能提取相关工程信息	10	
了解混凝土结构钢筋的平法表达规则	收集混凝土结构钢筋平法表达有关规定	10	
混凝土结构钢筋布置参数设置	能正确设置混凝土结构钢筋的各项参数	25	
结构钢筋布置	能根据图纸正确布置钢筋	15	
工作态度	态度端正，无无故缺勤、迟到、早退现象	10	
工作质量	能按要求实施，按计划完成工作任务	10	
协调能力	与小组成员、同学之间能合作交流，协调工作	5	
职业素质	能综合分析问题、解决问题；具有良好的职业道德；事业心强，有奉献精神；为人诚恳、正直、谦虚、谨慎	10	
创新意识	能主动思考专业知识，有独到的想法和技巧	5	
合计		100	

单元1 BIM土建构件三维建造

任务4 钢筋布置

教师综合评价表

班级：　　　　　　　　姓名：　　　　　　　　学号：

评价项目		评价标准	分值	得分
考勤(10%)		无无故迟到、早退、旷课现象	10	
工作过程（60%）	施工图纸识读	能正确识读，能提取相关工程信息	8	
	了解混凝土结构钢筋的平法表达规则	收集混凝土结构钢筋平法表达有关规定	8	
	混凝土结构钢筋布置参数设置	能正确设置混凝土结构钢筋的各项参数	10	
	混凝土结构钢筋布置	能根据图纸按平法正确布置钢筋	12	
	工作态度	态度端正，勤于思考，工作积极	6	
	工作质量	能按要求实施，按计划完成工作任务	6	
	协调能力	与小组成员、同学之间能合作交流，协调工作	5	
	职业素质	能综合分析问题、解决问题；具有良好的职业道德；事业心强，有奉献精神；为人诚恳、正直、谦虚、谨慎	5	
项目成果（30%）	工作完整	能按时完成任务	10	
	工作规范	能按要求完成各构件钢筋布置	10	
	成果展示	能准备表达、汇报工作成果	10	
合计			100	
综合自评	自评（30%）	教师评价（70%）	综合得分	

单元 2　BIM 脚手架工程实务模拟

任务 1　设计准备

学生自评表

班级：		姓名：	学号：	
评价项目	评价标准		分值	得分
施工图纸识读	能正确识读，能提取相关工程信息		20	
了解脚手架工程相应规范和标准	能提取脚手架工程设计有关规定和原则		20	
理解脚手架工程有关知识	能理解脚手架工程的作用、组成和基本要求等专业知识		20	
工作态度	态度端正，无无故缺勤、迟到、早退现象		10	
工作质量	能按要求实施，按计划完成工作任务		10	
协调能力	与小组成员、同学之间能合作交流，协调工作		5	
职业素质	能综合分析问题、解决问题；具有良好的职业道德；事业心强，有奉献精神；为人诚恳、正直、谦虚、谨慎		10	
创新意识	能主动思考专业知识，有独到的想法和技巧		5	
合计			100	

单元 2 BIM 脚手架工程实务模拟

任务 1 设计准备

教师综合评价表

班级：		姓名：	学号：	

评价项目		评价标准	分值	得分
考勤(10%)		无无故迟到、早退、旷课现象	10	
工作过程 (60%)	施工图纸识读	能正确识读，能提取相关工程信息	20	
	了解脚手架 工程相应 规范和标准	能提取脚手架工程设计有关规定和原则	10	
	理解脚手架工 程有关知识	能理解脚手架工程的作用、组成和基本要求等专业知识	10	
	工作态度	态度端正，勤于思考，工作积极	5	
	工作质量	能按要求实施，按计划完成工作任务	5	
	协调能力	与小组成员、同学之间能合作交流，协调工作	5	
	职业素质	能综合分析问题、解决问题；具有良好的职业道德；事业 心强，有奉献精神；为人诚恳、正直、谦虚、谨慎	5	
项目成果 (30%)	工作完整	能按时完成任务	10	
	工作规范	能按要求完成脚手架工程设置	10	
	成果展示	能描述工程概况、编制依据等成果	10	
合计			100	
综合自评	自评 (30%)		教师评价 (70%)	综合得分

单元 2　BIM 脚手架工程实务模拟

任务 2　模型创建

学生自评表

班级：	姓名：	学号：		
评价项目	评价标准		分值	得分
CAD 图纸转化建模	能通过 CAD 图纸转化建模		50	
P-BIM 模型导入建模	能通过 P-BIM 模型导入建模		10	
工作态度	态度端正，无无故缺勤、迟到、早退现象		10	
工作质量	能按要求实施，按计划完成工作任务		10	
协调能力	与小组成员、同学之间能合作交流，协调工作		5	
职业素质	能综合分析问题、解决问题；具有良好的职业道德；事业心强，有奉献精神；为人诚恳、正直、谦虚、谨慎		10	
创新意识	能主动思考专业知识，有独到的想法和技巧		5	
合计			100	

单元2 BIM 脚手架工程实务模拟

任务2 模型创建

教师综合评价表

班级：　　　　　　　　姓名：　　　　　　　　学号：

评价项目		评价标准	分值	得分
考勤(10%)		无无故迟到、早退、旷课现象	10	
工作过程 （60%）	CAD 图纸 转化建模	能通过 CAD 图纸转化建模	30	
	P-BIM 模型 导入建模	能通过 P-BIM 模型导入建模	10	
	工作态度	态度端正，勤于思考，工作积极	5	
	工作质量	能按要求实施，按计划完成工作任务	5	
	协调能力	与小组成员、同学之间能合作交流，协调工作	5	
	职业素质	能综合分析问题、解决问题；具有良好的职业道德；事业心强，有奉献精神；为人诚恳、正直、谦虚、谨慎	5	
项目成果 （30%）	工作完整	能按时完成任务	10	
	工作规范	能按要求完成 BIM 建模	10	
	成果展示	能汇报工作成果	10	
合计			100	
综合自评	自评 （30%）	教师评价 （70%）	综合得分	

单元 2　BIM 脚手架工程实务模拟

任务 3　方案设计

学生自评表

班级：	姓名：	学号：		
评价项目	评价标准		分值	得分
脚手架选型选材	结合工程背景，能进行脚手架选型选材		20	
脚手架尺寸设计	能根据工程背景设计脚手架的参数设计		10	
脚手架布架设计	能根据实际情况进行脚手架的布架设计		30	
工作态度	态度端正，无无故缺勤、迟到、早退现象		10	
工作质量	能按要求实施，按计划完成工作任务		10	
协调能力	与小组成员、同学之间能合作交流，协调工作		5	
职业素质	能综合分析问题、解决问题；具有良好的职业道德；事业心强，有奉献精神；为人诚恳、正直、谦虚、谨慎		10	
创新意识	能主动思考专业知识，有独到的想法和技巧		5	
合计			100	

单元 2　BIM 脚手架工程实务模拟

任务 3　方案设计

教师综合评价表

班级：		姓名：	学号：	
评价项目		评价标准	分值	得分
考勤（10%）		无无故迟到、早退、旷课现象	10	
工作过程（60%）	脚手架选型选材	结合工程背景，能进行脚手架选型选材	10	
	脚手架尺寸设计	能根据工程背景设计脚手架的参数设计	10	
	脚手架布架设计	能根据实际情况进行脚手架的布架设计	20	
	工作态度	态度端正，勤于思考，工作积极	5	
	工作质量	能按要求实施，按计划完成工作任务	5	
	协调能力	与小组成员、同学之间能合作交流，协调工作	5	
	职业素质	能综合分析问题、解决问题；具有良好的职业道德；事业心强，有奉献精神；为人诚恳、正直、谦虚、谨慎	5	
项目成果（30%）	工作完整	能按时完成任务	10	
	工作规范	能按要求完成 BIM 建模	10	
	成果展示	能汇报工作成果	10	
合计			100	
综合自评	自评（30%）		教师评价（70%）	综合得分

单元2 BIM 脚手架工程实务模拟

任务4 成果制作

学生自评表

班级：	姓名：		学号：	
评价项目	评价标准		分值	得分
安全复核	能进行脚手架安全复核		20	
方案成果	能生成脚手架方案成果		20	
统计材料	结合工程需要，能统计相应的材料		20	
工作态度	态度端正，无无故缺勤、迟到、早退现象		10	
工作质量	能按要求实施，按计划完成工作任务		10	
协调能力	与小组成员、同学之间能合作交流，协调工作		5	
职业素质	能综合分析问题、解决问题；具有良好的职业道德；事业心强，有奉献精神；为人诚恳、正直、谦虚、谨慎		10	
创新意识	能主动思考专业知识，有独到的想法和技巧		5	
合计			100	

单元 2　BIM 脚手架工程实务模拟

任务 4　成果制作

教师综合评价表

班级：	姓名：	学号：		
评价项目		评价标准	分值	得分
考勤(10%)		无无故迟到、早退、旷课现象	10	
工作过程(60%)	安全复核	能进行脚手架安全复核	10	
	方案成果	能生成脚手架方案成果	20	
	统计材料	结合工程需要，能统计相应的材料	10	
	工作态度	态度端正，勤于思考，工作积极	5	
	工作质量	能按要求实施，按计划完成工作任务	5	
	协调能力	与小组成员、同学之间能合作交流，协调工作	5	
	职业素质	能综合分析问题、解决问题；具有良好的职业道德；事业心强，有奉献精神；为人诚恳、正直、谦虚、谨慎	5	
项目成果(30%)	工作完整	能按时完成任务	10	
	工作规范	能按要求完成脚手架方案成果	10	
	成果展示	能汇报工作成果	10	
合计			100	
综合自评	自评(30%)	教师评价(70%)	综合得分	

单元3　BIM模板工程实务模拟

任务1　模板工程设置

学生自评表

班级：	姓名：	学号：		
评价项目	评价标准		分值	得分
施工图纸识读	能正确识读，能提取相关工程信息		5	
了解模板工程相应规范和标准	能提取模板工程设计有关规定和原则		5	
理解模板工程有关知识	能理解模本工程的作用、组成和基本要求等专业知识		5	
模板工程参数设置	能正确设置实际模板工程的各项参数		20	
楼层管理	能根据图纸正确建立楼层标高，完成楼层搭建		20	
高支模辨识	能正确设置高支模辨识规则		5	
工作态度	态度端正，无无故缺勤、迟到、早退现象		10	
工作质量	能按要求实施，按计划完成工作任务		10	
协调能力	与小组成员、同学之间能合作交流，协调工作		5	
职业素质	能综合分析问题、解决问题；具有良好的职业道德；事业心强，有奉献精神；为人诚恳、正直、谦虚、谨慎		10	
创新意识	能主动思考专业知识，有独到的想法和技巧		5	
合计			100	

单元 3　BIM 模板工程实务模拟

任务 1　模板工程设置

教师综合评价表

班级：　　　　　　　　姓名：　　　　　　　　学号：

评价项目		评价标准	分值	得分
考勤(10%)		无无故迟到、早退、旷课现象	10	
工作过程(60%)	施工图纸识读	能正确识读，能提取相关工程信息	4	
	了解模板工程相应规范和标准	能提取模板工程设计有关规定和原则	4	
	理解模板工程有关知识	能理解模本工程的作用、组成和基本要求等专业知识	4	
	模板工程参数设置	能正确设置实际模板工程的各项参数	12	
	楼层管理	能根据图纸正确建立楼层标高，完成楼层搭建	12	
	高支模辨识	能正确设置高支模辨识规则	3	
	工作态度	态度端正，勤于思考，工作积极	6	
	工作质量	能按要求实施，按计划完成工作任务	6	
	协调能力	与小组成员、同学之间能合作交流，协调工作	3	
	职业素质	能综合分析问题、解决问题；具有良好的职业道德；事业心强，有奉献精神；为人诚恳、正直、谦虚、谨慎	6	
项目成果(30%)	工作完整	能按时完成任务	10	
	工作规范	能按要求完成模板工程设置	10	
	成果展示	能准备表达、汇报工作成果	10	
合计			100	

综合自评	自评(30%)	教师评价(70%)	综合得分

单元3 BIM模板工程实务模拟

任务2 模型创建

学生自评表

班级：	姓名：		学号：	
评价项目	评价标准		分值	得分
施工图纸识读	能提取相关工程信息，掌握平法施工图制图规则		10	
智能识别创建模型	能用智能识别方法将施工图纸转换为三维土建模型，完成轴网、柱、梁、板等与模板有关构件的识别和转换		30	
手动创建模型	能用手动建模的方法将施工图纸转换为三维土建模型，完成轴网、柱、梁、板等与模板有关构件的创建		20	
工作态度	态度端正，无无故缺勤、迟到、早退现象		10	
工作质量	能按要求实施，按计划完成工作任务		10	
协调能力	与小组成员、同学之间能合作交流，协调工作		5	
职业素质	能综合分析问题、解决问题；具有良好的职业道德；事业心强，有奉献精神；为人诚恳、正直、谦虚、谨慎		10	
创新意识	能主动思考专业知识，有独到的想法和技巧		5	
合计			100	

单元 3 BIM 模板工程实务模拟

任务 2 模型创建

教师综合评价表

班级：		姓名：	学号：	
评价项目		评价标准	分值	得分
考勤(10%)		无无故迟到、早退、旷课现象	10	
工作过程 (60%)	施工图纸识读	能提取相关工程信息，掌握平法施工图制图规则	5	
	智能识别 创建模型	能用智能识别方法将施工图纸转换为三维土建模型，完成轴网、柱、梁、板等与模板有关构件的识别和转换	20	
	手动创建模型	能用手动建模的方法将施工图纸转换为三维土建模型，完成轴网、柱、梁、板等与模板有关构件的创建	15	
	工作态度	态度端正，勤于思考，工作积极	5	
	工作质量	能按要求实施，按计划完成工作任务	5	
	协调能力	与小组成员、同学之间能合作交流，协调工作	5	
	职业素质	能综合分析问题、解决问题；具有良好的职业道德；事业心强，有奉献精神；为人诚恳、正直、谦虚、谨慎	5	
项目成果 (30%)	工作完整	能按时完成任务	10	
	工作规范	能按要求完成模板工程设置	10	
	成果展示	能准备表达、汇报工作成果	10	
合计			100	
综合自评		自评 (30%)	教师评价 (70%)	综合得分

单元 3　BIM 模板工程实务模拟

任务 3　模板支架设计

学生自评表

班级：	姓名：		学号：	
评价项目	评价标准		分值	得分
智能布置	能用智能布置方法完成对模板支架的设计		25	
手动布置	能用手动布置方法完成对模板支架的设计		25	
模板支架编辑与优化	能对模板支架进行调整和优化		10	
工作态度	态度端正，无无故缺勤、迟到、早退现象		10	
工作质量	能按要求实施，按计划完成工作任务		10	
协调能力	与小组成员、同学之间能合作交流，协调工作		5	
职业素质	能综合分析问题、解决问题；具有良好的职业道德；事业心强，有奉献精神；为人诚恳、正直、谦虚、谨慎		10	
创新意识	能主动思考专业知识，有独到的想法和技巧		5	
合计			100	

单元 3　BIM 模板工程实务模拟

任务 3　模板支架设计

教师综合评价表

班级：		姓名：		学号：	
评价项目		评价标准		分值	得分
考勤(10%)		无无故迟到、早退、旷课现象		10	
工作过程 (60%)	智能布置	能用智能布置方法完成对模板支架的设计		15	
	手动布置	能用手动布置方法完成对模板支架的设计		15	
	模板支架编辑 与优化	能对模板支架进行调整和优化		10	
	工作态度	态度端正,勤于思考,工作积极		5	
	工作质量	能按要求实施,按计划完成工作任务		5	
	协调能力	与小组成员、同学之间能合作交流,协调工作		5	
	职业素质	能综合分析问题、解决问题;具有良好的职业道德;事业 心强,有奉献精神;为人诚恳、正直、谦虚、谨慎		5	
项目成果 (30%)	工作完整	能按时完成任务		10	
	工作规范	能按要求完成模板工程设置		10	
	成果展示	能准备表达、汇报工作成果		10	
合计				100	
综合自评		自评 (30%)	教师评价 (70%)	综合得分	

单元 3 BIM 模板工程实务模拟

任务 4 模板面板配置设计

学生自评表

班级：	姓名：	学号：	
评价项目	评价标准	分值	得分
模板配置规则	能根据工程信息正确修改模板配置规则	20	
模板配置操作和成果生成	能根据工程信息进行模板配置操作和成果生成	40	
工作态度	态度端正，无无故缺勤、迟到、早退现象	10	
工作质量	能按要求实施，按计划完成工作任务	10	
协调能力	与小组成员、同学之间能合作交流，协调工作	5	
职业素质	能综合分析问题、解决问题；具有良好的职业道德；事业心强，有奉献精神；为人诚恳、正直、谦虚、谨慎	10	
创新意识	能主动思考专业知识，有独到的想法和技巧	5	
合计		100	

单元3   BIM 模板工程实务模拟

任务4   模板面板配置设计

教师综合评价表

班级：		姓名：		学号：	
评价项目		评价标准		分值	得分
考勤(10%)		无无故迟到、早退、旷课现象		10	
工作过程 (60%)	模板配置规则	能根据工程信息正确修改模板配置规则		15	
	模板配置操作 和成果生成	能根据工程信息进行模板配置操作和成果生成		25	
	工作态度	态度端正,勤于思考,工作积极		5	
	工作质量	能按要求实施,按计划完成工作任务		5	
	协调能力	与小组成员、同学之间能合作交流,协调工作		5	
	职业素质	能综合分析问题、解决问题;具有良好的职业道德;事业 心强,有奉献精神;为人诚恳、正直、谦虚、谨慎		5	
项目成果 (30%)	工作完整	能按时完成任务		10	
	工作规范	能按要求完成模板工程设置		10	
	成果展示	能准备表达、汇报工作成果		10	
合计				100	
综合自评	自评 (30%)		教师评价 (70%)	综合得分	

单元 3　BIM 模板工程实务模拟

任务 5　成果制作

学生自评表

班级：		姓名：	学号：	
评价项目	评价标准		分值	得分
高支模辨识与调整	能对高支模进行辨识和调整		20	
成果生成	能生成模板工程各种成果		40	
工作态度	态度端正，无无故缺勤、迟到、早退现象		10	
工作质量	能按要求实施，按计划完成工作任务		10	
协调能力	与小组成员、同学之间能合作交流，协调工作		5	
职业素质	能综合分析问题、解决问题；具有良好的职业道德；事业心强，有奉献精神；为人诚恳、正直、谦虚、谨慎		10	
创新意识	能主动思考专业知识，有独到的想法和技巧		5	
合计			100	

单元3　BIM 模板工程实务模拟

任务5　成果制作

教师综合评价表

班级：　　　　　　　　　姓名：　　　　　　　　　学号：

评价项目		评价标准	分值	得分
考勤(10%)		无无故迟到、早退、旷课现象	10	
工作过程 (60%)	高支模辨识 与调整	能对高支模进行辨识和调整	15	
	成果生成	能生成模板工程各种成果	25	
	工作态度	态度端正，勤于思考，工作积极	5	
	工作质量	能按要求实施，按计划完成工作任务	5	
	协调能力	与小组成员、同学之间能合作交流，协调工作	5	
	职业素质	能综合分析问题、解决问题；具有良好的职业道德；事业 心强，有奉献精神；为人诚恳、正直、谦虚、谨慎	5	
项目成果 (30%)	工作完整	能按时完成任务	10	
	工作规范	能按要求完成模板工程设置	10	
	成果展示	能准备表达、汇报工作成果	10	
合计			100	
综合自评	自评 (30%)	教师评价 (70%)	综合得分	

单元 4　BIM 施工项目管理实务模拟

任务 1　三维场布设置

学生自评表

班级：	姓名：		学号：	
评价项目	评价标准	分值	得分
工程概况信息录入	能正确编辑工程概况信息	15	
楼层设置	能正确进行楼层设置	15	
工程设置	能正确进行工程设置	15	
构件参数模板设置	能正确进行构件参数模板设置	15	
工作态度	态度端正，无无故缺勤、迟到、早退现象	10	
工作质量	能按要求实施，按计划完成工作任务	10	
协调能力	与小组成员、同学之间能合作交流，协调工作	5	
职业素质	能综合分析问题、解决问题；具有良好的职业道德；事业心强，有奉献精神；为人诚恳、正直、谦虚、谨慎	10	
创新意识	能主动思考专业知识，有独到的想法和技巧	5	
合计		100	

单元 4　BIM 施工项目管理实务模拟

任务 1　三维场布设置

教师综合评价表

班级：		姓名：	学号：	
评价项目		评价标准	分值	得分
考勤(10%)		无无故迟到、早退、旷课现象	10	
工作过程 (60%)	工程概况 信息录入	能正确编辑工程概况信息	10	
	楼层设置	能正确进行楼层设置	10	
	工程设置	能正确进行工程设置	10	
	构件参数 模板设置	能正确进行构件参数模板设置	10	
	工作态度	态度端正，勤于思考，工作积极	5	
	工作质量	能按要求实施，按计划完成工作任务	5	
	协调能力	与小组成员、同学之间能合作交流，协调工作	5	
	职业素质	能综合分析问题、解决问题；具有良好的职业道德；事业 心强，有奉献精神；为人诚恳、正直、谦虚、谨慎	5	
项目成果 (30%)	工作完整	能按时完成任务	10	
	工作规范	能按要求完成模板工程设置	10	
	成果展示	能准备表达、汇报工作成果	10	
合计			100	
综合自评		自评 (30%)	教师评价 (70%)	综合得分

单元 4　BIM 施工项目管理实务模拟

任务 2　CAD 转化

学生自评表

班级：		姓名：		学号：	

评价项目	评价标准	分值	得分
转化 CAD	能正确导入二维 CAD 施工现场平面布置图	15	
布置拟建建筑物	能正确转化原有/拟建建筑物	15	
布置围墙	能正确转化围墙	15	
布置基坑、支撑梁	能正确转化基坑、支撑梁	15	
工作态度	态度端正，无无故缺勤、迟到、早退现象	10	
工作质量	能按要求实施，按计划完成工作任务	10	
协调能力	与小组成员、同学之间能合作交流，协调工作	5	
职业素质	能综合分析问题、解决问题；具有良好的职业道德；事业心强，有奉献精神；为人诚恳、正直、谦虚、谨慎	10	
创新意识	能主动思考专业知识，有独到的想法和技巧	5	
合计		100	

单元 4　BIM 施工项目管理实务模拟

任务 2　CAD 转化

教师综合评价表

班级：　　　　　　　姓名：　　　　　　　学号：

评价项目		评价标准	分值	得分
考勤(10%)		无无故迟到、早退、旷课现象	10	
工作过程 (60%)	转化 CAD	能正确导入二维 CAD 施工现场平面布置图	10	
	布置拟建 建筑物	能正确转化原有/拟建建筑物	10	
	布置围墙	能正确转化围墙	10	
	布置基坑、 支撑梁	能正确转化基坑、支撑梁	10	
	工作态度	态度端正,勤于思考,工作积极	5	
	工作质量	能按要求实施,按计划完成工作任务	5	
	协调能力	与小组成员、同学之间能合作交流,协调工作	5	
	职业素质	能综合分析问题、解决问题;具有良好的职业道德;事业 心强,有奉献精神;为人诚恳、正直、谦虚、谨慎	5	
项目成果 (30%)	工作完整	能按时完成任务	10	
	工作规范	能按要求完成模板工程设置	10	
	成果展示	能准备表达、汇报工作成果	10	
合计			100	
综合自评	自评 (30%)	教师评价 (70%)	综合得分	

单元 4　BIM 施工项目管理实务模拟

任务 3　构件布置

学生自评表

班级：	姓名：	学号：		
评价项目	评价标准	分值	得分	
拟建建筑布置	能正确布置拟建建筑的位置、尺寸	5		
临时房屋布置	能正确合理布置临时房屋的位置、数量等	8		
围墙布置	能正确合理布置围墙的形式、宽度、高度等	5		
道路布置	能正确合理布置施工现场临时道路	5		
硬化地面布置	能正确合理布置硬化地面	5		
加工区、材料堆场布置	能正确合理布置加工区、材料堆场的位置、面积	8		
给排水、雨水等布置	能正确合理布置给排水、雨水等	8		
脚手架布置	能正确合理布置脚手架	8		
绿色文明设施布置	能正确合理布置绿色文明施工的相关设施	8		
工作态度	态度端正，无无故缺勤、迟到、早退现象	10		
工作质量	能按要求实施，按计划完成工作任务	10		
协调能力	与小组成员、同学之间能合作交流，协调工作	5		
职业素质	能综合分析问题、解决问题；具有良好的职业道德；事业心强，有奉献精神；为人诚恳、正直、谦虚、谨慎	10		
创新意识	能主动思考专业知识，有独到的想法和技巧	5		
合计		100		

单元 4　BIM 施工项目管理实务模拟

任务 3　构件布置

教师综合评价表

班级：		姓名：	学号：	
评价项目		评价标准	分值	得分
考勤(10%)		无无故迟到、早退、旷课现象	10	
工作过程 （60%）	拟建建筑布置	能正确布置拟建建筑的位置、尺寸	4	
	临时房屋布置	能正确合理布置临时房屋的位置、数量等	5	
	围墙布置	能正确合理布置围墙的形式、宽度、高度等	3	
	道路布置	能正确合理布置施工现场临时道路	4	
	硬化地面布置	能正确合理布置硬化地面	4	
	加工区、材料 堆场布置	能正确合理布置加工区、材料堆场的位置、面积	5	
	给排水、雨水 等布置	能正确合理布置给排水、雨水等	5	
	脚手架布置	能正确合理布置脚手架	5	
	绿色文明 设施布置	能正确合理布置绿色文明施工的相关设施	5	
	工作态度	态度端正，勤于思考，工作积极	5	
	工作质量	能按要求实施，按计划完成工作任务	5	
	协调能力	与小组成员、同学之间能合作交流，协调工作	5	
	职业素质	能综合分析问题、解决问题；具有良好的职业道德；事业 心强，有奉献精神；为人诚恳、正直、谦虚、谨慎	5	
项目成果 （30%）	工作完整	能按时完成任务	10	
	工作规范	能按要求完成模板工程设置	10	
	成果展示	能准备表达、汇报工作成果	10	
合计			100	
综合自评	自评 （30%）	教师评价 （70%）		综合得分

单元 4 BIM 施工项目管理实务模拟

任务 4 施工模拟

学生自评表

班级：	姓名：		学号：	
评价项目	评价标准	分值	得分
三维漫游设置	能正确进行三维漫游设置	15	
机械路径设置	能正确进行机械布置路径设置	15	
施工模拟动画设置	能正确进行施工模拟动画设置	15	
成果输出	能正确进行成果输出	15	
工作态度	态度端正，无无故缺勤、迟到、早退现象	10	
工作质量	能按要求实施，按计划完成工作任务	10	
协调能力	与小组成员、同学之间能合作交流，协调工作	5	
职业素质	能综合分析问题、解决问题；具有良好的职业道德；事业心强，有奉献精神；为人诚恳、正直、谦虚、谨慎	10	
创新意识	能主动思考专业知识，有独到的想法和技巧	5	
合计		100	

单元4 BIM施工项目管理实务模拟

任务4 施工模拟

教师综合评价表

班级：　　　　　　　　姓名：　　　　　　　　学号：

评价项目		评价标准	分值	得分
考勤(10%)		无无故迟到、早退、旷课现象	10	
工作过程 (60%)	三维漫游设置	能正确进行三维漫游设置	10	
	机械路径设置	能正确进行机械布置路径设置	10	
	施工模拟 动画设置	能正确进行施工模拟动画设置	10	
	成果输出	能正确进行成果输出	10	
	工作态度	态度端正，勤于思考，工作积极	5	
	工作质量	能按要求实施，按计划完成工作任务	5	
	协调能力	与小组成员、同学之间能合作交流，协调工作	5	
	职业素质	能综合分析问题、解决问题；具有良好的职业道德；事业心强，有奉献精神；为人诚恳、正直、谦虚、谨慎	5	
项目成果 (30%)	工作完整	能按时完成任务	10	
	工作规范	能按要求完成模板工程设置	10	
	成果展示	能准备表达、汇报工作成果	10	
合计			100	
综合自评	自评 (30%)	教师评价 (70%)	综合得分	

单元 5　智慧工地建造实务模拟

任务 1　平台搭建

学生自评表

班级：	姓名：	学号：	
评价项目	评价标准	分值	得分
方案识读	能正确识读《施工组织设计》，能提取相关工程信息	10	
了解项目组织架构	能正确理解项目组织架构的含义	10	
了解智慧工地概念	能正确理解智慧工地含义及在施工管理中的作用	5	
了解智慧工地新技术应用	能了解智慧工地主要技术及基本原理	10	
熟悉智慧工地云平台	能熟悉云平台的架构，掌握云平台项目配置的基本方法	25	
工作态度	态度端正，无无故缺勤、迟到、早退现象	10	
工作质量	能按要求实施，按计划完成工作任务	10	
协调能力	与小组成员、同学之间能合作交流，协调工作	5	
职业素质	能综合分析问题、解决问题；具有良好的职业道德；事业心强，有奉献精神；为人诚恳、正直、谦虚、谨慎	10	
创新意识	能主动思考专业知识，有独到的想法和技巧	5	
合计		100	

单元 5　智慧工地建造实务模拟

任务 1　平台搭建

教师综合评价表

班级：		姓名：	学号：	
评价项目		评价标准	分值	得分
考勤（10%）		无无故迟到、早退、旷课现象	10	
工作过程（60%）	方案识读	能正确识读《施工组织设计》，能提取相关工程信息	5	
	了解项目组织架构	能正确理解项目组织架构的含义	5	
	了解智慧工地概念	能正确理解智慧工地含义及在施工管理中的作用	5	
	了解智慧工地新技术应用	能了解智慧工地主要技术及基本原理	10	
	熟悉智慧工地云平台	能熟悉云平台的架构，掌握云平台项目配置的基本方法	20	
	工作质量	能按要求实施，按计划完成工作任务	5	
	协调能力	与小组成员、同学之间能合作交流，协调工作	4	
	职业素质	能综合分析问题、解决问题；具有良好的职业道德；事业心强，有奉献精神；为人诚恳、正直、谦虚、谨慎	6	
项目成果（30%）	工作完整	能按时完成任务	10	
	工作规范	能按要求完成模板工程设置	10	
	成果展示	能准备表达、汇报工作成果	10	
合计			100	
综合自评		自评（30%）	教师评价（70%）	综合得分

单元 5　智慧工地建造实务模拟

任务 2　质量管理

学生自评表

班级：	姓名：	学号：		
评价项目	评价标准		分值	得分
方案识读	能正确识读施工组织设计，了解质量管理要点		10	
质量检查	能依据不同的现场情景发起质量检查，并回复整改		15	
了解实测实量基本原理	了解实测实量各类仪器的基本原理		10	
样板测量	能对样板项目进行实测实量，并同步至移动端及云平台		15	
工作态度	态度端正，无无故缺勤、迟到、早退现象		10	
工作质量	能按要求实施，按计划完成工作任务		10	
协调能力	与小组成员、同学之间能合作交流，协调工作		10	
职业素质	能综合分析问题、解决问题；具有良好的职业道德；事业心强，有奉献精神；为人诚恳、正直、谦虚、谨慎		10	
创新意识	能主动思考专业知识，有独到的想法和技巧		10	
合计			100	

单元 5 智慧工地建造实务模拟

任务 2 质量管理

教师综合评价表

班级：		姓名：		学号：	
评价项目		评价标准		分值	得分
考勤(10%)		无无故迟到、早退、旷课现象		10	
工作过程 (60%)	方案识读	能正确识读施工组织设计,了解质量管理要点		10	
	质量检查	能依据不同的现场情景发起质量检查,并回复整改		10	
	了解实测实量 基本原理	了解实测实量各类仪器的基本原理		5	
	样板测量	能对样板项目进行实测实量,并同步至移动端及云平台		15	
	工作质量	能按要求实施,按计划完成工作任务		10	
	协调能力	与小组成员、同学之间能合作交流,协调工作		4	
	职业素质	能综合分析问题、解决问题;具有良好的职业道德;事业心强,有奉献精神;为人诚恳、正直、谦虚、谨慎		6	
项目成果 (30%)	工作完整	能按时完成任务		10	
	工作规范	能按要求完成模板工程设置		10	
	成果展示	能准备表达、汇报工作成果		10	
合计				100	
综合自评		自评 (30%)	教师评价 (70%)	综合得分	

单元 5　智慧工地建造实务模拟

任务 3　进度管理

学生自评表

班级：	姓名：	学号：		
评价项目	评价标准		分值	得分
工程识读	能正确识读模型及进度计划等文件		10	
数据交互	能使用 BIM5D 客户端完成模型、进度计划等数据导入与数据编辑		10	
施工段划分	能准确对模型进行施工段划分		10	
进度关联	能正确使用 BIM5D 客户端进行进度关联		20	
BIM4D 施工模拟	能对 BIM4D 模型进行施工模拟并正确输出施工模拟动画		10	
工作态度	态度端正，无无故缺勤、迟到、早退现象		10	
工作质量	能按要求实施，按计划完成工作任务		10	
协调能力	与小组成员、同学之间能合作交流，协调工作		5	
职业素质	能综合分析问题、解决问题；具有良好的职业道德；事业心强，有奉献精神；为人诚恳、正直、谦虚、谨慎		10	
创新意识	能主动思考专业知识，有独到的想法和技巧		5	
合计			100	

单元5 智慧工地建造实务模拟

任务3 进度管理

教师综合评价表

班级：　　　　　　　姓名：　　　　　　　学号：

评价项目		评价标准	分值	得分
考勤（10%）		无无故迟到、早退、旷课现象	10	
工作过程（60%）	工程识读	能正确识读模型及进度计划等文件	5	
	数据交互	能使用BIM5D客户端完成模型、进度计划等数据导入与数据编辑	10	
	施工段划分	能准确对模型进行施工段划分	10	
	进度关联	能正确使用BIM5D客户端进行进度关联	10	
	BIM4D施工模拟	能对BIM4D模型进行施工模拟并正确输出施工模拟动画	10	
	工作质量	能按要求实施，按计划完成工作任务	5	
	协调能力	与小组成员、同学之间能合作交流，协调工作	4	
	职业素质	能综合分析问题、解决问题；具有良好的职业道德；事业心强，有奉献精神；为人诚恳、正直、谦虚、谨慎	6	
项目成果（30%）	工作完整	能按时完成任务	10	
	工作规范	能按要求完成模板工程设置	10	
	成果展示	能准备表达、汇报工作成果	10	
合计			100	

综合自评	自评（30%）	教师评价（70%）	综合得分

单元 5　智慧工地建造实务模拟

任务 4　成本管理

学生自评表

班级：	姓名：	学号：

评价项目	评价标准	分值	得分
工程识读	能正确识读工程预算文件	10	
成本数据关联	能使用 BIM5D 客户端完成成本数据关联与实际成本数据录入	20	
工程量提取	能正确输出指定工程量与人材机资源量	15	
工程款申报	能正确申报指定时间的工程款并输出成果	10	
BIM5D 施工模拟	能对 BIM5D 模型进行施工模拟并正确输出施工模拟动画	5	
工作态度	态度端正，无无故缺勤、迟到、早退现象	10	
工作质量	能按要求实施，按计划完成工作任务	10	
协调能力	与小组成员、同学之间能合作交流，协调工作	5	
职业素质	能综合分析问题、解决问题；具有良好的职业道德；事业心强，有奉献精神；为人诚恳、正直、谦虚、谨慎	10	
创新意识	能主动思考专业知识，有独到的想法和技巧	5	
合计		100	

单元 5　智慧工地建造实务模拟

任务 4　成本管理

教师综合评价表

班级：　　　　　　　　　　姓名：　　　　　　　　　　学号：

评价项目		评价标准	分值	得分
考勤(10%)		无无故迟到、早退、旷课现象	10	
工作过程 (60%)	工程识读	能正确识读工程预算文件	5	
	成本数据关联	能使用 BIM5D 客户端完成成本数据关联与实际成本数据录入	15	
	工程量提取	能正确输出指定工程量与人材机资源量	10	
	工程款申报	能正确申报指定时间的工程款并输出成果	10	
	BIM5D施工模拟	能对 BIM5D 模型进行施工模拟并正确输出施工模拟动画	5	
	工作质量	能按要求实施,按计划完成工作任务	5	
	协调能力	与小组成员、同学之间能合作交流,协调工作	4	
	职业素质	能综合分析问题、解决问题;具有良好的职业道德;事业心强,有奉献精神;为人诚恳、正直、谦虚、谨慎	6	
项目成果 (30%)	工作完整	能按时完成任务	10	
	工作规范	能按要求完成模板工程设置	10	
	成果展示	能准备表达、汇报工作成果	10	
合计			100	

综合自评	自评 (30%)	教师评价 (70%)	综合得分

单元5　智慧工地建造实务模拟

任务5　职业健康安全与环境管理

学生自评表

班级：	姓名：	学号：	

评价项目	评价标准	分值	得分
方案识读	能正确识读施工组织设计及危大工程专项施工防范,能提取相关工程信息	15	
高支模监测	了解高支模监测主要内容及原理	10	
深基坑监测	了解深基坑监测主要内容及原理;了解布置要求及监测方法	20	
环境监测	了解环境监测主要内容及原理	5	
实名制管理	能应用云平台进行实名制录入与考勤	10	
工作态度	态度端正,无无故缺勤、迟到、早退现象	10	
工作质量	能按要求实施,按计划完成工作任务	10	
协调能力	与小组成员、同学之间能合作交流,协调工作	5	
职业素质	能综合分析问题、解决问题;具有良好的职业道德;事业心强,有奉献精神;为人诚恳、正直、谦虚、谨慎	10	
创新意识	能主动思考专业知识,有独到的想法和技巧	5	
合计		100	

单元 5　智慧工地建造实务模拟

任务 5　职业健康安全与环境管理

教师综合评价表

班级：		姓名：	学号：	
评价项目		评价标准	分值	得分
考勤(10%)		无无故迟到、早退、旷课现象	10	
工作过程 (60%)	方案识读	能正确识读施工组织设计及危大工程专项施工防范，能提取相关工程信息	10	
	高支模监测	了解高支模监测主要内容及原理	5	
	深基坑监测	了解深基坑监测主要内容及原理；了解布置要求及监测方法	10	
	环境监测	了解环境监测主要内容及原理	10	
	实名制管理	能应用云平台进行实名制录入与考勤	10	
	工作质量	能按要求实施，按计划完成工作任务	5	
	协调能力	与小组成员、同学之间能合作交流，协调工作	4	
	职业素质	能综合分析问题、解决问题；具有良好的职业道德；事业心强，有奉献精神；为人诚恳、正直、谦虚、谨慎	6	
项目成果 (30%)	工作完整	能按时完成任务	10	
	工作规范	能按要求完成模板工程设置	10	
	成果展示	能准备表达、汇报工作成果	10	
合计			100	
综合自评		自评 (30%)	教师评价 (70%)	综合得分

单元 5　智慧工地建造实务模拟

任务 6　机械设备管理

学生自评表

班级：	姓名：	学号：		
评价项目	评价标准		分值	得分
方案识读	能正确识读施工组织设计，能提取相关工程信息		10	
设备添加	了解设备的主要信息并能应用云平台进行设备添加		10	
机械设备检查	能应用移动端 APP 对模型场景进行检查与评价		20	
机械设备监测	了解机械监测的主要内容与基本原理		10	
机械台账	了解机械台账的主要内容并能应用云平台进行台账添加与编辑		10	
工作态度	态度端正，无无故缺勤、迟到、早退现象		10	
工作质量	能按要求实施，按计划完成工作任务		10	
协调能力	与小组成员、同学之间能合作交流，协调工作		5	
职业素质	能综合分析问题、解决问题；具有良好的职业道德；事业心强，有奉献精神；为人诚恳、正直、谦虚、谨慎		10	
创新意识	能主动思考专业知识，有独到的想法和技巧		5	
合计			100	

单元5 智慧工地建造实务模拟

任务6 机械设备管理

教师综合评价表

班级：　　　　　　　姓名：　　　　　　　学号：

评价项目		评价标准	分值	得分
考勤(10%)		无无故迟到、早退、旷课现象	10	
工作过程(60%)	方案识读	能正确识读施工组织设计，能提取相关工程信息	5	
	设备添加	了解设备的主要信息并能应用云平台进行设备添加	5	
	机械设备检查	能应用移动端APP对模型场景进行检查与评价	15	
	机械设备监测	了解机械监测的主要内容与基本原理	10	
	机械台账	了解机械台账的主要内容并能应用云平台进行台账添加与编辑	10	
	工作质量	能按要求实施，按计划完成工作任务	5	
	协调能力	与小组成员、同学之间能合作交流，协调工作	4	
	职业素质	能综合分析问题、解决问题；具有良好的职业道德；事业心强，有奉献精神；为人诚恳、正直、谦虚、谨慎	6	
项目成果(30%)	工作完整	能按时完成任务	10	
	工作规范	能按要求完成模板工程设置	10	
	成果展示	能准备表达、汇报工作成果	10	
合计			100	

综合自评	自评(30%)	教师评价(70%)	综合得分

单元 6　HiBIM 土建算量

任务 1　BIM 土建算量

学生自评表

班级：	姓名：	学号：		
评价项目	评价标准		分值	得分
施工图纸识读	能正确识读，能提取相关工程信息		10	
了解清单定额规范和标准	能正确选择对应的国标清单和地区定额		5	
工程参数设置	能正确设置工程类别和结构类型		10	
楼层管理	能根据图纸将楼层标高、层高及梁板、柱墙混凝土强度信息等正确录入		15	
构件属性定义	能根据图纸正确定义墙柱梁板等构件		20	
工作态度	态度端正，无无故缺勤、迟到、早退现象		10	
工作质量	能按要求实施，按计划完成工作任务		10	
协调能力	与小组成员、同学之间能合作交流，协调工作		5	
职业素质	能综合分析问题、解决问题；具有良好的职业道德；事业心强，有奉献精神；为人诚恳、正直、谦虚、谨慎		10	
创新意识	能主动思考专业知识，有独到的想法和技巧		5	
合计			100	

单元 6　HiBIM 土建算量

任务 1　BIM 土建算量

教师综合评价表

班级：　　　　　　　　　　姓名：　　　　　　　　　　学号：

评价项目		评价标准	分值	得分
考勤(10%)		无无故迟到、早退、旷课现象	10	
工作过程 (60%)	施工图纸识读	能正确识读，能提取相关工程信息	4	
	了解工程相应 规范和标准	能提取工程建模有关规定和原则	4	
	理解工程建模 有关知识	能理解工程建模顺序、组成和基本要求等专业知识	11	
	工程参数设置	能正确设置工程类别和结构类型等各项参数	5	
	楼层管理	能根据图纸正确建立楼层标高，完成楼层搭建	5	
	构件属性定义	能根据图纸正确定义墙柱梁板等构件	10	
	工作态度	态度端正，勤于思考，工作积极	6	
	工作质量	能按要求实施，按计划完成工作任务	6	
	协调能力	与小组成员、同学之间能合作交流，协调工作	3	
	职业素质	能综合分析问题、解决问题；具有良好的职业道德；事业 心强，有奉献精神；为人诚恳、正直、谦虚、谨慎	6	
项目成果 (30%)	工作完整	能按时完成任务	10	
	工作规范	能按要求完成模板工程设置	10	
	成果展示	能准备表达、汇报工作成果	10	
合计			100	
综合自评	自评 (30%)		教师评价 (70%)	综合得分

单元 6　HiBIM 土建算量

任务 2　报表输出与打印

学生自评表

班级：		姓名：	学号：	
评价项目	评价标准		分值	得分
施工图纸识读	能正确识读，能提取相关工程信息		10	
了解清单定额规范和标准	能正确选择对应的国标清单和地区定额		10	
汇总计算出量	能正确输出工程量并导出相应报表		20	
报表编辑	构件项目特征描述正确		10	
输出打印	格式符合要求，整齐美观		10	
工作态度	态度端正，无无故缺勤、迟到、早退现象		10	
工作质量	能按要求实施，按计划完成工作任务		10	
协调能力	与小组成员、同学之间能合作交流，协调工作		5	
职业素质	能综合分析问题、解决问题；具有良好的职业道德；事业心强，有奉献精神；为人诚恳、正直、谦虚、谨慎		10	
创新意识	能主动思考专业知识，有独到的想法和技巧		5	
合计			100	

单元 6 HiBIM 土建算量

任务 2 报表输出与打印

教师综合评价表

班级：　　　　　　　　　姓名：　　　　　　　　　学号：

评价项目		评价标准	分值	得分
考勤(10%)		无无故迟到、早退、旷课现象	10	
工作过程(70%)	施工图纸识读	能正确识读，能提取相关工程信息	5	
	了解工程相应规范和标准	能提取工程建模有关规定和原则	5	
	理解工程建模有关知识	能理解工程建模顺序、组成和基本要求等专业知识	5	
	汇总计算出量	能正确输出工程量并导出相应报表	10	
	报表编辑	构件项目特征描述正确	10	
	输出打印	格式符合要求，整齐美观	10	
	工作态度	态度端正，勤于思考，工作积极	5	
	工作质量	能按要求实施，按计划完成工作任务	5	
	协调能力	与小组成员、同学之间能合作交流，协调工作	5	
	职业素质	能综合分析问题、解决问题；具有良好的职业道德；为人诚恳、正直、谦虚、谨慎	10	
项目成果(20%)	工作完整	能按时完成任务	10	
	成果展示	能准备表达、汇报工作成果	10	
合计			100	
综合自评	自评(30%)		教师评价(70%)	综合得分